Studienskripten zur Soziologie

2o E.K.Scheuch/Th.Kutsch, Grundbegriffe der Soziologie
Band 1 Grundlegung und Elementare Phänomene
2. Auflage, 376 Seiten, DM 16,8o

21 E.K.Scheuch, Grundbegriffe der Soziologie
Band 2 Komplexe Phänomene und
Systemtheoretische Konzeptionen
In Vorbereitung

22 Benninghaus, Deskriptive Statistik
(Statistik für Soziologen, Bd. 1)
2. Auflage, 28o Seiten, DM 14,8o

23 H.Sahner, Schließende Statistik
(Statistik für Soziologen, Bd. 2)
188 Seiten, DM 1o,8o

25 H.Renn, Nichtparametrische Statistik
(Statistik für Soziologen, Bd. 4)
138 Seiten, DM 9,8o

26 K.Allerbeck, Datenverarbeitung in der
empirischen Sozialforschung
Eine Einführung für Nichtprogrammierer
187 Seiten, DM 1o,8o

27 W.Bungard/H.E.Lück, Forschungsartefakte
und nicht-reaktive Meßverfahren
181 Seiten, DM 1o,8o

28 H.Esser/K.Klenovits/H.Zehnpfennig,
Wissenschaftstheorie 1 Grundlagen
und Analytische Wissenschaftstheorie
285 Seiten, DM 16,8o

29 H.Esser/K.Klenovits/H.Zehnpfennig,
Wissenschaftstheorie 2 Funktionalanalyse
und hermeneutisch-dialektische Ansätze
261 Seiten, DM 15,8o

3o H.v.Alemann, Der Forschungsprozeß
Eine Einführung in die Praxis der
empirischen Sozialforschung
351 Seiten, DM 16,8o

31 E.Erbslöh, Interview
(Techniken der Datensammlung, Bd. 1)
119 Seiten, DM 9,8o

Fortsetzung auf der 3. Umschlagseite

Zu diesem Buch

'Multivariate Analyseverfahren' schließen an die grundlegenden Darstellungen 'Deskriptive Statistik' und 'Schließende Statistik' in der vorliegenden Reihe an.

Ausgehend vom allgemeinen Regressionsmodell werden insbesondere neuere Verfahren zur Analyse qualitativer Daten anhand einer spezifischen Problemstellung aus der Wahlsoziologie unter Verwendung konkreter empirischer Daten dargestellt und detaillierte Hinweise zur Benutzung einschlägiger Computer-Programme gegeben.

Dieses Skriptum behandelt unentbehrliche Hilfsmittel zur Untersuchung komplexer Zusammenhangsstrukturen in empirischen Daten und ist daher sowohl für Soziologen und Politologen, als auch Pädagogen, Psychologen und Volkswirte von Interesse.

Studienskripten zur Soziologie

Herausgeber: Prof. Dr. Erwin K. Scheuch
Dr. Heinz Sahner

Teubner Studienskripten zur Soziologie sind als in sich abgeschlossene Bausteine für das Grund- und Hauptstudium konzipiert. Sie umfassen sowohl Bände zu den Methoden der empirischen Sozialforschung, Darstellungen der Grundlagen der Soziologie, als auch Arbeiten zu sogenannten Bindestrich-Soziologien, in denen verschiedene theoretische Ansätze, die Entwicklung eines Themas und wichtige empirische Studien und Ergebnisse dargestellt und diskutiert werden. Diese Studienskripten sind in erster Linie für Anfangssemester gedacht, sollen aber auch dem Examenskandidaten und dem Praktiker eine rasch zugängliche Informationsquelle sein.

Multivariate Analyseverfahren

Von Prof. Dr. rer. nat. Manfred Küchler
Universität Frankfurt am Main

Mit 11 Bildern und 11 Tabellen

B. G. Teubner Stuttgart 1979

Prof. Dr. rer. nat. Manfred Küchler

1943 in Samter/Polen geboren. Von 1962 bis 1971 Studium der Mathematik, Statistik und Soziologie in Berlin, Tübingen, Tulane Univ., New Orleans und Bielefeld. Promotion 1971 in Mathematik. Danach wissenschaftlicher Assistent in der Fakultät für Soziologie in Bielefeld. Seit 1974 Professor im Fachbereich Gesellschaftswissenschaften der Universität Frankfurt für 'Statistik in den Sozialwissenschaften'.

CIP-Kurztitelaufnahme der Deutschen Bibliothek

Küchler, Manfred:
Multivariate Analyseverfahren / von Manfred Küchler. - Stuttgart : Teubner, 1979.
(Teubner Studienskripten ; 35 : Studienskripten zur Soziologie)

ISBN 978-3-519-00035-8 ISBN 978-3-322-96629-2 (eBook)
DOI 10.1007/978-3-322-96629-2

Umschlaggestaltung: W. Koch, Sindelfingen

Vorwort

Multivariate Analyseverfahren sind ein Sammelbegriff für komplexe statistische Techniken schlechthin; im Rahmen eines Studienskripts ist es somit nicht möglich, eine vertiefende Darstellung aller dieser Verfahren zu geben. Das Schwergewicht dieser Darstellung liegt vielmehr auf den erst in den letzten zehn Jahren zur Anwendungsreife entwickelten komplexen Analyseverfahren für nicht-metrische Daten, die in gewisser Weise das Gegenstück zur klassischen Pfadanalyse darstellen. Mit diesen neuen Verfahren ist es gelungen, die Defizite mehrdimensionaler Tabellenanalyse vom LAZARSFELDschen Typus zu überwinden, und eine auch formal statistisch befriedigende Alternative zur Pfadanalyse zu schaffen. Während sich in den USA die Erkenntnis schon weitgehend durchgesetzt hat, daß etwa dichotome abhängige Variable nicht mit den Mitteln der klassischen Pfadanalyse untersucht werden sollten, sind die neueren Verfahren im deutschsprachigen Raum noch nicht vollständig in das Standardrepertoire des Forschungspraktikers eingegangen.

Der Initiative des Kölner ZENTRALARCHIVS für empirische Sozialforschung ist es zu danken, daß der übliche time-lag zwischen der internationalen Entwicklung (und Maßstab dafür ist in der Soziologie im wesentlichen die USA) und der Rezeption in der BRD in diesem Falle vielleicht geringer ausfällt als gewöhnlich. Thema des Frühjahrsseminars '78 waren multivariate Verfahren für metrische und nicht-metrische Daten. Das vorliegende Skript beruht zu wesentlichen Teilen auf der zehnstündigen Vorlesung, die ich im Rahmen dieses Frühjahrsseminars gehalten habe. Gegenüber dieser Vorlesung hat sich jedoch das Schwergewicht von der Darstellung des log-linearen Ansatzes nach GOODMAN in eindeutiger Weise hin zu dem von GRIZZLE, STARMER und KOCH (GSK) vorgestellten Ansatz verlagert. Darüber hinaus enthält das vorliegende Skript auch eine ausführliche Darstellung der metrischen Regressionsrechnung, auf die in dann modifizierter Form die neuen Ansätze zurückgeführt werden können.

Nicht behandelt wird in diesem Skript die spezifische Anwendung der Regressionsrechnung in Form der Pfadanalyse. Hierzu liegen bereits deutschsprachige Einführungen vor (insbesondere OPP/SCHMIDT, 1976 und WEEDE, 1977). Der durch diese Beschränkung gewonnene Raum wurde dazu genutzt, den Problemen substanzwissenschaftlichen Interpretation von Ergebnissen statistischer Analysen stärkere Beachtung als gewöhnlich zu schenken.

Wie schon angemerkt hat das Kölner ZENTRALARCHIV das Entstehen dieses Skripts maßgeblich beeinflußt; ganz besonders bedanke ich mich bei Maria Wieken-Meyser, Erwin Rose und Heiner Meulemann für viele Anregungen, Diskussionen und auch tatkräftige Unterstützung. Heiner Meulemann hat darüber hinaus wie auch der Mitherausgeber dieser Reihe Heinz Sahner, Kiel, das Manuskript einer gründlichen Lektüre unterzogen und mit vielen Verbesserungsvorschlägen die endgültige Gestalt nachhaltig beeinflußt. Beiden Kollegen gilt dafür mein ganz besonderer Dank; und wie üblich ist hinzuzufügen, daß die verbliebenen Schwächen und Mängel natürlich allein dem Autor anzulasten sind.

Die Reinschrift des Manuskripts besorgte mit großem Geschick und großer Zuverlässigkeit Frau A. Rose, der für ihre Mitarbeit an dieser Stelle ausdrücklich gedankt sei.

Frankfurt, im November 1978 Manfred Küchler

Inhaltsverzeichnis

1. Einführung

1.1. Aufgabe und Stellenwert komplexer Analyseverfahren

Statistik und Datenanalyse sind für die Mehrzahl der Soziologiestudenten, aber auch für viele schon praktisch in der Forschung tätige Sozialwissenschaftler ein ungeliebtes Feld, dessen Nutzen für die Gewinnung soziologischer Erkenntnisse bestenfalls zweifelhaft erscheint (Studenten) oder das man nur zu gerne einem Spezialisten überläßt, der mit Hilfe eines wundertätigen Computers Koeffizienten produziert, die dann mehr oder weniger rezepthaft in substantielle Interpretationen umgesetzt werden. Diese Reaktion ist so unverständlich nicht, denn die Analyse von Daten ist nur <u>eine</u> Station in einem sozialwissenschaftlichen Forschungsprozeß, deren Wert ganz entscheidend davon abhängt, daß in den vorangegangenen Stationen - von der Konzeptionalisierung bis hin zur Datenerhebung und -aufbereitung - keine wesentlichen Fehlerquellen zu suchen sind. Inadäquate empirische Daten - inadäquat in Relation zur Forschungsfrage - können auch durch eine noch so differenzierte Datenanalyse keine gültigen Ergebnisse erbringen. Darüber hinaus ist die Statistik zunächst einmal eine formale Wissenschaft, bei der vieles aufeinander aufbaut und deshalb in weit größerem Ausmaß systematisches Lernen erfordert, als dies in der eigentlichen Soziologie der Fall ist. Damit soll nun keineswegs behauptet werden, daß sich ein Soziologe die Statistik als formale Wissenschaft aneignen sollte, was dann zumindest auch ein mathematisches Propädeutikum einschließen müßte, aber es ist zumindest auch auf der begrifflichen und vorgehenslogischen Ebene nicht möglich zu erfassen, was z.B. das Konzept der Regression beinhaltet, ohne mit Begriffen wie Varianz oder Standardabweichung vertraut zu sein. Statistik und Datenanalyse - so könnte man es auf eine kurze Formel bringen - das ist viel Mühe und Arbeit mit geringen Aussichten auf Erfolg.

Wir hatten gesagt, daß noch so verfeinerte Datenanalysetechniken nichts helfen, wenn die erhobenen Daten systematische Fehler aufweisen. So einleuchtend dieses Argument auf den ersten Blick auch scheint, es läßt die Frage außer Betracht, auf welche Weise man denn feststellen kann, ob die Eingangsdaten systematisch fehlerhaft sind. Hier können komplexe Datenanalysetechniken einen wertvollen Beitrag leisten, indem sie zum einen derartige Fehlerquellen explizit mit in Betracht ziehen - was allerdings nur in begrenztem Umfange möglich ist - oder sie durch eine differenzierte Aufschlüsselung der gegenseitigen Abhängigkeiten in den Daten auf Inkonsistenzen aufmerksam machen.

Während man die Möglichkeiten komplexer Datenanalyseverfahren, zu 'richtigen' Ergebnissen zu gelangen, trotz allem recht skeptisch beurteilen mag, ist ihr Wert unbestritten, wenn es gilt zu verhindern, daß aus adäquaten Daten 'falsche' Schlüsse gezogen werden. Und hierbei ist nicht nur an das klassische Beispiel der 'Scheinkorrelation' zu denken, also das Gleichsetzen von statistischer Assoziation und einer Ursache-Wirkung-Beziehung. Es gibt mittlerweile in der Literatur eine Reihe von Beispielen dafür, daß Sekundäranalysen, die sich komplexer Datenanalysestrategien bedienen, zu substantiell abweichenden Ergebnissen kommen (etwa SPENNER, 1975).

Selbst wenn man die Einwände ernstnimmt, die sich gegen Umfrage- wie Zensusdaten richten, also in der Operationalisierung - der Umsetzung theoretischer Konzepte in meßbare Merkmale - und in der Datenerhebung ganz prinzipiell wesentliche Fehlerquellen sehen, haben komplexe Analyseverfahren wegen ihrer 'Kontrollfunktion' eine wichtige Aufgabe, will man nicht auf den radikalen Standpunkt zurückfallen, alle empirische Forschung einzustellen, bis die grundlegenden Probleme bei der Datengewinnung gelöst sind. Es ist also durchaus kein logischer Widerspruch, alternative Methoden der Datengewinnung zu entwickeln und erproben und zugleich das Instrumentarium der Datenanalyse zu verfeinern.

Leider zeigt die Diskussion, die in den vergangenen Jahren und noch heute um die empirische Sozialforschung geführt worden ist, eher eine sich verbreiternde Kluft zwischen den 'Methodenspezialisten' einerseits und der Mehrzahl der empirisch arbeitenden Sozialwissenschaftler anderseits, ganz besonders zu denen, die sich sogenannter qualitativer Erhebungsmethoden - Beobachtung, Gruppendiskussion, Erzählung oder genereller Feldmethoden - bedienen. Diese Kluft ist sicher mit dadurch bedingt, daß Weiterentwicklung und Anwendung komplexer Datenanalysemodelle identifiziert wird mit der wissenschaftstheoretischen Position des logischen Empirismus, der unter anderem beinhaltet, daß die wissenschaftlichen Regeln der Naturwissenschaft auch für die Sozialwissenschaften gelten, sie geradezu zum Vorbild setzen (vgl. hierzu auch ESSER et al.,1977). Die Grundposition ist von anderen 'Schulen' der Soziologie bestritten worden, am augenfälligsten in der BRD dokumentiert im sogenannten Positivismusstreit zwischen der Frankfurter 'kritischen Theorie' und den Vertretern des kritischen Rationalismus.

Gleichzeitig sind die traditionellen Regeln und Methoden der empirischen Sozialforschung stark von der wissenschaftstheoretischen Position des logischen Positivismus bestimmt, wobei dies wahrscheinlich in viel stärkerem Maße für die Lehrbücher wie die eigentliche Forschungspraxis gilt. Die Abwendung von der traditionellen empirischen Sozialforschung, wie sie in der 'Aktionsforschung', in der sich marxistisch verstehenden Soziologie und auch in der Neubelebung phänomenologischer Ansätze (insbesondere ARBEITSGRUPPE BIELEFELDER SOZIOLOGEN, 1973 und 1976) zum Ausdruck kommt, führt so nur allzuleicht zu einer Abkapselung gegenüber den neueren Entwicklungen im Bereich komplexer Datenanalyse. Dabei ist allerdings auch nicht zu übersehen, daß eine Reihe von 'Methodenspezialisten' nun tatsächlich ein stark auf Quantifizierung und Formalisierung ausgerichtetes Vorgehen als allein gültiges darstellen und nur auf diesem Wege die Gewinnung soziologischer Theorie für möglich erachten. Die Gleichsetzung von soziologischer Theorie mit Gleichungssystemen operational definierter Merkmale, hat selbst den sicher nicht radikalen Präsidenten der amerikanischen Soziologenvereinigung, Lewis A. COSER (1975), zu der

warnenden Frage veranlaßt, ob nicht durch die Überbetonung eines - sehr differenzierten - Instruments der substantielle Gehalt der Ergebnisse gefährdet werde.
Angesichts dieser Ausgangslage erscheint es schwierig, den Stellenwert komplexer Analyseverfahren zu bestimmen, ohne gleich in das eine oder das andere Extrem zu verfallen. Unternehmen wir zumindest einen Versuch und fragen wir nach "der Bedeutung der Mehrvariablenanalyse für die Weiterentwicklung der Sozialwissenschaften und für die praktische Gesellschaftsgestaltung", um eine Kapitalüberschrift von OPP und SCHMIDT (1976) aufzunehmen. Die dort gegebene Antwort, daß es in der Soziologie - über alle Schulen und Ansätze hinweg - stets darum geht, 'Variablenzusammenhänge' aufzudecken, und daß genau dies von den multivariaten Analyseverfahren geleistet wird, scheint uns nicht befriedigend, weil damit ein sehr verengter Begriff von soziologischer Theoriebildung unterstellt wird.
Es wäre in diesem Rahmen kaum möglich - und auch generell sehr schwierig - nun eine alternative wissenschaftstheoretische Position zu entwickeln und darin die Bedeutung und den Stellenwert der komplexen Analyseverfahren zu verorten, so daß wir eine metatheoretische Diskussion vermeiden und eine pragmatische Bestimmung versuchen wollen. Dies scheint auch deswegen gerechtfertigt, weil wissenschafts- bzw. erkenntnistheoretische, allgemeiner metatheoretische Diskussionen - so wichtig sie im einzelnen auch sein mögen - zumindest nach gängiger augenblicklicher Erfahrung relativ folgenlos für die praktische Forschungsarbeit bleiben.
Versteht man Soziologie zumindest dem Prinzip nach auch als Mittel zur 'praktischen Gesellschaftsgestaltung', so muß in jeder soziologischen Untersuchung das augenblicklich empirisch Vorfindbare einbezogen werden. Damit wird keinem naiven Empirismus das Wort geredet, wonach alle Erkenntnis aus dem unmittelbar Zugänglichen herrührt, also deduziert werden kann aus dem, was unmittelbar wahrnehmbar ist. Diese Aussage soll aber verdeutlichen, daß es zum Beispiel für die Untersuchung der Arbeiterklasse in der BRD heute nicht genügt, ihre Lage

durch kategoriale Ableitungen aus den MARXschen Werken zu bestimmen; es, um ein anderes Beispiel zu wählen, für eine Analyse des politischen Systems der BRD auch nicht genügt, dies kategorial als 'Staat im Dienste des Kapitals' zu fassen und einzelne Funktionen auf abstrakter Ebene auszudifferenzieren, vielmehr muß auch bei einem marxistischem Ansatz beachtet werden, daß - in freier MARX-Paraphrisierung - zunächst der Stoff sich im Detail angeeignet werden muß, bevor man daran gehen kann, die 'wesensmäßigen' Bestimmungen zu entfalten.
Soll Soziologie etwas anderes sein als bloße Kontemplation über die Gesellschaft, dann kann auf empirische Sozialforschung nicht verzichtet werden, auch wenn noch so viele und vielfach berechtigte Einwände gegen einzelne Vorgehensweisen oder Techniken erhoben werden können. Somit stellt sich in jeder Untersuchung - und diese Aussage gilt nun tatsächlich einmal unabhängig von spezifischen 'Schulen' - das Problem, eine Vielfalt von sich oberflächlich darstellenden Phänomenen einerseits so umfassend wie möglich, andererseits aber auch noch handhabbar, in ihrer Komplexität reduziert, zu erfassen und darzustellen. Komplexe Analyseverfahren können nun helfen, zumindest die Fülle der erhobenen Daten zu bändigen, soweit sich diese in die Form von Merkmalen mit wohl unterschiedenen Ausprägungen bringen lassen. Diese letzte Einschränkung ist keineswegs trivial, denn Erhebungsinstrumente wie beispielsweise Erzählungen (von Lebensgeschichten) oder Gruppendiskussionen liefern zwar ein Fülle von Daten, die aber kaum und wenn überhaupt, dann nur mit großem Aufwand in Merkmalsform gebracht werden können. Solche Erhebungsinstrumente lassen sich aus praktischen Beschränkungen nur bei kleinen Fallzahlen einsetzen, während große Stichprobenumfänge standardisierte Erhebungsmethoden erfordern. Derartige Daten können aber leicht in die Merkmalsform gebracht werden. Komplexe Datenanalyse - so können wir nun präziser sagen - setzt also Daten in standardisierter Form voraus und ist in der Lage, Interdependenzen zwischen derartigen Variablen- oder Merkmalsbündeln differenziert und gleichzeitig in der Komplexität reduziert - faßbar - darzustellen.

In welchem Verhältnis nun freilich dieser sozusagen sortierte und gebündelte empirische Befund zu soziologischer Theorie steht bzw. wie er Theoriebildung beeinflußt oder beeinflussen sollte, dies zu klären, ist Aufgabe der Metatheorie - oder simpler: Hieran scheiden sich die Geister.
Unserer Auffassung nach wird sich diese Frage aber kaum durch die reine Metatheorie beantworten lassen, vielmehr sind auch forschungspraktisch relevante Antworten nur dann zu finden, wenn diese Diskussion auf eine konkrete Forschungsfrage bezogen geführt wird. Also wird jeweils in Abhängigkeit vom Forschungsgegenstand und dem davon abhängigen Forschungsdesign zu entscheiden sein, welche Bedeutung komplexe Analyseverfahren haben.
Dieser Auffassung tragen wir für den vorliegenden Text dadurch Rechnung, daß wir die inhaltlichen Anwendungsbeispiele einem zusammenhängenden Kontext entnehmen, nämlich der Frage nach der Erklärung für das Wahlverhalten in der BRD. Hierzu liegen Daten der amtlichen Statistik (Wahlergebnisse, sozialstrukturelle Daten auf Wahlkreisebene) wie Umfragedaten vor, die - zum Teil über das Kölner ZENTRALARCHIV für empirische Sozialforschung - allgemein zugänglich sind. Genau dieser Typ von Daten ist es, der mit komplexen Datenanalysemethoden bearbeitet werden kann. Eine inhaltliche Einführung in das Gebiet der Wahlsoziologie, die hier nicht gegeben werden kann, bietet der von KAASE (1977) herausgegebene Sammelband. Dort wird insbesondere auch die Frage diskutiert, inwieweit die gegenwärtige Datenbasis ausreichend ist, um zu belangvollen Ergebnissen zu kommen, die indikativ für den Zustand des politischen Systems der BRD sind.

1.2. Multivariate Analyseverfahren im Überblick

Wir haben schon im Vorwort kurz darauf hingewiesen, daß es im Rahmen eines solchen Skripts nicht möglich ist, alle wichtigen Verfahren ausführlich darzustellen. So scheint es nützlich, die hier für eine detaillierte Darstellung ausgewählten Analysemodelle im Gesamtspektrum komplexer Analyseverfahren zu verorten und darüber hinaus anzudeuten, für welche praktischen Analyseprobleme welche Methoden am angemessensten erscheinen. Denn leider gibt es kein universell bestes Analysemodell, das für jedes praktische Analyseproblem die beste Lösung darstellt, auch wenn in speziellen Darstellungen oft ein solcher Eindruck erweckt wird.

Eine Klassifizierung oder Typologie der verschiedenen multivariaten Verfahren anzugeben, ist nicht ganz einfach. Ein gängiges Unterscheidungskriterium ist das Meßniveau der Daten. In der Tat erfordern die klassischen mehrdimensionalen Methoden - Faktorenanalyse, Varianzanalyse, Regressionsrechnung - metrische Daten - also Merkmale, deren einzelne Merkmalsausprägungen in wohldefinierten Abständen zueinander stehen (Alter, Einkommen etc.). Darüber hinaus wird in vielen - meist stärker auf die Substanzwissenschaft Psychologie ausgerichteten - Methodenlehrbüchern noch die zusätzliche Annahme gemacht, daß die betrachteten Merkmale oder Variablen, wie wir im folgenden auch sagen werden, gemeinsam der Normalverteilung unterliegen. Insbesondere diese zusätzliche Annahme scheint in der Mehrzahl der Anwendungen relativ unrealistisch, so daß wir in unserer Behandlung der klassischen Regressionsrechnung trennen zwischen dem Teil des Analysemodells, wo diese Annahme zwingend erforderlich wird, nämlich den inferenzstatistischen Überlegungen und dem deskriptiven Teil.

Aber auch die Annahme, daß die Daten metrisches Meßniveau haben, ist problematisch genug, so daß eine Reihe von Versuchen unternommen worden sind, diese Voraussetzung abzuschwächen, ohne das Analysemodell grundlegend zu verändern. So kann man zum Beispiel die Pfadanalyse nicht mehr ohne Umschweife zu den metrischen Verfahren rechnen (vgl. hierzu OPP/SCHMIDT, 1976). Dennoch bleibt diese Unterscheidung ein wesentliches Abgrenzungskriterium. Wenn wir also im folgenden von metrischen Verfahren sprechen, dann um den Ursprung zu kennzeichnen und ohne automatisch auch die Normalverteilungsbedingung mitvorauszusetzen. Bei all diesen Verfahren - und gerade wenn bei modifizierten Formen die Voraussetzung metrischer Daten fallenge-

lassen wird - ist jedoch stets sehr sorgfältig zu prüfen, inwieweit nicht doch unausgesprochen - implizit - eine Annahme über die Metrik - also wohldefinierte Abstände zwischen den einzelnen Ausprägungen - in die Berechnungen eingeht.
Verdeutlichen wir dies am Beispiel dichotomer Merkmale, also an Merkmalen, die von vornherein nur zwei Ausprägungen haben (wie etwa das Merkmal Geschlecht mit den Ausprägungen 'weiblich' bzw. 'männlich') oder deren ursprüngliche Ausprägungen zu zwei Kategorien zusammengefaßt wurden (etwa beim Merkmal Intelligenzquotient 'hoch' bzw. 'niedrig' mit dem IQ=1oo als Trennungslinie). Der Deutlichkeit halber sprechen wir im zweiten Fall auch präziser von dichotomisierten Daten, um auf den durch das Zusammenfassen bedingten Verlust empirischer Information hinzuweisen. Um solche Merkmale mit komplexen Analyseverfahren bearbeiten zu können, müssen diesen Ausprägungen Zahlen zugeordnet werden, sie müssen mit Ziffern kodiert werden. Dies ist von der inhaltlichen Logik her gesehen eine reine Konvention, die Zuordnung weiblich=+1 / männlich=-1 ist genauso berechtigt wie etwa eine Zuordnung weiblich=27 / männlich=33 . Es sollen ja durch die Ziffern nur zwei qualitativ verschiedene Ausprägungen unterschieden werden. Aus pragmatischen Gründen wählt man möglichst einfache Kodierungen wie etwa +1/-1 oder 1/o. Diese vom Meßniveau der Daten her also völlig beliebige Zuordnung von Ziffern hat aber unter Umständen erhebliche Auswirkungen auf die bei einer multivariaten Analyse erzielten Ergebnisse, und zwar nicht nur auf die zahlenmäßige Lösung in Form der berechneten Koeffizienten - die ja ohnehin nur einen Zwischenschritt darstellt -, sondern auf die endgültige substantielle Interpretation. Wir werden diese Aussage später anhand spezieller Verfahren präzisieren und im einzelnen belegen.
Für den Augenblick kommt es uns vor allem darauf an, den potentiellen Anwender eindringlich darauf hinzuweisen, daß implizit unter Umständen sehr folgereiche Annahmen getroffen werden. Damit sollen derartige Ansätze keineswegs als nutzlos zurückgewiesen werden, auch wäre es wenig hilfreich, anhand

irgendwelcher künstlich produzierter Daten diese Gefahr zu dramatisieren, aber hierin liegt ein weiterer wichtiger Grund dafür, daß auch ein primär an substantiellen Fragestellungen interessierter Sozialwissenschaftler Analyseverfahren mehr als nur rezepthaft sich aneignen sollte.

Das Gegenstück zu den metrischen Verfahren bilden die Techniken, die ihren Ausgangspunkt in der Betrachtung von - mehrdimensionalen - Häufigkeitstabellen nehmen. Im einfachsten Fall wird dabei eine zweidimensionale Kontingenztafel in mehrere Untertabellen zerlegt, die sich jeweils auf in bestimmter Hinsicht homogene Teilpopulationen beziehen. Statistisch wird diese Situation erstmals von BARTLETT (1935) untersucht und dann durch Paul F. LAZARSFELD und seine Gruppe für die Praxis der empirischen Sozialforschung weiterentwickelt und nutzbar gemacht. Einen kurzen Abriß dieser frühen mehrdimensionalen Kreuztabellenanalyse findet man im letzten Kapitel des Skripts über 'Deskriptive Statistik' (BENNINGHAUS, 1976). Eine entscheidende Weiterentwicklung der Kreuztabellenanalyse ist dann erst in der zweiten Hälfte der sechziger Jahre zu verzeichnen. Diese Weiterentwicklung ist vielfach parallel gelaufen und die dahinter liegenden formalstatistischen Argumente sind alles andere als trivial. Eine sehr gute Zusammenfassung dieser Entwicklung nebst strengen formalstatistischen Ableitungen und Begründungen geben BISHOP, FIENBERG und HOLLAND (1975). Trotz des vielversprechenden Untertitels 'Theorie und Praxis' dürfte dieser Text für den Forschungspraktiker aber kaum zugänglich sein, da hohe Anforderungen an die formalstatistischen Kenntnisse gestellt werden.

Dies bedeutet nun aber nicht, daß diese Analysemodelle so kompliziert sind, daß man ihre prinzipielle Logik erst nach einem Mathematikstudium verstehen könnte; sondern es soll ganz im Gegenteil mit diesem Skript der Versuch unternommen werden, dem mehr substanzwissenschaftlich ausgerichteten Forscher - dem jetzigen und zukünftigen - einen Zugang zu diesen Verfahren zu verschaffen. Aus den verschiedenen Ansätzen, die alle ihren wesentlichen Ausgangspunkt in der Betrachtung einer mehrdimensionalen Kreuztabelle nehmen, haben wir für dieses Skript die Analysemodelle von GRIZZLE, STARMER und KOCH (1969) sowie GOODMAN (1972) ausgewählt. Den Ansatz von GRIZZLE et al. - im folgenden kurz GSK-Ansatz -, weil er in seiner allgemeinen Form verschiedene Einzelentwicklungen umschließt und so ein sehr reichhaltiges Arsenal von Verfahrensmöglichkeiten darstellt. Den Ansatz von GOODMAN deswegen, weil hiermit eine Möglichkeit geboten wird, Gesamtstrukturen - wie man sie sich am besten in Form von Pfeildiagrammen veranschaulichen kann - zu testen. Der GOODMAN-Ansatz stellt also in bestimmter Hinsicht das Analogon auf dem Gebiet nicht-metrischer Daten zu der metrischen Pfadanalyse dar. Auf die Einzelheiten beider Ansätze werden wir in den entsprechenden Kapiteln dann näher eingehen.

Zum GOODMAN-Ansatz, dessen grundlegendes Charakteristikum das sogenannte log-lineare Modell ist, gibt es eine deutsche Parallelentwicklung, die von KRAUTH und LIENERT (1973) unter dem Namen Konfigurationsfrequenzanalyse vorgestellt worden ist. Obwohl die formalstatistischen Grundlagen weitgehend die gleichen sind, ist der GOODMAN-Ansatz geschlossener und zudem weiterausgebaut; darüber hinaus liegen zum GOODMAN-Ansatz in der Literatur eine Reihe von forschungspraktischen Beispielen vor (etwa PAPPI, 1977).

Wenn wir die bisher vorgenommene Typisierung 'metrische Verfahren' versus 'Kontingenztafelanalyse' beibehalten, so fällt es schwer, die clusteranalytischen Verfahren einzuordnen. Hauptziel der Clusteranalyse ist es, die untersuchten Einheiten aufgrund ihrer Ausprägungen in bezug auf verschiedene Merkmale in jeweils in sich möglichst homogene Untergruppen - die Cluster - zusammenzufassen. Man kann diese Aufgabe auch so beschreiben, daß man sagt, daß 'natürliche' Typologien gefunden werden sollen. Auf ein inhaltliches Beispiel bezogen könnte es zum Beispiel darum gehen, eine Typologie der Studenten zu entwickeln und dabei aufgrund der Ausgangsmerkmale auf den 'Wissenschaftler-Typ', den 'Praktiker-Typ', den 'Bildungs-Typ' oder ähnliches stoßen. Diese Verfahren sind im Rahmen der vorliegenden Reihe in einem gesonderten Skript behandelt (SODEUR, 1974).

Zwar bestehen zwischen der Cluster-Analyse und der Faktorenanalyse des sogenannten Q-Typs von der Aufgabenstellung her gewisse Ähnlichkeiten, andererseits erfordert die Clusteranalyse aber nicht notwendig metrische Ausgangsdaten, so daß eine Klassifizierung als metrisches Verfahren nicht unbedingt treffend wäre. Es scheint also ratsam, ein zweites Differenzierungskriterium einzuführen, das jedoch ebensowenig wie das erste - also das Meßniveau der betrachteten Merkmale - in jedem Fall eine scharfe Einordnung erlaubt.
Dieses zweite Kriterium besteht darin, daß wir untersuchen, ob ein spezielles Analysemodell vorrangig dem Auffinden latenter - also nicht direkt meßbarer - Merkmale dient oder der Analyse des Zusammenwirkens und der Interdependenz von manifesten - also direkt beobachtbaren - Merkmalen. Selbstverständlich will man als empirischer Sozialforscher in der Regel beides. Theoretische Konstrukte sind gewöhnlich vielschichtiger, als daß sie mit der Antwort auf eine einzelne Frage hinreichend genau gemessen werden könnten. Es stellt sich also gewöhnlich das Problem, aus den Daten - also den manifesten Merkmalen - auf die Zusammenhänge zwischen theoretischen Konstrukten zu schließen, die mit Hilfe der manifesten Merkmale zumindest näherungsweise gemessen werden sollten. Es wäre somit nach einem Analysemodell zu suchen, das beide Aufgaben simultan angeht und darüber hinaus zu befriedigenden Lösungen kommt. In der Tat gibt es bereits Versuche in diese Richtung, nur ist der Erfolg dieser Versuche selbst in der innermethodischen Diskussion noch umstritten, selbst wenn man einmal die prinzipiellen Einwände außer Acht läßt, daß systematische Erhebungsfehler nicht positiv durch Verfeinerung der Analysetechnik ausgeglichen werden können. Somit erscheint das oben beschriebene zweite Kriterium unter dem Gesichtpunkt der Forschungspraxis und den damit verbundenen unterschiedlichen Stadien der Datenanalyse brauchbar.
Danach wären nun die Kontingenztafelanalyse und primär auch die Regressionsrechnung mit ihren Varianten Pfad- und Varianz-

analyse als Modelle zur Untersuchung des Zusammenhangs von manifesten Merkmalen einzuordnen, während die faktoren- und clusteranalytischen Verfahren der Ermittlung von latenten Merkmalen dienen.
Hierbei verwenden wir ganz bewußt die Mehrzahlform, denn es gibt weder die Faktorenanalyse noch die Clusteranalyse, sondern beide Begriffe bezeichnen eine Vielfalt von zwar eng verwandten, aber dennoch unterschiedenen Einzeltechniken. Insbesondere bei der Faktorenanalyse ist zwischen den Hauptachsentransformationen (Hauptkomponentenanalyse) und der klassischen Form mit der expliziten Berücksichtigung unbestimmbarer Restfaktoren zu unterscheiden. Auch der Faktorenanalyse ist im Rahmen dieser Studienreihe ein eigener Band gewidmet (ARMINGER, 1979).
Zu dieser zweiten Gruppe sind insbesondere auch die verschiedenen Ansätze zur multidimensionalen Skalierung (MDS) zu rechnen, mit denen man versucht, von verbalen Äußerungen (Reaktionen auf vorgelegte Statements) auf tieferliegende Einstellungsdimensionen zu schließen.
Sinn dieses groben Überblicks ist es nicht, jede einzelne Technik oder jedes einschlägige Computerprogramm zu erfassen und einzuordnen, so daß der einschlägig vorgebildete Leser sicher die oder andere Technik - vielleicht die 'Automatische Interaktionanalyse (AID)' oder zu deutsch Kontrastgruppenanalyse - vermißt, es galt vielmehr deutlich zu machen, für welche Stadien der Datenanalyse die hier ausführlicher behandelten Modelle primär in Betracht kommen und in welcher Weise sie unter Umständen fruchtbar mit anderen Verfahren kombiniert werden können. So erscheint insbesondere für nicht-metrische Daten die Clusteranalyse als nützliches Hilfsmittel, einen ersten Schritt der Informationskomprimierung zu tun, indem mit diesem Modell bestimmte Gruppen von Variablen gebündelt und durch die darauf basierende natürliche Typologie, die dann als neue, als abgeleitete Variable in den weiteren Analyseprozeß eingeht, repräsentiert werden können.
Eine ähnliche Verbindung ist für den Fall metrischer Daten

zwischen Faktorenanalyse und multipler Regressionsrechnung sinnvoll. Wie wir noch im einzelnen sehen werden, ist diese Verknüpfung sogar in vielen Fällen unerläßlich. Welches Verfahren zu bevorzugen ist, hängt somit viel öfter von einer spezifischen Problemstellung ab, als daß sich auf allgemeiner Ebene sagen ließe, welches von zwei Analysemodellen das bessere ist; wobei 'besser' vom Standpunkt der Substanzwissenschaft aus wohl immer heißen muß, daß die miteinander in Konflikt stehenden Ansprüche an Detaillierung der Information einerseits und Komprimierung andererseits besser miteinander vermittelt werden und also realitätsgerechtere Ergebnisse hervorgebracht werden.
Ein entscheidender Punkt in diesem Zusammenhang wird immer sein, wie realitätsgerecht die Annahmen über das Meßniveau der Merkmale sind, wobei gerade den versteckten Annahmen besondere Beachtung zu schenken ist, die auch in mancher Version der sogenannten nicht-metrischen Ansätze enthalten sind.

1.3. Hinweise zu Aufbau und Benutzung des Textes

Der Text ist so konzipiert, daß er zwar nicht voraussetzungslos ohne jedwede statistische Grundkenntnisse verstanden werden kann, aber davon abgesehen versucht, eine möglichst elementare Einführung zu geben. Teile der elementaren Statistik, die für das weitere Verständnis besonders wichtig sind - wie etwa die Regression bei zwei Merkmalen - werden deshalb noch einmal, in der für den weiteren Fortgang günstigsten Form dargestellt. Darüber hinaus wird das Schwergewicht der Darstellung darauf gelegt, die prinzipielle Logik des Vorgehens deutlich zu machen und vor allem ein intuitives Verständnis für die Bedeutung der in den einzelnen Modellen auftretenden Kennzahlen (Koeffizienten) zu vermitteln. Weiterhin wird versucht, allgemeine Aussagen an Anwendungsbeispielen zu verdeutlichen und die Frage der substantiellen Interpretation mit aufzunehmen. Dagegen wird gänzlich darauf verzichtet, irgendwelche Rechentricks oder Schemata für Handrechnungen anzugeben, da man derartiges nun wirklich dem Computer überlassen sollte. Aus dem gleichen Grund werden wir Formeln nur insoweit und in der Form angeben, in der sie intuitiv am besten verständlich sind. Ganz ohne Formeln wird es sicher nicht abgehen, aber wenn man sich angewöhnt, in Formeln mehr eine Art Kurzschrift denn eine kaum durchdringbare Geheimschrift zu sehen, verlieren sie viel von ihrem Schrecken.

Eine solche Ausrichtung auf intuitives, prozeßlogisches Verständnis und forschungspraktisch relevante Beispiele ist mit einer formalstatistisch strengen Darstellung kaum zu vermitteln. Andererseits zeigt die Erfahrung aus einschlägigen Lehrveranstaltungen, daß es für den Leser/Hörer sehr unbefriedigend ist, stets mit Fakten konfrontiert zu werden, die einfach hinzunehmen sind, weil eine gleichzeitige formale Herleitung den Blick auf die wesentliche Logik des Vorgehens verstellen würde. Selbst wenn man eine bestimmte Herleitung in drei Tagen wieder vollständig vergessen hat, scheint es lernpsychologisch einen Unterschied zu machen, ob man sich irgendwann einmal davon überzeugt hat, daß eine behauptete Beziehung tatsächlich stimmt, oder ob man nur an ihre Richtigkeit aufgrund der Mitteilung durch einen, der es eigentlich wissen sollte, glauben muß.

Bestimmte Herleitungen - gerade bei den komplexen Verfahren - erfordern schlicht eine zu große Grundlage an formalstatistischem Wissen, als daß eine Herleitung überhaupt in Betracht käme. Eine ganze Reihe von Resultaten kann jedoch auch mit vergleichsweise bescheidenen mathematischen Mitteln hergeleitet werden, auch wenn die Umformungen insgesamt eine Reihe von Schritten in Anspruch nehmen, also etwas mühselig sind. Wir haben uns deshalb für dieses Skript entschieden, Herleitungen dieses Typs, die für das Verständnis des jeweiligen Modells von zentraler Wichtigkeit sind, jeweils in einem besonderen Abschnitt darzustellen. Derartige Abschnitte sind mit einem * gekennzeichnet und können also überschlagen werden, ohne daß Verständnis der folgenden Abschnitte zu gefährden.

Abweichend von der Praxis verschiedener einschlägiger Lehrbücher trennen wir bei der Darstellung der Regressionsrechnung zwischen dem deskriptiven Modell, dessen Anwendung lediglich die Annahme erfordert, daß die analysierten Merkmale metrisch sind (im klassischen Fall), und den inferenzstatistischen Problemen, die allerdings für die praktische Anwendung der multiplen Regressionsrechnung bei metrischen Daten große Bedeutung haben. Der primär an den nichtmetrischen Verfahren interessierte Leser kann damit schneller zu dem für ihn relevanten Teil übergehen. Davon abgesehen muß dieses Skript im wesentlichen sequentiell bearbeitet werden, da zum Beispiel zwischen GSK-Ansatz und dem GOODMAN-Ansatz eine Reihe von Gemeinsamkeiten bestehen, also die einzelnen Kapitel weitgehend aufeinander aufbauen (vgl. Schema).

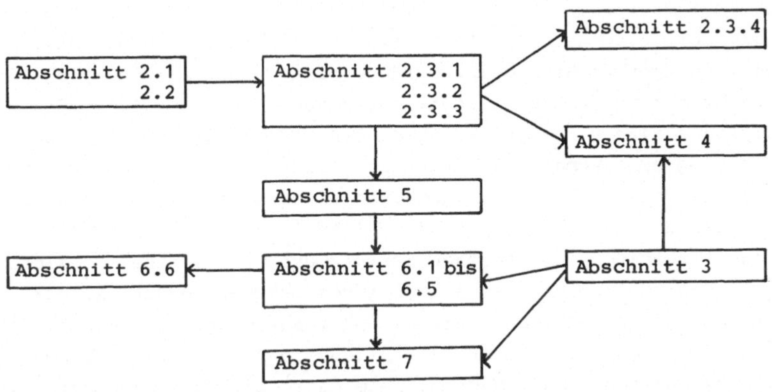

Der mit metrischer Regression schon vertraute und an den damit zusammenhängenden Detailproblemen im Augenblick nicht interessierte Leser, kann sich mit einer flüchtigen Lektüre der Abschnitte 2.1 und 2.2 begnügen und zur Einführung in die Matrizennotation in Abschnitt 2.3.1 übergehen. Spezialisten in metrischer Regression, die dieses Skript nur wegen der nichtmetrischen Verfahren zur Hand nehmen, sollten ihre Lektüre mit Abschnitt 5 beginnen.

Wesentliches formales Hilfsmittel bei der Diskussion und Darstellung der einzelnen Modelle ist die Notation in Form von Matrizen - rechteckigen Schemata von Zahlen - sowie die elementare Matrizenrechnung; Matrizen lassen sich wie gewöhnliche Zahlen addieren, subtrahieren und unter bestimmten Voraussetzungen auch multiplizieren und dividieren. Dieses für viele Leser sicher ungewohnte formale Hilfsmittel erlaubt eine sehr rationelle und zweckmäßige Darstellung der Zusammenhänge, so daß die Mühe der Gewöhnung an etwas Neues sich doppelt und dreifach auszahlt. Um keine unbegründeten Ängste entstehen zu lassen: es geht über die elementaren Anfangsgründe der Matrizenrechnung nicht hinaus!

Schließlich noch ein Wort zu den inhaltlichen Beispielen. Wir hatten schon gesagt, daß alle Beispiele einem thematischen Zusammenhang entstammen, nämlich der Wahlsoziologie. Nur so wird es zumindest ansatzweise möglich sein, das Problem der Umsetzung der berechneten Koeffizienten in substanzwissenschaftliche Aussagen zu behandeln. Darüber hinaus kann man in Anbetracht der großen Publizität, die gerade diese spezielle Soziologie findet, davon ausgehen, daß die inhaltliche Problemstellung einigermaßen vertraut ist. Datenanalyse in der Praxis, also im Rahmen eines Forschungsprojektes etwa, besteht nie in der isolierten Interpretation von Einzelanalysen, insofern kann im Rahmen eines solchen Skripts auch nicht eine geschlossene Wahlanalyse oder etwas ähnliches geboten werden, so daß die einzelnen Analysen jeweils in Beziehung gesetzt werden müssen zum schon vorhandenen, durch frühere Forschungen akkumulierten Wissensstand. Und so bietet sich die Wahlsoziologie als exemplarischer substanzwissenschaftlicher Bereich geradezu an; darüber hinaus ist dieser Bereich durch ein vielfältiges Datenangebot gekennzeichnet, so daß es einmal nicht schwerfällt, im Bereich der Sozialwissenschaften an metrische Daten zu kommen.

Die Erfahrung aus einschlägigen Veranstaltungen hat gezeigt, daß man sich komplexe Datenanalysemodelle nicht im 'Trockenstudium', also durch bloße Rezeption von Texten, aneignen kann.

Vielmehr werden viele Probleme und Schwierigkeiten, aber auch Möglichkeiten erst richtig deutlich, wenn man das Bücherstudium mit eigener praktischer Analysetätigkeit verbindet. Wer zu diesem Skript greift, weil ein eigenes Projekt auf die Datenanalyse wartet, braucht diesen Ratschlag nicht; soll dieses Skript aber in der Methodenausbildung im Rahmen von Lehrveranstaltungen eingesetzt werden, so sollte die Lektüre mit praktischen Übungen verbunden werden. Auch hierzu sollen die inhaltlichen Beispiele in diesem Skript eine erste Anregung sein, indem man die hier diskutierten Analysen überprüft, durch Einbeziehung neuer Variabler modifiziert oder sie mit gänzlich anderen Sets von Merkmalen kontrastiert.
Aus diesem Grund wird für die hier präsentierten Beispiele ausschließlich auf allgemein zugängliche Daten zurückgegriffen, die zum einen über das Statistische Bundesamt in Wiesbaden, zum anderen über das ZENTRALARCHIV für empirische Sozialforschung in Köln erhältich sind.

2. Regression als deskriptives Analysemodell

In diesem Kapitel wird das Modell der Regression in seiner klassischen Form diskutiert. Die Bezeichnung deskriptives Analysemodell, die vielleicht manchem Leser als widersprüchlich erscheinen mag, lehnt sich an die herkömmliche Aufteilung der Statistik in einen deskriptiven und einen schließenden Teil an. Sie besagt also, daß zunächst wahrscheinlichkeitstheoretische Überlegungen nicht angestellt werden. Damit ist es auch nicht notwendig, irgendwelche Annahmen über die Verteilung der betrachteten Merkmale zu machen. Wir setzen lediglich voraus, daß die Merkmale intervallskaliert sind, sich ihre Ausprägungen also auf einer Skala mit festen Intervallen befinden. Derartige Merkmale nennt man auch metrisch. Merkmale, die diese Eigenschaft in strengem Sinn erfüllen, sind in der Sozialwissenschaft selten, jedenfalls solange es sich um Daten auf der Ebene des einzelnen Individuums handelt. Erst wenn man zu gröberen Aggregationen übergeht, fallen metrische Merkmale in Form von Prozentsätzen und dergleichen in größerem Ausmaß an. Wir werden in diesem Kapitel die Aggregatebene der Bundesländer (N=1o) sowie die der Wahlkreise (N=226) betrachten. Da für einige Wahlkreise von Großstädten sozialstrukturelle Merkmale (Katholikenanteil, Anteil der Selbständigen etc.) nicht gesondert ausgewiesen worden sind, mußten die ursprünglich 248 Wahlkreise teilweise noch einmal zusammengefaßt werden; dies erklärt die Anzahl von 226.

Regression bedeutet im ursprünglichen Wortsinn Zurückgehen und in einem diesem sehr ähnlichen Sinn wird Regression als Fachterminus in der Psychologie gebraucht, wo er ein Zurückfallen auf frühe Entwicklungsphasen - etwa die Kindheitsphase - bezeichnet. In der Statistik wird damit die Zurückführung der unterschiedlichen Ausprägungen einer 'Zielvariable' - auch als 'abhängige Variable' bezeichnet - auf eine Reihe von 'erklärenden Variablen' - auch 'unabhängige Variablen' genannt - genauer deren spezifische Ausprägungen bezeichnet. Ist die Zielvariable also beispielsweise der Anteil der CDU an den gültigen Zweitstimmen

bei der Bundestagswahl 1976 - im folgenden kurz mit CDU76ZP bezeichnet - und betrachtet man die Aggregatebene der Bundesländer, so versucht man, die unterschiedlichen Stimmanteile, die die CDU in den einzelnen Ländern erreicht hat, darauf zurückzuführen, daß eine Reihe von zum Beispiel sozialstrukturellen Merkmalen - wie etwa Katholikenanteil oder Anteil der in der Landwirtschaft Erwerbstätigen - eine bestimmte Höhe hatte.
Das Regressionsmodell setzt also voraus, daß zunächst eine Zielvariable festgelegt wird, die sogenannte abhängige Variable. Sodann werden vom Forscher Merkmale ausgewählt, von denen er aufgrund theoretischer Einsichten und/oder früherer Untersuchungen annimmt, daß sie einen Einfluß auf die Höhe der Ausprägungen der Zielvariablen haben. Die Zahl dieser 'unabhängigen' Merkmale ist prinzipiell nicht begrenzt, es dürfen - wie wir später näher erläutern werden - jedoch nicht mehr sein, als Untersuchungseinheiten vorhanden sind. In unserem Fall mit den Bundesländern dürften es also maximal 1o sein. Allerdings ist man in der Regel daran interessiert, möglichst einfache Modelle zu konstruieren, also nur die Haupteinflußfaktoren zu bestimmen.

Man versucht also in der Regressionsrechnung ein möglichst einfaches Modell zu finden, das doch möglichst gut die unterschiedliche Höhe der Ausprägungen für die Zielvariable erklärt. Wir finden hier also den alle Analysemodelle kennzeichnenden Widerspruch zwischen Einfachheit (Komprimierung) und Genauigkeit (Detaillierung) wieder. Ist ein Modell gefunden, das einen befriedigenden Kompromiß darstellt, dann lautet die zweite Aufgabe nun, den Einfluß der unabhängigen Merkmale auf die Zielvariable relativ zueinander zu vergleichen. Es sollen also wichtige und weniger bedeutsame Einflußfaktoren separiert werden. Damit ist das regressionsanalytische Modell in seinem Grundzug beschrieben. Es ist wichtig, stets die Tatsache im Auge zu behalten, daß die Bezeichnung eines Merkmals als 'abhängig' bzw. 'unabhängig' immer eine Setzung - die auf theoretischen Überlegungen basieren sollte - des Forschers darstellt, also in keiner Weise das Ergebnis irgendeiner statistischen Prozedur ist.

Darüber hinaus gilt diese Bezeichnung immer nur relativ zu einer Einzelanalye; eine unabhängige Variable in einer Einzelanalyse kann in der nächsten das abhängige Merkmal sein. Konkreter: Haben wir den Einfluß des Katholikenanteils (KATHANT) auf den CDU-Anteil bestimmt, so könnte man beispielsweise in einer weiteren Rechnung nun versuchen zu bestimmen, wodurch die unterschiedliche Höhe des Katholikenanteils determiniert oder zumindest beeinflußt wird. KATHANT würde dann zum 'abhängigen' Merkmal.
Die Bezeichnungen abhängig/unabhängig sind nicht sehr glücklich, haben sich aber leider so eingebürgert, daß wir sie hier ebenfalls verwenden. Wir werden jedoch für abhängige Variable gewöhnlich den Ausdruck 'Zielvariable' benutzen, um deutlich zu machen, daß die Variation in den Ausprägungen dieses Merkmals das Ziel der Analyse ist, in deren Verlauf sich erst noch erweisen muß, ob dieses Merkmal tatsächlich von den nach theoretischen Kriterien ausgewählten unabhängigen Merkmalen abhängt.

2.1. Die Regression zweier Merkmale

In diesem Fall besteht der Set der unabhängigen Merkmale nur aus einer Variablen. Dieser Spezialfall wird in jedem einführenden Statistikbuch (etwa BENNINGHAUS, 1976, S.184-229) behandelt, so daß dieser Abschnitt im wesentlichen der Wiederholung dient. Die Ausgangssituation bei der Regressionsanalyse kann hier besonders schön veranschaulicht werden, indem man die Untersuchungseinheiten - jeweils repräsentiert durch die Ausprägung von Zielvariabler und unabhängiger Variabler - in einem Streudiagramm (engl.: scattergram) graphisch darstellt.

Jeder Punkt in diesem Streudiagramm repräsentiert also eine Untersuchungseinheit; fällt man das Lot auf die senkrechte bzw. waagerechte Achse, so kann man dort die Ausprägungen ablesen, also den Stimmanteil der CDU und den Katholiken-Anteil.

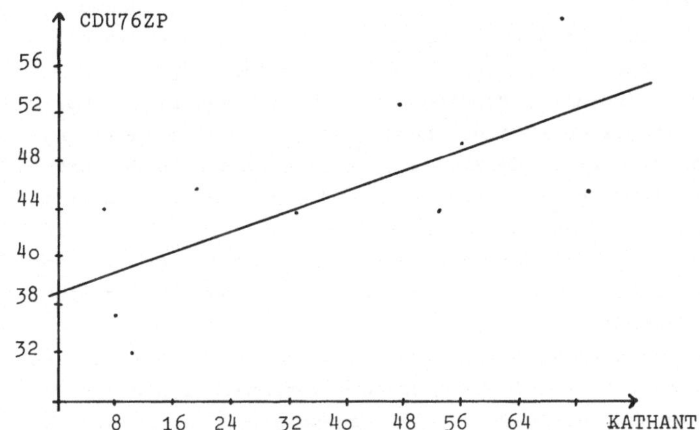

Abb. 2.1. Streudiagramm von CDU-Anteil und Katholikenanteil

Einer solchen Darstellung kann man zwar nun nicht entnehmen, wie hoch der CDU-Anteil in Bayern war,oder anders formuliert, welcher der Punkte nun zum Beispiel Bayern repräsentiert, aber diese Information ist für die zu behandelnde Fragestellung auch nicht belangvoll; geht es doch darum festzustellen, ob zwischen der Höhe des CDU-Stimmanteils und dem Katholiken-Anteil generell eine empirische Regelmäßigkeit auffindbar ist. Etwa in der Weise, daß tendenziell in den Ländern mit hohem Katholiken-Anteil auch der CDU-Anteil überdurchschnittlich ist. In der Tat zeigt sich ein solcher Zusammenhang - der inhaltlich ja auch nicht mehr sonderlich überraschend ist nach den vorangegangenen Bundestagswahlen - bei der bloßen Inspektion des Streudiagramms.

Bei der Analyse von empirischen Daten dieser Art ist natürlich kein streng mathematischer Zusammenhang, etwa von der Form, daß der CDU-Anteil immer gerade Katholiken-Anteil minus 2o ist, zu erwarten. Was man in der Regressionsrechnung versucht, ist die generelle Tendenz durch ein einfaches Modell zu erfassen.

Ein solches einfaches Modell ist zum Beispiel eine gerade Linie, die man mitten durch die im Streudiagramm dargestellte Punktewolke zieht. Prinzipiell könnte man auch irgendeine andere Kurve (Parabel, Hyperbel, Sinuslinie, was immer) verwenden, wenn die Gestalt der Punktewolke eher einen solchen Verlauf nimmt. Da man derartige Modelle vielfach durch vorherige Umformung der Ausgangsdaten auf ein lineares Modell zurückführen kann, werden wir diese Situation erst im Abschnitt 2.3.3. behandeln. Im folgenden gehen wir also immer von einem 'linearen Modell' aus, was im zweidimensionalen Fall schlicht eine Gerade ist.
Es ist jedoch sehr wichtig, sich schon jetzt die Tatsache fest einzuprägen, daß hiermit eine weitere Vorentscheidung durch den Anwender getroffen wird. Alle Ergebnisse, die mit der Regressionsrechnung erzielt werden, gelten nur relativ zu der Annahme, daß das lineare Modell der Datenkonstellation angemessen ist. Zeigt also das Ergebnis einer Regressionsrechnung, daß die unabhängige Variable keinen oder nur geringen Einfluß auf die Zielvariable hat, so bedeutet das nur, daß kein <u>linearer</u> Zusammenhang zwischen den beiden Merkmalen besteht.

Im zweidimensionalen Fall kann man durch bloße Inspektion des Streudiagramms erkennen, ob die Annahme einer linearen Beziehung realistisch ist. Sie ist es, wenn man tatsächlich eine Gerade in das Streudiagramm einzeichnen kann, die 'mittendurch' geht. Und offensichtlich ist der Einfluß der unabhängigen Variable - oder der Zusammenhang zwischen beiden Merkmalen - um so stärker, je enger die Punkte - die ja Untersuchungseinheiten repräsentieren - um die Gerade geschart sind.
Es gilt nun, die vagen Konzepte - wie 'die Gerade mittendurch' oder 'die enggescharten Punkte' - so zu präzisieren, daß unterschiedliche Betrachter auch zum gleichen Ergebnis kommen. Eine Gerade läßt sich nun durch die Angabe zweier sogenannter Parameter eindeutig charakterisieren und kann dann von subjektiven Eindrücken unabhängig mit in das Streudiagramm eingezeichnet werden. Bezeichnen wir die waagerechte Achse (das unabhängige

Merkmal) mit X und die senkrechte Achse (die Zielvariable) mit Y, dann hat die Gleichung jeder Gerade folgende Form:

$$Y = b_o + b_1X$$

Graphisch gesehen bedeutet b_o den Punkt, an dem die Gerade die senkrechte Achse schneidet und b_1 die Steigung der Geraden, also die Veränderung in senkrechter Richtung, wenn ich mich in der waagerechten Richtung um eine Einheit nach rechts bewege. Ein Punkt, dessen Koordinaten die obige Gleichung erfüllen, liegt genau auf dieser Geraden. Umgekehrt ist durch die Vorgabe von zwei Punkten auch die Gerade schon eindeutig definiert.

Die gesuchte Regressiongerade soll nun so beschaffen sein, daß alle Punkte möglichst dicht bei dieser Geraden liegen. Sind Y_i und X_i die Koordinaten eines Punktes, so ist

$$Y_i - b_o - b_1X_i$$

der Abstand dieses Punktes von der Geraden in senkrechter (parallel zur Y-Achse) Richtung. Dies gilt für jede Gerade, ganz gleichgültig, welche speziellen Werte b_o und b_1 annehmen. Um nun zu einer eindeutig bestimmten Gerade zu kommen, fordert man, daß die Summe der quadrierten Abweichungen von der Gerade so klein wie möglich werden sollen. Diese Forderung nennt man auch das <u>Kleinst-Quadrat-Kriterium.</u> Als Formel:

$$\sum_i (Y_i - b_o - b_1X_i)^2 = \text{Min}$$

Mit den Hilfsmitteln der Differentialrechnung kann hieraus für die beiden zu bestimmenden Größen b_o und b_1 eine eindeutige Lösung gewonnen werden. Wir geben diese Lösung ohne Herleitung an:

$$b_o = \bar{Y} - b_1\bar{X}$$

$$b_1 = \frac{\sum(X_i-\bar{X})(Y_i-\bar{Y})}{\sum(X_i-\bar{X})^2} \qquad (2.1)$$

Der eben beschriebene Weg ist die Standardmethode (OLS-Methode; <u>o</u>rdinary <u>l</u>east <u>s</u>quares), aber bei weitem nicht die einzig denkbare Möglichkeit. Statt die Quadrate der Abweichungen zu betrachten, erscheint es mindestens ebenso plausibel, die absoluten Beträge der Abweichungen zu betrachten, um zu verhindern, daß sich Abweichungen nach oben und unten gegenseitig wegheben. Weiter könnte man daran denken, einzelne weit entlegene Punkte ('Ausreißer') weniger stark zu gewichten. Ein solches Vorgehen wirft natürlich weitere Probleme auf, so daß für die OLS-Methode spricht, daß sie ein relativ einfaches Kriterium benutzt und - im Gegensatz zur Betrachtung der absoluten Abstände - formalstatistisch 'schöne' Eigenschaften hat. Wir werden jedoch bei der Diskussion des GSK-Ansatzes sehen, daß es durchaus Alternativen zu dieser Standardmethode gibt.

Mit der Bestimmung von b_o und b_1 ist der Regressionsansatz zunächst einmal gelöst; es ist eine eindeutig definierte Gerade gefunden worden, die die Punktewolke so gut wie möglich näherungsweise darstellt, approximiert. Leider ist aber damit noch nicht die Frage beantwortet, wie <u>gut</u> diese Regressionsgerade den empirischen Befund - die Punktewolke - beschreibt, noch ist ein Maß gefunden für den Einfluß der unabhängigen Variablen auf die Zielvariable. Für unser Beispiel ergibt sich folgende Gleichung der Regressionsgeraden:

$$CDU76ZP = 37.4 + o.22\ KATHANT$$

Nach dem Regressionsmodell erhält man also den Stimmanteil für die CDU dadurch, daß man den Katholiken-Anteil mit o.22 multipliziert und dazu 37.4 addiert. Die dadurch aus der Variable X (KATHANT) entstehende neue Variable bezeichnet man als den Predictor für Y (CDU76ZP) und schreibt abkürzend $\hat{Y}$. Die Differenz zwischen diesem Predictorwert $\hat{Y}$ und dem tatsächlichen Wert (empirischen Wert) für Y nennt man das Residuum von Y bei der Regression auf X, oder auch nur kurz Residuum, wenn der Kontext klar ist. Dieses Residuum wollen wir im folgenden mit Y^R oder ausführlicher mit Y_X^R bezeichnen.

Das Kleinst-Quadrat-Kriterium können wir nun auch so fassen, daß die Quadratsumme der Residuen ein Minimum annimmt oder - was sich mathematisch daraus ergibt - die Summe der Residuen Null ergibt. Die Abweichungen der einzelnen Punkte von der Regressionsgeraden nach oben bzw. nach unten gleichen sich also insgesamt aus. In dieser Fassung ist das Kleinst-Quadrat-Kriterium wohl intuitiv plausibler.

Weiterhin bietet sich auf diese Weise nun auch eine Möglichkeit, ein quantitatives Maß für die Güte der Anpassung des Regressionsmodells - der Regressionsgeraden - an die empirische Punktewolke zu konstruieren. Offenbar ist die Anpassung um so besser, je kleiner die Residuen insgesamt sind, und genau dies wird durch die Quadratsumme der Residuen quantitativ zum Ausdruck gebracht. In diese Größe geht jedoch auch die Varianz der empirischen Y-Werte ein: Wenn ich die Zielvariable CDU-Anteil nicht wie üblich in Prozenten messe, sondern aus irgendeinem Grund in Promille, so vergrößern sich alle Ausprägungen um den Faktor 1o (42.7% entsprechen z.B. 427‰) und das gleiche gilt für die Residuen. Mithin wächst die Quadratsumme der Residuen um den Faktor 1oo, ohne daß damit das Regressionsmodell irgendwie schlechter würde. Es ist also notwendig, diesen zunächst intuitiv plausiblen Wert noch zu standardisieren, indem man ihn z.B. durch die Variation der Y-Werte dividiert. Die so gewonnene Maßzahl bezeichnen wir mit $1-R^2$ und nennen sie den <u>Alienationskoeffizienten</u>:

$$1 - R^2 = \frac{\sum_i (Y_i - \hat{Y}_i)^2}{\sum_i (Y_i - \bar{Y})^2} = \frac{\text{Var}\,(Y^R)}{\text{Var}\,(Y)} \qquad (2.2)$$

Die letzte Umformung gilt deshalb, weil, wie wir bemerkt hatten, die Summe der Residuen Null ist, also auch ihr Mittelwert Null ist; somit ist die Varianz in diesem Fall gleich der Quadratsumme geteilt durch N, die Anzahl der Untersuchungseinheiten. Die hier vorgenommene Normierung wird nahegelegt durch die bekannte Varianzzerlegungsformel (BENNINGHAUS, 1976, S.211):

$$\sum (Y - \bar{Y})^2 = \sum (Y - \hat{Y})^2 + \sum (\hat{Y} - \bar{Y})^2 \,,$$

die man auch in der Form

$$\text{Var}\,(Y) = \text{Var}\,(Y^R) + \text{Var}\,(\hat{Y})$$

schreiben kann, da der Mittelwert von $\hat{Y}$ gleich $\bar{Y}$ ist.

Mit Hilfe der Varianzzerlegungsformel können wir nun aus dem intuitiv begründeten Alienationskoeffizienten den sehr viel gebräuchlicheren Determinationskoeffizienten R^2 gewinnen:

$$R^2 = \frac{\text{Var}(\hat{Y})}{\text{Var}(Y)} \tag{2.3}$$

Dieser Koeffizient variiert wie der Alienationskoeffizient zwischen den Grenzen Null und Eins, nur daß jetzt das Modell um so besser paßt, je höher der Koeffizient ist. Je höher R^2, desto kleiner die Varianz der Residuen, also nach der Varianzzerlegungsformel der Teil der Varianz der Zielvariable, der vom Modell nicht erklärt wird. Es hat sich deshalb eingebürgert, den Wert von R^2 als Anteil der erklärten Varianz von Y zu bezeichnen.
Damit haben wir das erste der beiden oben beschriebenen Probleme gelöst. Wir können die Güte des Regressionsmodells quantitativ bestimmen und damit Vergleiche zwischen verschiedenen Modellen anstellen. Das zweite Problem, nämlich die Frage nach dem Einfluß eines unabhängigen Merkmals X, ist in diesem Spezialfall mit dem ersten identisch, da keine weiteren unabhängigen Merkmale an dem Regressionsmodell beteiligt sind. Dennoch lohnt es, der Frage nachzugehen, ob der zu X gehörige Koeffizient b_1 Information zu diesem Problem enthält. Oder anders formuliert, ob von der Größe des Steigungskoeffizienten auf die Güte des Regressionsmodells geschlossen werden kann. Dies ist sicher nicht der Fall, wie man sich leicht plausibel machen kann: Nehmen wir an, daß wir die unabhängige Variable - hier den Katholiken-Anteil - in Promille statt in Prozent angeben, also die zahlenmäßigen Ausprägungen um den Faktor 1o wachsen, so vermindert sich b_1 um eben diesen Faktor 1o. Wir werden dieses Resultat in Abschnitt 2.3.4. herleiten, aber es ist im zweidimensionalen Fall auch geometrisch zu verstehen. Durch den Übergang zur Promille-Darstellung wird das Streudiagramm in waagerechter Richtung gestreckt, damit wird dann auch die Steigung der in das Diagramm eingezeichneten Geraden flacher. Der Steigungskoeffizient b_1 ist also abhängig vom Maßstab, den ich für die unabhängige Variable gewählt habe, seine

Größe sagt nichts über die Güte des Regressionsmodells aus. Einen in dieser Beziehung aussagekräftigeren Regressionskoeffizienten erhalte ich jedoch, wenn vor Durchführung der eigentlichen Regressionsrechnung sowohl abhängige wie unabhängige Variable 'standardisiert' werden, d.h. daß die empirischen Werte einer Umformung unterzogen werden, die darin besteht, daß man von jedem einzelnen Wert den Mittelwert der betreffenden Variable subtrahiert und dann durch die zugehörige Standardabweichung dividiert. Wir wollen dies an unserem Beispiel verdeutlichen (vgl. auch SAHNER, 1971, S.22 ff).
Das arithmetische Mittel aus den 1o empirischen Werten für KATHANT beträgt 37.6, die Standardabweichung (= Wurzel aus der Varianz) 25.7; also wird zum Beispiel vom empirischen Wert für die Einheit Bayern, der 69.9 beträgt, 37.6 subtrahiert und das Resultat durch 25.7 dividiert, was dann 1.25 ergibt. Diese Umformung wird für alle Einheiten durchgeführt.
Der Sinn dieses Standardisierens liegt darin, daß die nun neu entstandenen Merkmale den Mittelwert Null und die Standardabweichung 1 haben. Nach Durchführung der Standardisierungsoperation ist es also gleichgültig, ob ursprünglich KATHANT in Prozent, in Promille oder sonst einem Maßstab gemessen wurde. Es wird dadurch also die willkürliche Festsetzung des Maßstabs bedeutungslos; auch lassen sich nun Merkmale besser vergleichen, die auch bei Benutzung der allgemein üblichen Maßstäbe eine sehr unterschiedliche Varianz haben. Ein Beispiel dafür wäre etwa die Betrachtung des Merkmals 'Steueraufkommen' für die einzelnen Bundesländer. Mißt man dieses Merkmal wie üblich in DM, so ergibt sich ganz zwangsläufig ein höherer Wert für die Varianz als dies bei KATHANT der Fall ist.
Führt man die Regressionsrechnung für zwei Merkmale durch, die solcherart zuvor standardisiert worden sind, so wird zwangsläufig b_o gleich Null, wie man sofort der angegebenen Formel (2.1) entnimmt. Viel bedeutsamer aber ist die Tatsache, daß der zugehörige Steigungskoeffizient nun gleich der Quadratwurzel aus dem Determinationskoeffizienten ist, also unmittelbar auch eine Information über die Güte des Modells enthält. Wie wir in Abschnitt

2.3.4. allgemein nachweisen, muß man den eben beschriebenen Prozeß des Standardisierens der Variablen nicht tatsächlich durchführen, da eine einfache Beziehung zwischen dem ursprünglich berechneten Koeffizienten b_1 und dem nach dem Standardisieren berechneten, den man üblicherweise auch Beta-Koeffizient nennt, besteht. Es gilt nämlich

$$b_1 \cdot \frac{s(X)}{s(Y)} = (\text{beta})_1 \qquad (2.4)$$

Dabei bezeichnen s(X) bzw. s(Y) die jeweiligen Standardabweichungen. Aus diesem Grund nennt man die aus den Rohdaten berechneten Koeffizienten auch 'unstandardisierte' Koeffizienten, die aus standardisierten Daten errechneten Beta-Koeffizienten auch 'standardisierte' Koeffizienten.
Die eben schon erwähnte Beziehung, daß nämlich der Beta-Koeffizient gleich der Wurzel aus dem Determinationskoeffizienten ist, gilt - dies als Warnung für die weitere Diskussion - nur in diesem Spezialfall der Regression mit einer unabhängigen Variablen.
Leser, die zwar mit der zweidimensionalen Regression gut, nicht aber mit dem multiplen Fall vertraut sind, mag die hier gegebene Darstellung wenig vertraut erscheinen, vor allem werden sie eine Erwähnung des sogenannten PEARSONschen Produkt-Moment-Korrelationskoeffizienten r vermißt haben. Im zweidimensionalen Fall stimmt r mit dem Beta-Koeffizienten überein, der wie nun schon mehrfach bemerkt seinerseits gleich der Wurzel aus dem Determinationskoeffizienten ist. Der PEARSONkoeffizient besitzt zwar gewisse Verallgemeinerungen für den mehrdimensionalen Fall ('partieller Korrelationskoeffizient'), doch ist er für die Regressionsbetrachtung insgesamt von untergeordneter Bedeutung. Da übliche Computerprogramme - wie etwa SPSS - im zweidimensionalen Fall (Unterprogramm SCATTERGRAM) nur den Koeffizienten r explizit angeben, ist es wichtig, um diesen Zusammenhang zu wissen.
Bevor wir die bisherige Diskussion noch einmal zusammenfassen, wollen wir unser Anwendungsbeispiel noch einmal betrachten.

In diesem Fall lautet die Gleichung der Regressionsgerade

$$CDU76ZP = 37.4 + o.22\ KATHANT$$

- wie schon angegeben - und der Wert von R^2 beträgt o.52; damit ist der Beta-Koeffizient $\sqrt{o.52} = o.72$.

Das Merkmal KATHANT ist also ein sehr guter Erklärungsfaktor für die Zielvariable CDU76ZP, da durch das (lineare) Regressionsmodell über die Hälfte der Varianz in den Stimmanteilen der CDU erklärt wird, oder etwas anschaulicher formuliert, die aufgrund der Regressionsgeraden vorhergesagten (Predictor-) Werte für den CDU-Stimmanteil liegen insgesamt recht nahe bei den empirischen Stimmanteilen.

Es ist jedoch wichtig zu betonen, daß hiermit erst eine empirische Regelmäßigkeit der Art gefunden ist, daß bestimmte Kombinationen von Ausprägungen überproportional repräsentiert sind, inwieweit der unterschiedliche hohe Anteil an Katholiken nun auch die Ursache für die Unterschiede in den CDU-Stimmanteilen ist, bleibt noch weiter zu untersuchen (vgl. dazu Abschnitt 2.2.1.). Wir erinnern noch einmal daran, daß die Zuschreibung der Rollen von Zielvariabler und unabhängiger Variabler eine theoretisch begründete Setzung des Anwenders, nicht aber ein empirisches Ergebnis ist. Und auf ein zweites Problem ist aufmerksam zu machen. Analyseebene in unserem Beispiel sind die Bundesländer, auf diese Untersuchungseinheiten beziehen sich die in die Analyse eingehenden Daten; also dürfen auch die Ergebnisse nur auf dieser Ebene interpretiert werden, Aussagen für die Ebene der einzelnen Individuen können daraus nur begrenzt gewonnen werden. Eine schematische Übertragung der Ergebnisse wird im allgemeinen als 'ökologischer Fehlschluß' bezeichnet. Die Gefahr eines solchen Fehlschlusses ist um so geringer, desto kleiner das Ausmaß der Aggregierung ist. Hätten wir also nicht Bundesländer als Einheiten betrachtet, sondern die Stimmbezirke - also das kleinstmögliche Aggregierungsniveau, auf dem man ohne Verletzung des Wahlgeheimnises amtliche Wahldaten erhalten kann - so wäre eine Übertragung der Ergebnisse schon eher möglich, aber noch immer schwierig. Regressionsanalysen auf hohem Aggregierungsniveau - wie in unserem Beispiel mit den

Bundesländern - sind sowohl aus solchen inhaltlichen, aber auch datenanalytischen Gründen recht problematisch, wie wir im nächsten Abschnitt noch im einzelnen sehen werden. Im zweidimensionalen Fall jedoch treten diese Probleme meist nicht sehr kraß zu Tage. So ergibt es für unser Beispiel ein fast identisches Ergebnis, wenn wir zu der niedrigeren Aggregatebene der Wahlkreise übergehen.

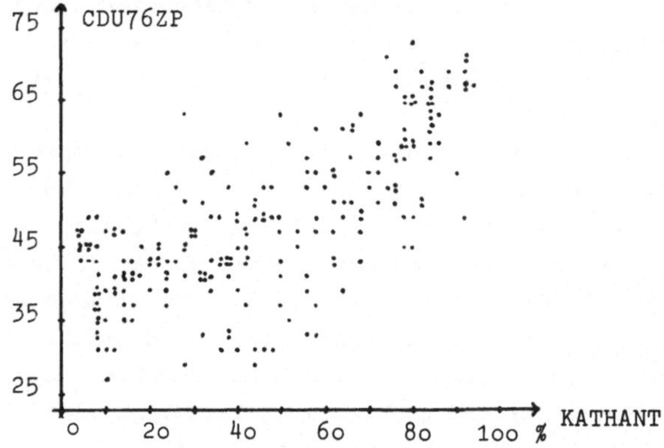

Abb. 2.2. Streudiagramm von CDU-Anteil und Katholiken-Anteil auf Ebene der Wahlkreise (N = 226)

Hieraus ergibt sich die Regressionsgerade zu:

CDU76ZP = 36.9 + o.27 KATHANT

Der Determinationskoeffizient beträgt o.51 und der Beta-Koeffizient o.71. Diese Bestätigung der Analyse auf der Länder-Ebene bestärkt die Vermutung, daß es sich vielleicht um eine Kontingenz handelt, die auch auf der Individualebene anzutreffen wäre; wenn die entsprechenden Daten zugänglich wären. Aber man sollte stets sorgfältig unterscheiden zwischen dem, was durch eine Datenanalyse eindeutig belegt ist, und Versuchen, derartige Ergebnisse in einen größeren Zusammenhang zu stellen. Quantitative Datenanalyse steht nicht notwendig im Widerspruch zu kreativem, ja auch spekulativem Denken, aber man sollte sie nicht dazu mißbrauchen, hypothetische Überlegungen als empirische Fakten auszugeben.

Anhand des zweiten Streudiagramms können wir dem Regressionsmodell - also hier der Geraden - noch eine weitere intuitive Interpretation zu geben, die allerdings - solange man nicht zusätzliche Annahmen inferenzstatistischer Art macht - nicht im formalstatistischen Sinn exakt ist. Ist die Fallzahl nämlich hinreichend groß, so existieren zu einem bestimmten Katholiken-Anteil von beispielsweise 4o% eine Reihe von Untersuchungseinheiten (wenn man vielleicht von der Zahl hinter dem Komma einmal absieht). Man kann dann den aus der Gleichung der Regressionsgeraden errechenbaren Predictorwert $\hat{Y}$, der hier 47.8 beträgt, als durchschnittlichen Y-Wert - hier CDU-Anteil - derjenigen Untersuchungseinheiten interpretieren, deren Katholikenanteil gerade 4o% beträgt. Dabei ist der Begriff 'durchschnittlicher Wert' aber nicht mit dem wohl definierten arithmetischen Mittel oder dem Median dieser Werte gleichzusetzen, sondern lediglich als heuristischer Begriff zu verstehen.

Zusammenfassung:

1. Im Falle nur einer unabhängigen Variablen besteht der Regressionsansatz darin, eine Gerade zu finden, die die in einem Streudiagramm darstellbaren Paare von Ausprägungen (Untersuchungseinheiten) bestmöglich annähert.
2. Mit Hilfe des Kleinst-Quadrate-Kriteriums ist es möglich, eine eindeutige Lösung für die beiden Parameter (Regressionskoeffizienten) zu finden, durch die diese Gerade definiert ist.
3. Relativ zu der Regressionsgeraden kann jeder empirische Y-Wert (Ausprägung der Zielvariablen) zerlegt werden in den aufgrund der Gerade zu erwartenden Wert (Predictor $\hat{Y}$) und die Differenz zu diesem Wert (Residuum Y^R).
4. Ein Maß für die Güte der Anpassung des Regressionsmodells an den empirischen Befund ist der Quotient aus der Varianz der Predictorvariablen $\hat{Y}$ und der Varianz der Zielvariablen Y. Dieses Maß bezeichnet man als Determinationskoeffizienten.
5. Werden die Merkmale vorher standardisiert, so erhält man als Lösung des Regressionsansatzes den Beta-Koeffizienten. Den Beta-Koeffizienten erhält man auch, indem man den gewöhnlichen (unstandardisierten) Koeffizienten mit dem Quotienten der Stan-

dardabweichungen von unabhängiger Variabler und Zielvariabler multipliziert.

6. Im zweidimensionalen Fall ist der Beta-Koeffizient auch gleich der Quadratwurzel aus dem Determiniationskoeffizient; somit ein direktes Maß für die Güte der Anpassung des Regressionsmodells.

7. Das Vorzeichen des Regressionskoeffizienten (Steigungskoeffizienten) gibt darüber hinaus Aufschluß über die Richtung des Zusammenhangs.

2.2. Die Einbeziehung eines dritten Merkmals

2.2.1. Die Untersuchung auf Kausalität

Wir hatten schon darauf hingewiesen, daß man einen mit der Regressionsanalyse aufgespürten Zusammenhang nicht ohne Umschweife als Ursache-Wirkung-Beziehung interpretieren darf, da die gefundene Kontingenz durch einen oder mehrere dritte Faktoren produziert worden sein kann. Es gibt eine Reihe von mehr oder minder amüsanten Beispielen, mit denen man dieses Problem zu illustrieren pflegt. Fast schon klassisch ist das Beispiel mit der Zahl der Störche und der Geburtenrate - etwa auf Landkreise als Untersuchungseinheiten bezogen. Eine in diesem Falle gefundene Korrelation besagt nun sicher nicht, daß Babys nun doch vom Storch gebracht werden, sondern wird durch weitere Faktoren - vielleicht den Verstädterungsgrad - produziert. Unglücklicherweise hat sich für derartige Konstellationen im Deutschen der Begriff 'Scheinkorrelation' eingebürgert, obwohl die Korrelation alles andere als nur Schein ist. Wir sprechen in diesem Zusammenhang also lieber von verborgenen Faktoren. So überzeugend solche Beispiele auch sein mögen, so wenig Relevanz haben sie doch für die Forschungspraxis, wo man ja kaum Zusammenhänge näher betrachtet, von denen man von vornherein weiß, daß sie keine ursächliche Wirkung dokumentieren. Wir haben es dort also mit Konstellationen zu tun, in denen man eine ursächliche Wirkung nicht gleich ausschließen kann. Auch wird man in den seltensten Fällen erwarten, daß eine gefundene Korrelation nun durch eine

monokausale Einwirkung der unabhängigen Variablen auf die Zielvariable zustande gekommen ist.
Die Situation wird weiter dadurch kompliziert, daß man zwar unter Umständen auf der Ebene der theoretischen Konstrukte zu trennscharfen Abgrenzungen kommt, daß aber auf der Ebene manifester Variabler - also der Ebene der erhobenen Daten - eine solche Trennschärfe selten vorliegt. Betrachten wir das in unserem inhaltlichen Beispiel verwandte Merkmal Katholiken-Anteil. Rein technisch - operational - wird damit festgestellt, welcher Anteil der statistisch erfaßten Einwohner juristisch Mitglied der katholischen Kirche ist und - sofern er einer Erwerbstätigkeit nachgeht - seine Kirchensteuer gerade dieser Kirche zufließen läßt. Dieses Merkmal enthält aber keinerlei Information darüber, wie groß der Anteil derer ist, die praktizierende Katholiken sind, regelmäßig zur Kirche gehen, am Leben in der Kirchengemeinde aktiv teilnehmen und ähnliches. Das Merkmal Katholikenanteil ist also nur ein sehr grober Indikator für ein theoretisches Konstrukt, daß man 'Bindung an die Katholische Kirche' nennen könnte. Auf der theoretischen Ebene aber wäre es viel naheliegender, ein solches Merkmal in bezug zu setzen mit der Stimmabgabe für eine Partei, die ihrem eigenen Selbstverständnis nach in ihrem Handeln an den christlichen Grundwerten orientiert ist.
Wenn wir also darangehen zu überprüfen, ob die zweidimensionale Korrelation zwischen dem Katholiken-Anteil und dem Stimmanteil für die CDU auch bei expliziter Betrachtung weiterer Merkmale erhalten bleibt bzw. in welchem Ausmaß sie sich verändert, dann sind bei der - nun wiederum zunächst theoretisch geleiteten - Vorauswahl möglicher verborgener Faktoren auch solche zu berücksichtigen, die zwar kaum einen direkten Einfluß auf den Katholikenanteil in seiner operationalen Definition haben können, die aber mit dem eigentlich interessanten, dahinterliegenden theoretischen Konzept in Beziehung stehen können.
Es liegt in der Natur der Sache, daß es streng genommen mit den Mitteln der statistischen Analyse <u>nicht möglich</u> ist, aus

Umfrage- oder sogenannten prozeßproduzierten Daten (wie den Daten der amtlichen Statistik) Ursache-Wirkung-Zusammenhänge oder kurz - in Anlehnung an den amerikanischen Sprachgebrauch unter schlichter Ignorierung philosophischer Tradition - kausale Zusammenhänge zu erschließen. Dazu müßte man nämlich beweisen können, daß es keine verborgenen Faktoren gibt, und ein solcher Beweis ist empirisch nicht möglich. Es kommt für die Forschungspraxis jedoch nicht so sehr darauf an, exakte Beweise zu führen, als vielmehr zu Ergebnissen zu gelangen, die unter Ausnutzung aller verfügbaren Informationsquellen zumindest augenblicklich nicht widerlegt werden können. Konkreter gewendet heißt dies, daß man bereit ist, eine Beziehung als kausal zu betrachten, wenn keiner der theoretisch plausiblen 'verborgenen Faktoren' die zunächst gefundene Kontingenz erklären kann.

Der erste Schritt, wenn man darangeht eine aufgefundene Korrelation wie hier die zwischen Katholiken-Anteil und CDU-Anteil näher zu untersuchen, besteht also darin, die vorhandenen Daten danach zu sichten, welche weiteren Merkmale einen Einfluß auf die Zielvariable haben könnten (theoretische Vorüberlegung) und tatsächlich haben (parallele zweidimensionale Korrelationsrechnungen). In unserem Beispiel ist das Datenangebot gut überschaubar, da zumindest auf der Ebene der Wahlkreise nicht sonderlich viele sozialstrukturelle Daten ohne größere Beschaffungsprobleme zugänglich sind. Wie schon im Abschnitt 1.2. näher erläutert, empfiehlt es sich zudem, mit Hilfe einer Faktorenanalyse die Interdependenzen der unabhängigen Merkmale näher zu untersuchen. Der im folgenden benutzte Set von vier unabhängigen Merkmalen ist also nicht völlig willkürlich zustandegekommen, sondern ist nach Durchführung einer Faktorenanalyse bestimmt worden, auf die wir hier aber nicht näher eingehen werden.

Neben dem Katholiken-Anteil werden wir im folgenden also noch die Merkmale

SELBST (= Anteil der Selbständigen an den Erwerbstätigen)
LANDW (= Anteil der in der Landwirtschaft Erwerbstätigen)
ERWERBQ (= Anteil der Erwerbstätigen an der Wohnbevölkerung)

betrachten. Zu Vergleichszwecken betrachten wir auch den von der CDU bei der Wahl 1972 erzielten Stimmanteil CDU72Z.

Die folgende Tabelle - gewöhnlich als Korrelationsmatrix bezeichnet - stellt zusammenfassend die Beta-Koeffizienten der einzelnen zweidimensionalen Analysen dar; in diesem und nur in diesem Falle sind sie identisch mit dem altvertrauten r.

	CDU76ZP	CDU72Z	SELBST	LANDW	KATHANT	ERWERBQ
CDU76ZP	1.00000	.99577	.69622	.77461	.72431	.21238
CDU72Z	.99577	1.00000	.69471	.77557	.70606	.17755
SELBST	.69622	.69471	1.00000	.95105	.15848	.33178
LANDW	.77461	.77557	.95105	1.00000	.23227	.27556
KATHANT	.72431	.70606	.15848	.23227	1.00000	-.22691
ERWERBQ	.21238	.17755	.33178	.27556	-.22691	1.00000

Vergleicht man die Koeffizienten in der ersten Zeile, so zeigt sich, daß SELBST, LANDW und KATHANT einzeln jeweils in etwa den gleichen Einfluß auf die Zielvariable haben und jeweils ca. 50% der Varianz im CDU-Anteil erklären. (Alle diese Zahlen beziehen sich wieder auf die Aggregatebene der Bundesländer.)

Wir werden nun im einzelnen diskutieren, wie der Einbezug einer weiteren unabhängigen Variablen - hier LANDW - technisch zu bewerkstelligen ist und wie die neu gewonnenen Koeffizienten inhaltlich zu interpretieren sind.

2.2.2. Regressionsebene und Interpretation der Koeffizienten

Auch die Konstellation mit insgesamt drei Merkmalen läßt sich noch geometrisch veranschaulichen, nur bedarf es jetzt eines dreidimensionalen Raumes, um die Untersuchungseinheiten - repräsentiert durch Tripel von Ausprägungen - graphisch darzustellen. Man kann sich also den empirischen Befund nun als dreidimensionale Punktewolke vorstellen, und statt einer Geraden sucht man nun nach einer Ebene im Raum, die diese Punktewolke möglichst gut beschreibt. Ebenen kann man in einem dreidimensionalen Koordinatenkreuz ähnlich wie Geraden im zweidimensionalen Fall darstellen, nur daß man zu ihrer Beschreibung nun drei Parameter braucht. Dies ist auch intuitiv einleuchtend, denn zwei Punkte legen eine Gerade fest und deren drei eine Ebene (aus diesem Grund können Tische mit drei Beinen auch nicht wackeln!). Jede Ebene kann also durch eine Gleichung der Form

$$Y = b_o + b_1X_1 + b_2X_2 \quad (2.5)$$

beschrieben werden. Ganz analog dem zweidimensionalen Fall versucht man auch hier aus den N=1o einzelnen Gleichungen, die sich ergeben, wenn man die empirischen Wertetripel in die obige Gleichung einsetzt, die drei unbekannten Parameter - die gesuchten Regressionskoeffizienten - zu bestimmen. Dieses System von Gleichungen ist im allgemeinen so nicht lösbar, da wie schon bemerkt jeweils drei Punkte (=Untersuchungseinheiten) schon eine Ebene bestimmen. Lösbar wird die Aufgabe erst dadurch, daß man in Kauf nimmt, daß möglicherweise keiner der Punkte direkt auf der Ebenen liegt, aber insgesamt die Summe der quadratischen Abweichungen der empirischen Werte von der Ebene in Richtung der Y-Achse minimiert wird. Es kommt also wiederum das Kleinst-Quadrat-Kriterium zur Anwendung. Und damit ist dann eine eindeutige Lösung des Regressionsansatzes möglich.

Wir wollen selbst auf die Wiedergabe der Formeln für die drei Koeffizienten verzichten, da sie nicht sonderlich instruktiv sind und wir in Abschnitt 2.3.2. ohnehin die allgemeine Lösung diskutieren. Betrachten wir zunächst die zahlenmäßige Lösung für unser Beispiel:

CDU76ZP = 31.3 + o.18 KATHANT + 1.16 LANDW

Standardisiert man, so lautet die Lösung:

CDU76ZP = o.58 KATHANT + o.64 LANDW

Zum Vergleich noch einmal die Lösung im zweidimensionalen Fall:

CDU76ZP = 37.4 + o.22 KATHANT bzw.

CDU76ZP = o.72 KATHANT

Wie kann man nun diese Koeffizienten interpretieren? Was bedeutet der Koeffizient von KATHANT von o.18 und wie ist die Veränderung von o.22 im zweidimensionalen Fall auf die o.18 jetzt zu verstehen?
Man interpretiert derartige Regressionsmodelle gewöhnlich so, daß man sagt, daß sich der CDU-Anteil um o.18 verändert, wenn der Katholikenanteil um eine Einheit - hier also 1 Prozent - wächst und alles andere konstant bleibt. Diese Erklärung ist formal korrekt, nur ist sie in bezug auf unsere inhaltliche Fragestellung nicht sonderlich hilfreich, weder als Prognose noch als Zustandsbeschreibung, da ich weder in der Zukunft verhindern kann, daß sich mit dem Katholiken-Anteil nicht auch der Landwirtschaftsanteil ändert (prognostische Interpretation), noch im bereits vorliegenden Befund die beiden Merkmale statistisch unabhängig voneinander sind, was man sofort der oben angegebenen Korrelationsmatrix entnimmt.
Wie kann man diesen Koeffizienten nun anders deuten? Wie wir später zeigen werden, kann jeder Regressionskoeffizient eines mehrdimensionalen Ansatzes als Regressions- (Steigungs-) Koeffizient eines spezifischen zweidimensionalen Ansatzes verstanden werden. Und zwar ist der jetzt erhaltene Koeffizient b_1 identisch mit dem Koeffizienten, der sich bei der Regression von Y (Zielvariable CDU76ZP) auf das Residuum von X_1 (KATHANT)bei der Regression auf X_2 (LANDW) ergibt. Das klingt ein bißchen kompliziert, darum wollen wir es noch einmal langsam und an konkreten Zahlen nachvollziehen.
Die Einbeziehung einer weiteren Variablen hatte ja den Sinn, den Einfluß dieser Variablen zu 'kontrollieren'. In der Tabellenanalyse (vgl. BENNINGHAUS, 1976, S.257ff) geschieht dies dadurch, daß man Teilpopulationen betrachtet, in denen die dritte Variable - der Testfaktor - tatsächlich konstant ist. Im metrischen Fall bestimmt man hingegen zunächst (vorgehenslogisch, nicht rechentechnisch), wie die Variation von X_1 (KATHANT) von dem Testfaktor X_2 (LANDW) abhängt, bestimmt also die Regressionsgerade für die Zielvariable X_1 mit der unabhängigen Variablen X_2 und nur die Teile von X_1, die nicht durch

dieses Regressionsmodell erklärt werden, also gerade die Residuen, werden dann als unabhängige Variable für die Regression mit Y als Zielvariabler benutzt.
Am Beispiel durchgerechnet: Für die Regression von KATHANT auf LANDW ergibt sich folgende Gerade

$$\text{KATHANT} = 28.4 + 1.38 \text{ LANDW}$$

Setzt man in die Gleichung die empirischen Werte für den Landwirtschaftsanteil ein, so ergeben sich die Predictorwerte $\hat{X}_1$, die subtrahiert von den empirischen Werten für den Katholikenanteil dann die Residuen X_1^R oder RKATH ergeben. Diese Residuen können nun als neue Variable betrachtet werden und in einem weiteren zweidimensionalen Regressionsansatz als unabhängige Variable für die Zielvariable CDU76ZP benutzt werden. Es sei noch einmal betont, daß man diese Schritte nicht tatsächlich rechenmäßig durchführt, sondern es nur darum geht, Einblick in die Zusammenhänge zu gewinnen. Der Illustration halber sei im folgenden aber dieses Streudiagramm von CDU76ZP und RKATH einmal dargestellt.

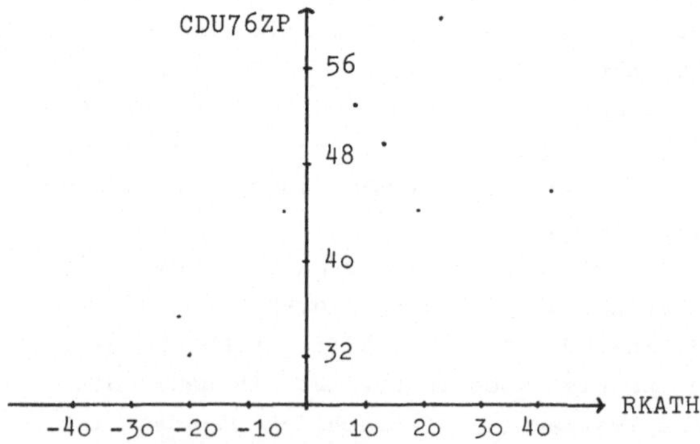

Abb.2.3. Streudiagramm von CDU-Anteil mit den um den Landwirtschaftseffekt bereinigten Katholiken-Anteil

Man sieht bereits durch bloße visuelle Inspektion des Streudiagramms und dem Vergleich mit dem analogen Streudiagramm mit KATHANT als unabhängiger Variabler (Abb.2.1), daß der Einfluß des Katholiken-Anteils auch bei 'Kontrolle' von LANDW nicht vollständig verschwindet, da das Muster der Punktewolke relativ unverändert bleibt. Die Regressionsgerade ergibt sich hier zu

$$CDU76ZP = 45.7 + 0.18\ RKATH \quad \text{bzw.}$$
$$CDU76ZP = 0.56\ RKATH$$

für den standardisierten Fall. Damit können wir nun dem Koeffizienten b_1 im dreidimensionalen Fall folgende Interpretation geben: Verändert sich das um den Einfluß der übrigen unabhängigen Merkmale bereinigte unabhängige Merkmal KATHANT - das Residuum RKATH - um eine Einheit (hier 1 Prozent), so verändert sich der CDU-Anteil um durchschnittlich o.18 Einheiten (Prozent). Eine analoge Interpretation gilt natürlich auch für b_2, den zum Merkmal LANDW gehörigen Koeffizienten.

2.2.3. Abhängigkeit der Lösung von der Drittvariablen

Wir wollen die Veränderung des Regressionskoeffizienten, der zu KATHANT gehört, beim Übergang von der zweidimensionalen zur dreidimensionalen Betrachtung, oder inhaltlicher formuliert, bei Einbeziehung einer weiteren Variable - hier dem Landwirtschaftsanteil LANDW - etwas näher untersuchen. Aus einem in Abschnitt 2.3.4. hergeleiteten Satz folgt für den dreidimensionalen Fall folgende Beziehung:

> Die Differenz zwischen den analogen Regressionskoeffizienten im drei- bzw. zweidimensionalen Fall ist gleich dem entsprechenden Koeffizienten bei der Regression der zusätzlichen Variable auf die unabhängige multipliziert mit dem Koeffizienten der zusätzlichen Variable im dreidimensionalen Fall.

Diesen Zusammenhang kann man auch in einer Formel etwas knapper formulieren:

$$b_i - (b_{YX_1})_i = -(b_{X_2X_1})_i\, b_2 \qquad i = 0,1 \qquad (2.6)$$

Dabei haben b_o, b_1, b_2 die gleiche Bedeutung wie in Formel (2.5).

Zum besseren Verständnis wollen wir diese Beziehung anhand unseres Beispiels in Zahlen nachvollziehen.
Danach müssen also folgende Beziehungen gelten:

$$31.3 - 37.4 = -(b_{X_2X_1})_o \; 1.16 \quad \text{und}$$

$$o.18 - o.22 = -(b_{X_2X_1})_1 \; 1.16 \quad ,$$

wenn wir wie bisher KATHANT mit X_1 und LANDW mit X_2 abkürzend bezeichnen. Die Werte für $b_{X_2X_1}$, Steigungskoeffizient wie absolutes Glied, hatten wir bisher noch nicht explizit angegeben, sondern nur den Wert $(b_{X_1X_2})_1 = 1.38$ sowie den zugehörigen Beta-Koeffizienten mit o.23. Dieser Wert ist in der Korelationsmatrix enthalten!
Wenn wir uns noch einmal in Erinnerung rufen - Formel (2.4) -, daß der Beta-Koeffizient gerade gleich dem Produkt aus unstandardisiertem Koeffizienten und Quotient der Standardabweichungen von unabhängiger bzw. Ziel-Variabler ist, und weiter bedenken, daß eine Vertauschung der Rollen von Ziel- und unabhängiger Variabler keinen Einfluß auf die Größe des Beta-Koeffizienten hat (sieht man sofort aus der für den zweidimensionalen Fall angegebenen Formel 2.1), dann gilt:

$$\frac{s(X_2)}{s(X_1)} \, b_{X_1X_2} = \frac{s(X_1)}{s(X_2)} \, b_{X_2X_1} = \text{beta} \qquad \text{oder}$$

$$b_{X_1X_2} \cdot b_{X_2X_1} = (\text{beta})^2$$

Somit ergibt sich der eine noch fehlende Koeffizient leicht aus den bisher schon durchgeführten Berechnungen zu $(o.23)^2/1.38$, also o.o38, was multipliziert mit 1.16 gerade o.o4 ergibt. Damit haben wir die zweite Gleichung im numerischen Beispiel bestätigen können, da o.22 - o.18 ebenfalls o.o4 ergibt. Um den anderen Koeffizienten bei der Regression von X_2 auf X_1 zu bestimmen, müssen wir - vergleiche wiederum Formel (2.1) - die Mittelwerte der beiden beteiligten Merkmale kennen; damit ist der noch fehlende Koeffizient

$$(b_{X_2X_1})_o = 6.71 - o.o38 \times 37.6 = 6.71 - 1.43 = 5.28$$

Und 5.28 x 1.16 ergibt aufgerundet 6.1, was genau die Differenz von 37.4 und 31.3 ist!

Wir haben diese Zahlenrechnung nicht deswegen durchgeführt, weil Rechnen so viel Spaß macht, sondern weil die zunächst verbal formulierte Beziehung für die praktische Analysearbeit sehr wichtig ist und man deshalb genau verstehen sollte, was diese Beziehung im einzelnen besagt. Sie ist für die praktische Arbeit deswegen wichtig, weil wir mit ihrer Hilfe ungefähr abschätzen können, welche Veränderungen die Einführung einer weiteren Variablen mit sich bringen wird, <u>ohne</u> daß wir die entsprechende Analyse überhaupt rechnen müssen. Zwar rechnen Computer heutzutage ungeheuer schnell, so daß es auf eine Analyse mehr oder weniger sicher nicht ankommt, aber jeder Computerausdruck muß auch erst wieder vom Anwender geprüft und gesichtet werden. Nur zu schnell 'ertrinken' in der Datenanalyse noch weniger geübte Anwender in einer Flut von Ausdrucken und verlieren den Überblick über die Stoßrichtung der Datenanalyse. Es ist deshalb immer ratsam, erst zu prüfen, ob ein bestimmter Analyseschritt überhaupt ein Ergebnis in die vermutete Richtung bringen <u>kann</u>, statt gleich darauflos zu rechnen bzw. den Computer rechnen zu lassen.

Wieso hilft nun die angegebene Beziehung weiter? Sie hilft weiter, weil Koeffizienten des Typs $b_{X_2X_1}$ entweder direkt in vorgegangenen Schritten berechnet worden sind oder zumindest leicht abgeschätzt werden können. (So werden ähnliche Koeffizienten für den beliebig-dimensionalen Fall zum Beispiel vom SPSS-Programmpaket in der Spalte 'TOLERANCE' ausgedruckt.) Sind im extremen Fall X_1 und X_2 nicht korrelliert, dann ist $b_{X_2X_1}$ gleich Null, d.h. die Koeffizienten von zwei- und dreidimensionalen Fall stimmen überein. Bin ich also auf der Suche nach 'verborgenen Faktoren', so muß für diese der Wert $b_{X_2X_1}$ relativ groß sein. Ist diese Bedingung nicht erfüllt, so lohnt eine explizite Betrachtung nicht; was jedoch nicht bedeutet, daß sie unter anderen Gesichtspunkten nicht doch lohnend sein kann.

Durch Multiplikation von (2.6) mit $s(X_1)/s(Y) = s(X_1)/s(X_2) \times s(X_2)/s(Y)$ erhalten wir übrigens eine analoge Formel für die Beta-Koeffizienten, die wir mit β in der Formeldarstellung bezeichnen:

$$\beta_1 = \beta_{YX_1} - \beta_{X_2X_1}\beta_2 \quad \text{bzw.} \qquad (2.7)$$

$$\beta_1 = r_{YX_1} - r_{X_2X_1}\beta_2$$

eingedenk der Tatsache, daß im zweidimensionalen Fall die Beta-Koeffizienten gleich dem vertrauten Korrelationskoeffizienten r sind. Für unser Beispiel also

$$o.58 = o.72 - o.23 \times o.64$$

Selbstverständlich gelten diese Beziehungen auch, wenn man die Rollen von X_1 und X_2 vertauscht, d.h. in die Lösung des dreidimensionalen Regressionsansatzes gehen keine Annahmen darüber ein, welche der beiden unabhängigen Variablen die 'ursprüngliche' und welche der 'Testfaktor' ist. Insofern könnten wir die eben durchgeführte Betrachtung auch relativ zu der zweidimensionalen Konstellation CDU-Anteil/Landwirtschafts-Anteil durchführen. Ziel einer multiplen Regressionsanalyse ist es aber nicht nur, verborgene Faktoren aufzuspüren, also 'Scheinkorrelationen' zu entlarven, sondern vielleicht sogar in stärkerem Maße ein Modell zu finden, das insgesamt dem empirischen Befund gut angepaßt ist. Bei dieser Betrachtungsweise sind also die Interdependenzen der unabhängigen Variablen nicht von primärem - substantiellen - Interesse, sondern eine möglichst vollständige Erklärung der Varianz der Zielvariablen, wie immer selbstverständlich unter der Einschränkung, daß das Modell hinreichend einfach sein soll.

2.2.4. Determinationskoeffizient und relativer Einfluß der unabhängigen Variablen

Betrachten wir noch einmal die Lösung im dreidimensionalen Ansatz:

CDU76ZP = 31.3 + o.18 KATHANT + 1.16 LANDW

Ganz analog dem zweidimensionalen Fall können auch hier wieder aus dem Regressionsmodell Predictorwerte bestimmt werden,

und darauf aufbauend gemäß (2.3) der Determinationskoeffizient bestimmt werden. Für unser Beispiel ergibt sich ein Wert von R^2 = o.91, damit werden durch das Regressionsmodell - hier ist es eine Regressionsebene - über 9o% der Varianz in den CDU-Stimmanteilen erklärt. Dieser Wert ist außergewöhnlich hoch, so daß man nicht erwarten sollte, in anderen Datensätzen generell ähnlich durchschlagene Zusammenhänge zu finden. Allerdings läßt sich bei Aggregatdaten in der Regel ein relativ hoher Anteil der Varianz erklären (vgl. hierzu zum Beispiel HUMMELL, 1972), während etwa bei Einstellungsdaten auf Individualebene schon 2o% erklärte Varianz als 'Erfolg' anzusehen sind. Dies nur als Warnung am Rande.
Wir haben also schon mit zwei unabhängigen Variablen ein (lineares) Regressionsmodell gefunden, das fast die gesamte Varianz der Zielvariablen erklärt. Unabhängig von dieser Tatsache stellt sich natürlich stets das Problem, daß man die Beiträge der einzelnen unabhängigen Variablen zum Gesamtmodell quantitativ erfassen möchte, also ihre relative Einflußstärke bestimmen möchte. Wir haben uns schon im vorigen Abschnitt bei der Betrachtung des zweidimensionalen Falls überlegt, daß für dieses Anliegen die unstandardisierten Koeffizienten nicht geeignet sind, da sie stark von dem Maßstab abhängen, in dem das jeweilige unabhängige Merkmal gemessen wird. Es wäre also völlig falsch, aus der Tatsache, daß der Regressionskoeffizient für LANDW etwa sechsmal so groß ist wie der von KATHANT (1.16 zu o.18), zu schließen, daß der Einfluß von LANDW auf den CDU-Anteil relativ zum Einfluß von KATHANT etwa sechsmal so groß ist. Diese Koeffizienten helfen also für die jetzt betrachtete Problemstellung nicht weiter. Wie verhält es sich aber mit den standardisierten Koeffizienten, also der Lösung, die ich erhalte, wenn die beteiligten Merkmale vorher der Standardisierungsprozedur unterworfen werden? Auch diese Lösung hatten wir schon angegeben:

CDU76ZP = o.58 KATHANT + o.64 LANDW

Ist nun eine Interpretation der Art, daß der Einfluß der beiden unabhängigen Merkmale in etwa gleich ist, aber der von

LANDW ein bißchen stärker, zulässig oder welche Bedeutung haben diese Koeffizienten sonst? Nun, so ungefähr kann man es sagen; wir wollen aber die Bedeutung der Beta-Koeffizienten etwas eingehender untersuchen, um präzisieren zu können, was in diesem Zusammenhang unter 'Einfluß' zu verstehen ist. Eine Herleitung für den allgemeinen Fall werden wir wiederum im Abschnitt 2.3.4. geben und hier nur das Ergebnis für den speziellen, den dreidimensionalen Fall darstellen. Dazu denken wir uns wieder die beiden unabhängigen Merkmale in der speziellen Rollenverteilung als ursprüngliches unabhängiges Merkmal und als zusätzlich eingeführtes.
Es gelten dann folgende Aussagen:

(i) Der Zuwachs im Determinationskoeffizienten ist gleich dem Determinationskoeffizienten für die zweidimensionale Regression von der Zielvariable auf das Residuum der Drittvariablen bei der Regression auf die ursprüngliche unabhängige Variable.

(ii) Der Zuwachs im Determinationskoeffizienten ist auch gleich dem Produkt aus quadriertem Beta-Koeffizienten und dem Alienationskoeffizienten für die Regression der Drittvariablen auf die andere unabhängige Variable.

Wiederum geht es mit Formeln etwas knapper; dabei bezeichnen X_2^R und $\hat{X}_2$ Residuums- und Predictorvariable bei der Regression auf X_1:

$$\text{(i)} \quad R^2 - R^2_{YX_1} = R^2_{YX_2^R} \tag{2.8}$$

$$\text{(ii)} \quad R^2 - R^2_{YX_1} = (\beta_2)^2 \cdot (1 - R^2_{X_2X_1}) \tag{2.9}$$

Für den Spezialfall, daß die beiden unabhängigen Variablen nicht korreliert sind, also $R^2_{X_2X_1} = 0$,

ist der Zuwachs im Determinationskoeffizienten dann genau gleich dem Quadrat des Beta-Koeffizienten der zusätzlich eingeführten Variable. Im allgemeinen ist der Beta-Koeffizient jedoch nicht wie im zweidimensionalen Spezialfall stets als Korrelationskoeffizient interpretierbar. Bevor wir auch diese Beziehungen an unserem Beispiel noch einmal numerisch nachvollziehen, wollen wir auf eine für die Praxis der Datenanalyse wichtige Konsequenz hinweisen. Sind X_1 und X_2 nämlich unkorreliert, so ist $\hat{X}_2$ gerade immer das arithmetische Mittel von X_2, also ist X_2^R gerade X_2 vermindert jeweils um das arithmetische Mittel. Wie man den Formeln (2.1) für den zweidimensionalen Fall aber leicht entnimmt, ist damit $b_{YX_2} = b_{YX_2^R}$; weiterhin sind dann auch die entsprechenden Beta-Koeffizienten gleich und damit $R^2_{YX_2} - R^2_{YX_2^R}$. Oder anders gesagt, der Determinationskoeffizient im dreidimensionalen Fall ist gleich der Summe der beiden zweidimensionalen Koeffizienten:

$$R^2 = R^2_{YX_1} + R^2_{YX_2}$$

Geht es also primär darum, ein Modell zu finden, daß die Varianz der Zielvariablen möglichst umfassend erklärt, so sollte das dritte Merkmal möglichst gering mit dem ursprünglichen korrelieren. Diese Regel gilt allerdings nur solange, wie alle drei zweidimensionalen Regressionen die gleiche Richtung haben, also die jeweiligen Regressionsgeraden alle steigen oder alle fallen. Anderenfalls kann es passieren, daß der Zuwachs des Determinationskoeffizienten die obige Summe sogar übersteigt. Wer das nicht glauben mag, prüfe es anhand der unabhängigen Variablen KATHANT und ERWERBQ und der Zielvariablen CDU76ZP nach (eine vollständige Datenmatrix findet sich für die Ebene der Bundesländer im Abschnitt 2.3.1.).
Nachdem wir uns diese Zusammenhänge bewußt gemacht haben, können wir nun das Ergebnis der dreidimensionalen Analyse allein durch Inspektion der (zweidimensionalen) Korrelationsmatrix in seiner Grundtendenz vorhersagen. Da die dritte Variable LANDW nur relativ schwach mit KATHANT korreliert ist, war nicht zu erwarten, daß dieses Merkmal als verborgener Faktor hinter der Korrelation von CDU- und Katholiken-Anteil ans Licht treten würde; hingegen war zu erwarten, daß der Determinationskoeffizient erheblich ansteigen würde. Ein tieferes Verständnis der Zusammenhänge bei der Regressionsrechnung hilft also, den Prozeß der Datenanalyse in der Praxis zielgerechter zu lenken und damit in der Regel abzukürzen; also Zeit, Geld oder beides zu sparen. Diese Tatsache sollte man sich immer ins Gedächtnis rufen, wenn einem die eine oder andere detailliertere Betrachtung zunächst nur als formale Spielerei erscheint.

Wie schon angekündigt, wollen wir die angegebene Beziehung (2.9) an unserem inhaltlichen Beispiel zahlenmäßig nachvollziehen:

$$o.91 - o.52 = (o.64)^2 \quad (1 - o.23^2)$$
$$= o.41 \ (1 - o.o5) = o.41 \times o.95 = o.39$$

In Worten: Der Beta-Koeffizient von LANDW ins Quadrat genommen multipliziert mit dem Alienationskoeffizienten von LANDW und KATHANT ergibt den Zuwachs im Determinationskoeffizient, wenn LANDW zusätzlich in das Regressionsmodell aufgenommen wird. Eine analoge Interpretation gilt für den Beta-Koeffizienten von KATHANT.

Dazu noch ein praktischer Hinweis für Benutzer des inzwischen ja fast universell verbreiteten SPSS-Programmpakets. Statt sich blindlings einer halbautomatisierten Datenanalyse in Form nach statistischen Kriterien gesteuerter schrittweise Regression anzuvertrauen, scheint es - jedenfalls wenn eine bestimmte zweidimensionale Beziehung aus inhaltlichen Gründen der Ausgangspunkt ist - sinnvoller mit festen 'inclusion levels' zu arbeiten und alle theoretisch ausgewählten weiteren Variablen zunächst mit dem Level o einzubeziehen. Damit erhält man in gedrängter Form (Bändigung der Papierflut!) für jedes Merkmal den Beta-Koeffizienten und die Tolerance, die als Verallgemeinerung dem oben erwähnten Alienationskoeffizienten entspricht. Man kann so leicht überschlägig den Zuwachs an Determination bestimmen. Auf diese Weise kann der gesamte Analyseprozeß durch eine Verbindung von inhaltlichen und formalstatistischen Kriterien gesteuert werden.

Erinnern wir uns noch einmal der Ausgangsfrage dieser letzten Betrachtungen. Wir hatten festgestellt, daß man den unstandardisierten Koeffizienten nicht entnehmen kann, wie groß der Einfluß der einzelnen unabhängigen Variablen relativ zueinander ist, und vermutet, daß die standardisierten Koeffizienten hierzu geeigneter sind. Diese Vermutung haben wir auch bestätigen können; allerdings sind es genau genommen die Quadrate der Beta-Koeffizienten, die eine solche Information enthalten. Im dreidimensionalen Fall ist der noch dazukommende Multipli-

kationsfaktor bei beiden Koeffizienten der gleiche; im allgemeinen Fall verkomplizieren sich die Dinge noch etwas, aber als Faustregel kann man auch dort daran festhalten, daß die Quadrate der Beta-Koeffizienten die relative Einflußstärke messen (vgl. jedoch auch Abschnitt 4.2.)
Während die Beta-Koeffizienten für Vergleiche nach 'innen' gut geeignet sind, sind sie es für Vergleiche nach 'außen', also Vergleiche mit thematisch gleichen, aber an anderem Ort oder zu anderer Zeit durchgeführten Untersuchungen nicht, weil sie eine inhaltlich unter Umständen interessante Differenz in den jeweiligen Varianzen ausblenden. Wenn wir zum Beispiel untersuchen wollen, ob sich der Zusammenhang zwischen CDU- und Katholiken-Anteil eher verstärkt oder eher abgeschwächt hat, und analoge Rechnungen mit Daten früheren Bundestagswahlen vornehmen, so sollte man für den Vergleich die unstandardisierten Koeffizienten benutzen, wobei allerdings darauf zu achten ist, daß jeweils gleiche Maßstäbe für die Ausprägungen benutzt werden. Der CDU-Anteil sollte beispielsweise nicht einmal in Prozent und bei der anderen Wahl in Promille gemessen sein, weil solche Maßstabsänderungen - wie wir uns überlegt hatten - die unstandardisierten Koeffizienten stark beeinflussen.
Wir wollen diese Empfehlung präzisieren. Wenn wir untersuchen wollen, ob sich der Einfluß des Katholiken-Anteils absolut verändert hat, dann sind die unstandardisierten Koeffizienten heranzuziehen; wenn es jedoch darum geht festzustellen, ob sich dieser Einfluß relativ zu anderen möglichen Erklärungsfaktoren verändert hat, wären die Beta-Koeffizienten besser geeignet. Es gibt in der Fachliteratur (vgl. etwa auch OPP/SCHMIDT, 1976) einige Kontroversen darüber, ob - insbesondere für eine Spezialform der Regressionsrechnung, die Pfadanalyse - standardisierte oder unstandardisierte Koeffizienten vorzugsweise zu betrachten sind. Wir halten es für sinnvoll, diese Frage jeweils ad hoc in Abhängigkeit von der inhaltlichen Problemstellung zu entscheiden und die obigen Empfehlungen nur als grobe Richtschnur zu betrachten.

Wir hatten bei der Betrachtung des zweidimensionalen Falls festgestellt, daß der Übergang zu der wesentlich feineren Aggregatebene der Wahlkreise in unserem Beispiel kein substantiell anderes Ergebnis erbracht hat. Wir wollen diesen Vergleich nun auch hier durchführen, also unter Einbeziehung des Merkmals LANDW. Es ergibt sich folgende Regressionsebene:

CDU76ZP = 32.8 + o.22 KATHANT + o.76 LANDW bzw.

CDU76ZP = o.57 KATHANT + o.54 LANDW
(o.58) (o.64)

Die in Klammern stehenden Zahlen geben noch einmal das Ergebnis für die Aggregatebene der Bundesländer wieder. Sehr groß ist die Differenz nicht, aber wenn man bedenkt, daß man zur Berücksichtigung der Einflußstärke diese Werte noch zu quadrieren hat, dann kommt der zahlenmäßige Unterschied in eine Größenordnung, die sich dann auch in der substantiellen Interpretation niederschlagen könnte. Wir wollen eine ausführlichere inhaltliche Diskussion jedoch zurückstellen, bis noch weitere Merkmale in den Regressionsansatz einbezogen sind.

2.2.5. Probleme: Multikollinearität und kleine Fallzahlen

Bevor wir uns jedoch dem allgemeinen Regressionsansatz zuwenden, wollen wir zwei weitere prinzipielle Schwierigkeiten anhand eines weiteren dreidimensionalen Beispiels diskutieren. Wir betrachten dazu die Merkmale SELBST - also den Selbständigen-Anteil - und LANDW als unabhängige Merkmale und wieder den CDU-Anteil als Zielvariable. Wir werden an diesem inhaltlichen Beispiel folgende zwei Fragen untersuchen:

(i) Welche Auswirkungen auf die Lösung hat die Tatsache, daß die unabhängigen Merkmale relativ stark korreliert sind (Problem der 'Multikollinearität')?

(ii) Welchen Einfluß hat die Zahl der Untersuchungseinheiten auf die Lösung oder gibt es mit kleinen Fallzahlen besondere Probleme?

Die Lösungen zu den entsprechenden Regressionsansätzen auf den beiden Aggregatebenen sind in der nachstehenden Tabelle zusammengefaßt.

Zielvariable CDU76ZP	b_o	SELBST b_1 /(β_1)	LANDW b_2 /(β_2)	R^2	Aggreg-niveau
	11.7	3.58	---	o.48	BL
		(o.7o)			N=1o
	52.1	-2.18	2.12	o.62	BL
		(-o.42)	(1.18)		N=1o
	23.5	2.55	---	o.5o	WKR
		(o.71)			N=226
	29.8	1.58	o.41	o.51	WKR
		(o.43)	(o.29)		N=226

β_1 für SELBST und LANDW o.95 (BL) o.92 (WKR)

$\beta_1^2 = R^2$ o.9o o.85.

Der besseren Übersicht wegen sind die Werte gerundet dargestellt.

Das Ergebnis zeigt zwei ungewöhnliche Aspekte. Vergleicht man auf der Ebene der Bundesländer die zwei- mit der dreidimensionalen Analyse, so scheint sich der Einfluß von SELBST auf den CDU-Anteil völlig umzukehren. Zeigt die zweidimensionale Analyse zunächst einen positiven Zusammenhang, also mit höherem Anteil an Selbständigen auch höherer CDU-Anteil, und wird dadurch sogar fast die Hälfte der Varianz in den CDU-Anteilen erklärt, so ist in der dreidimensionalen Analyse dieser Einfluß gerade umgekehrt. Betrachte ich also den - im oben ausführlich diskutierten Sinn - um den Landwirtschaftsanteil bereinigten Selbständigen-Anteil, so ist sein Einfluß auf den CDU-Anteil nunmehr negativ; also je höher der bereinigte Anteil, desto tendenziell geringer der CDU-Anteil. Dies würde - wenn es sich nicht um ein durch die Methode künstlich hervorgerufenes Resultat, einen Artefakt also, handelt - bedeuten, daß es eigentlich der Landwirtschaftsanteil ist, der positiv auf den CDU-Anteil wirkt, während ein nicht auf Landwirtschaft beruhender Selbständigenanteil (Gewerbetreibende, freie Berufe wie Arzt, Rechtsanwalt etc.) eher gegen die CDU wirkt. Diese Interpretation erscheint nicht einmal ganz unplausibel, da man früher die FDP als hauptsächlich in diesem Milieu verankert gesehen hat. Derartige Überlegungen haben jedoch entschieden spekulativen Charakter, denn wie schon betont, kann ein Zusammenhang auf höherer Aggregatebene durch einen analogen auf niedrigerer Ebene hervorgerufen sein, muß es aber nicht.

Gehen wir jedoch zu der feineren Aggregatebene der Wahlkreise über, so stellen wir fest, daß dort eine analoge Veränderung durch die Einbeziehung von LANDW nicht erfolgt ist, sondern auch der bereinigte Selbständigen-Anteil eine positive Auswirkung auf den CDU-Anteil hat. Damit ist für die inhaltliche Interpretation höchste Vorsicht geboten.
In vielen Anwendungssituationen ist eine Kontrollmöglichkeit durch Parallelauswertung auf einer zweiten Aggregatebene nicht gegeben; damit ist es wichtig zu überlegen, auf welche Weise Methodenartefakte zustande kommen können. Selbstverständlich lassen sich hierfür keine allgemein gültigen Bedingungen angeben - auch in unserem Beispiel ist bislang noch nicht geklärt, welche der beiden Analysen möglicherweise einen Artefakt produziert hat -, aber es lassen sich zumindest Bedingungen dafür angeben, wann die Gefahr eines Artefaktes besonders groß wird.
Erinnern wir uns noch einmal daran, daß man sich den Regressionskoeffizienten von SELBST in der dreidimensionalen Analyse, also -2.18, auch denken kann als Regressionskoeffizienten einer zweidimensionalen Regression, nämlich der von der Zielvariablen CDU76ZP auf das Residuum von SELBST bei Regression auf LANDW. Diese Residuen $(X_1^R)_{X_2}$ erhält man aus der Regressionsgleichung

$$\text{SELBST} = 7.25 + 0.33\ \text{LANDW}$$

als Differenz von empirischen und Predictor-Werten; in der folgenden Tabelle mit RESID bezeichnet.

Nr	LAND	SELBST	LANDW	CDU76ZP	RESID
1	SH	1o.7	9.4	44.1	.31
2	HH	8.5	1.2	35.9	.85
3	NS	1o.4	1o.9	45.7	-.49
4	HB	7.5	1.6	32.5	-.28
5	NRW	8.5	3.5	44.5	.o8
6	HES	9.2	6.3	44.8	-.15
7	RHP	11.3	1o.7	49.9	.48
8	BW	9.3	7.9	53.3	-.59
9	BAY	11.9	13.2	6o.o	.24
1o	SAAR	7.6	2.4	46.2	-.45

Betrachten wir dazu noch das Streudiagramm von CDU-Anteil und dieser Residuumvariable, um besser verstehen zu können, wie der in Frage stehende Regressionskoeffizient zustandegekommen ist.

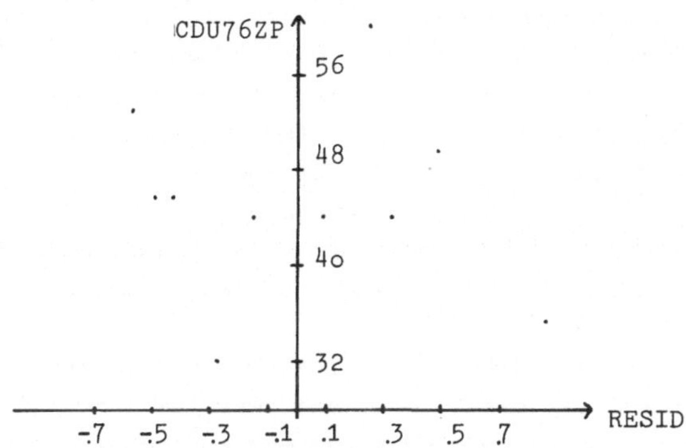

Abb. 2.4. Streudiagramm von CDU-Anteil und bereinigtem Selbständigen-Anteil

Dieses Streudiagramm zeigt keine eindeutige Struktur. Vor der Berechnung des Steigungskoeffizienten würde man vielleicht nicht einmal aufgrund seines intuitiven Eindrucks vermuten,daß die Regressionsgerade fällt, also der Koeffizient negativ ist, weil man vielleicht dem 'Ausreißer' in der rechten unteren Ecke - aufgrund der angegebenen Datenmatrix unschwer als das Bundesland Hamburg zu identifizieren - weniger Gewicht beimißt. Auf die gewöhnliche Regressionslösung, die das Kleinst-Quadrat-Kriterium zugrundelegt (OLS-Methode), haben aber gerade solche

'Ausreißer' besonderen Einfluß, daß das Quadrat des senkrechten Abstands in das Minimierungskriterium eingeht.
Wären also in unserem Falle einige Untersuchungseinheiten auch nur um ein geringes verschoben, so könnte das Kleinst-Quadrat-Kriterium schon eine steigende Regressionsgerade, also einen positiven Koeffizienten liefern. Geht man realistischer Weise davon aus, daß die zur Verfügung stehenden Daten nicht fehlerfrei sind, also die 'wahren' Werte vermutlich ein wenig von den zur Verfügung stehenden und in die Rechnung eingehenden Werte abweichen, so könnte also in Fällen wie unserem Beispiel das Ergebnis der Regressionsrechnung ein 'Zufallsprodukt' sein, das für die 'wahren' Werte so nicht gilt. Wir werden diese Betrachtung, mit der man auch in Situationen, in denen die Daten keine Zufallsstichprobe herkömmlicher Art darstellen, den Einsatz von inferenzstatistischen Methoden rechtfertigen kann, im Abschnitt 3 ausführlich diskutieren. Aber selbst wenn man die dort erläuterte Rechtfertigung nicht akzeptiert, zeigt unser Beispiel hier schon deutlich, daß man die Ergebnisse einer Regressionsrechnung - und das trifft für alle statistischen Auswertungsverfahren zu - nicht ohne Umschweife als 'exakt' ansehen darf; wenn man Exaktheit an einer inhaltlichen Frage und nicht an der Rechengenauigkeit mißt.
Verändern wir in unserem Beispiel drei der Ausgangswerte für den Selbständigen-Anteil um jeweils o.5, und zwar für Hamburg und Bremen nach unten und für Baden-Württemberg nach oben, dann erhalten wir im dreidimensionalen Fall ein Ergebnis, das in etwa dem Ergebnis auf Wahlkreisebene entspricht, d.h. der Effekt, daß sich die Einflußrichtung des Selbständigen-Anteils umkehrt, verschwindet.
Es empfiehlt sich, diese Behauptung zur Übung einmal rechnerisch - mit Hilfe eines EDV-Programms (SPSS) - zu überprüfen. Man beachte dabei, daß sich durch die Veränderung der drei Rohwerte für SELBST alle Werte für RESID verändern, da sich auch die zweidimensionale Regressionslösung für SELBST auf LANDW verändert!
Auch wollen wir an dieser Stelle noch einmal ausdrücklich da-

rauf hinweisen, daß sich zwar der unstandardisierte Regressionskoeffizient als Regressionskoeffizient eines zweidimensionalen Falles verstehen läßt, daß aber der diesem zweidimensionalen Fall zugehörige standardisierte Koeffizient - der Beta-Koeffizient - nicht gleich dem standardisierten Koeffizienten des dreidimensionalen Ansatzes ist! Im übrigen zeigt auch unsere Übersichtstabelle, daß dreidimensionale Beta-Koeffizienten größer als Eins (β_2 = 1.18) sein können, also sicher nicht gleich irgendeinem Beta-Koeffizienten eines zweidimensionalen Ansatzes sein können, die wie diskutiert identisch mit PEARSONschen Korrelationskoeffizienten sind.
Versuchen wir, eine allgemeiner gültige Folgerung aus unserer Betrachtung dieses Beispiels herzuleiten, dann ist es sicher so, daß die Empfindlichkeit des Kleinst-Quadrate-Kriteriums, mit der Folge extremer Ergebnisschwankungen, bei relativ geringfügiger Veränderung der Ausgangswerte dann besonders groß ist, wenn nur wenige Fälle vorliegen. Wir müssen also die zweite der beiden zu Beginn dieser Überlegungen formulierten Fragen, ob es besondere Probleme mit kleinen Fallzahlen gibt, bejahen. Es ist also - vom Problem des ökologischen Fehlschlusses einmal ganz abgesehen - unter inhaltlichen Gesichtspunkten nicht sinnvoll auf der Ebene von Bundesländern allein ökologische Wahlanalysen anzustellen. Ebensowenig sinnvoll wäre eine Regressionsanalyse für etwa München auf der Basis der dortigen fünf Bundestagswahlkreise. Oder um einen anderen inhaltlichen Bezug zu wählen, wäre für eine vergleichende Analyse des Bildungssystems eine Regressionsanalyse auf der Basis von Daten für die 9 EG-Staaten nur sehr beschränkt nützlich; obgleich derartiges gar nicht so selten in der Fachliteratur zu finden ist.
Wenden wir uns nun der anderen Frage zu, welchen Einfluß die hohe Korrelation zwischen den beiden unabhängigen Variablen auf das Ergebnis der dreidimensionalen Analyse gehabt hat. Diese Frage wird gewöhnlich unter dem Stichwort Multikollinearität behandelt. Streng mathematisch bedeutet Multikollinearität, daß ein unabhängiges Merkmal eine 'lineare Kombination' der übrigen

ist; also zum Beispiel die Summe zweier anderer unabhängiger Merkmale oder ein Vielfaches eines anderen. Ein solcher Fall wird in dieser Reinheit bei empirischen Daten kaum auftreten, es sei denn, man betrachtet abgeleitete Merkmale - Indices und ähnliches - neben den ursprünglich erhobenen. Aber nehmen wir einmal an, das eine unabhängige Merkmal sei ein Vielfaches des anderen. Mit anderen Worten: Die beiden unabhängigen Merkmale sind perfekt korreliert. Dann sind die zugehörigen Residuen sämtlich gleich Null. Damit liegen in dem Streudiagramm von diesen Residuen mit der Zielvariablen alle Punkte genau senkrecht übereinander auf der Y-Achse. Man kann zwar durch diese 'Punktewolke' eine Gerade legen - nämlich gerade die Y-Achse, aber die Steigung dieser Geraden - und das ist der Regressionskoeffizient für den dreidimensionalen Fall! - ist nicht definiert; oder gleich unendlich, wie mancher Leser in der Schule gelernt haben mag.

Halten wir als allgemeingültiges Ergebnis fest: Im Falle (mathematisch) strenger Multikollinearität ist der Regressionsansatz nicht lösbar. Dies ist für die Praxis nicht weiter wesentlich, weil man aus inhaltlichen Gründen solche Sets von unabhängigen Merkmalen nicht betrachten wird.

Praktisch spricht man aber auch von Multikollinearität, wenn die unabhängigen Merkmale hoch miteinander korrelieren. Zwar ist rein formal dann immer eine eindeutige Lösung möglich, doch können Computerprogramme hier schon in Schwierigkeiten kommen, da Rundungsfehler dann zu Zwischenergebnissen führen können, die logisch nicht möglich sind - etwa Determinationskoeffizienten, die größer als Eins sind -, so daß der Rechenprozeß abgebrochen werden muß. Auch dieses Problem könnte man als Anwender getrost den Spezialisten überlassen, die eben leistungsfähigere Programme entwickeln sollen; aber diese Konstellation hat - wie das der kleinen Fallzahlen - auch inhaltlich Konsequenzen.

Korrelieren die beiden unabhängigen Merkmale hoch - wie in unserem Beispiel SELBST und LANDW - so sind sowohl die einzelnen Residuen klein als auch ihre Varianz insgesamt. Man erinnere

sich daran - Formel (2.2) -, daß die Varianz der Residuen von etwa SELBST gerade gleich der Varianz von SELBST multipliziert mit der Differenz des Determinationskoeffizienten zu Eins ist. Somit führen relativ geringfügige Änderungen der Ausgangswerte leicht zu relativ starken Änderungen in den Residuen und damit auch zu möglicherweise beträchtlichen Veränderungen in der Regression der Zielvariable auf diese Residuen - beachte (2.1) -, womit wir bei den dreidimensionalen Regressionskoeffizienten wären. Also haben wir wiederum eine Situation, wo kleine Veränderungen in den Ausgangswerten große Veränderungen im Ergebnis bringen können; die Regressionslösung ist also nicht stabil. Mit Hilfe der Konzepte der Inferenzstatistik kann man dieses heuristische Argument präziser fassen und wir werden darauf im Abschnitt 4 zurückkommen.
Im Falle von Multikollinearität sind also die Ergebnisse als weniger stabil einzuschätzen. Auf unser Beispiel bezogen heißt dies, daß wir auch das Ergebnis auf der Aggregatebene der Wahlkreise mit Zurückhaltung interpretieren müssen, also in Rechnung stellen müssen, daß wenn die Rohdaten vielleicht nur wenig anders gewesen wären, sich zum Beispiel der relative Einfluß von SELBST bzw. LANDW auf den CDU-Anteil sich anders dargestellt hätte. Nach unserer Lösung ist der Selbständigen-Anteil als bedeutsamer als der Landwirtschafts-Anteil anzusehen (o.43 zu o.29). Aber da die beiden Merkmale zu einem großen Teil das gleiche messen, ist es schon intuitiv recht plausibel, daß ein solcher Vergleich schwer zu ziehen ist.
Wenn es also Ziel der Analyse ist, <u>unterschiedliche</u> Einflußquellen aufzudecken, so empfiehlt es sich, keine Merkmale zusätzlich in das Modell aufzunehmen, die durch die schon im Modell enthaltenen relativ gut erklärt sind, sondern eine noch große 'Tolerance' (SPSS-Programm) haben.

2.2.6. Zusammenfassung

Wir haben die Diskussion in diesem Abschnitt bewußt so ausführlich geführt, weil wir auf diese Weise die grundlegenden Probleme, die sich im mehrdimensionalen Fall allgemein stellen, an einer noch gut überschaubaren Datenkonstellation führen konnten. Außerdem wurde dadurch vermieden, daß sich der Leser simultan mit einer vermutlich noch ungewohnten Notation - der Matrizenschreibweise und darauf aufbauenden einfachen Rechenoperationen - vertraut machen und einige doch recht knifflige und am Anfang leicht verwirrende verfahrenslogische Erörterungen nachvollziehen muß. Es sei daher dringend geraten zum nächsten Abschnitt erst dann überzugehen, wenn der hier dargebotene Stoff wirklich verstanden ist. Erfahrungsgemäß erschließt sich ein solches Verständnis erst durch eigene praktische Analysearbeit, was hiermit noch einmal warm empfohlen wird.

Wie schon zum Abschluß des vorigen Abschnitts wollen wir die wichtigsten Resultate noch einmal kurz zusammenfassen und damit eine Art Checkliste zur Überprüfung des eigenen Verständnisses bereitstellen.

1. Im Falle von zwei unabhängigen Variablen neben der Zielvariablen kann man sich den empirischen Befund als Punktewolke im dreidimensionalen Raum denken. Lösung des (linearen) Regressionsansatzes ist dann eine Ebene, die durch ein Absolutglied und zwei Steigungskoeffizienten in Form einer Gleichung beschrieben werden kann.
2. Die Regressionskoeffizienten des dreidimensionalen Ansatzes können jeweils auf eine zweidimensionale Regression zurückgeführt werden, und zwar auf die Regression von Zielvariabler auf das Residuum der einen unabhängigen Variablen bei der Regression auf die andere.
3. Vorher berechnete Koeffizienten verändern sich um so stärker bei Einführung einer dritten Variable, als diese mit der ursprünglichen unabhängigen Variable korreliert ist; vgl.(2.7).
4. Mit Hilfe der Predictorwerte aus der Gleichung der Regressionsebene wird im dreidimensionalen Fall völlig analog zum zweidimensionalen Fall der Determinationskoeffizient bestimmt; als Quotient der Varianzen von Predictor-Werten resp. empirischen Werten für die Zielvariable gemäß (2.3).

5. Die relative Einflußstärke der einzelnen unabhängigen Merkmale wird durch die standardisierten, die Beta-Koeffizienten gemessen. Die Zunahme des Determinationskoeffizienten ist dabei proportional dem Quadrat der Beta-Koeffizienten.
6. Beta-Koeffizienten eignen sich somit für den Vergleich innerhalb einer Untersuchung, während in der Regel für Vergleiche mit Daten aus anderen Untersuchungen die unstandardisierten Koeffizienten besser geeignet sind.
7. Im Falle, daß die unabhängigen Merkmale relativ stark korreliert sind, und im Falle, daß die Zahl der Untersuchungseinheiten gering ist, sind die Lösungen des Regressionsansatzes weniger verläßlich, in dem Sinne, daß dann relativ geringfügige Änderungen in den Ausgangswerten zu relativ großen Verschiebungen bei den berechneten Koeffizienten führen können.

2.3. Der allgemeine Regressionsansatz

In diesem Abschnitt wollen wir nun die allgemeine Situation betrachten, das heißt keinerlei Einschränkungen hinsichtlich der Zahl der unabhängigen Variablen mehr vornehmen. Für die substantielle Interpretation der Regressionslösung ergeben sich dadurch keine sehr gravierenden Schwierigkeiten; will man jedoch die Beziehungen zwischen den einzelnen Koeffizienten formal herleiten, dann ist es notwendig, eine Notation zu entwickeln, in der solche formalen Herleitungen einigermaßen überschaubar bleiben. Wie wir schon betont haben, halten wir es nicht für unbedingt erforderlich, daß ein mehr an der praktischen Anwendung interessierter Leser jede dieser Herleitungen genauestens nachvollzieht - weswegen wir die formalen Herleitungen im engeren Sinn auch in einen besonderen Unterabschnitt verbannen -, aber gerade angesichts der Tatsache, daß im allgemeinen Fall eine geometrische Veranschaulichung nicht mehr möglich ist, scheint es wichtig, die grundlegenden Sachverhalte bei der Regressionsrechnung auch in mehr formaler Darstellung (Formeln) verstehen und reproduzieren zu können. Die Erörterung des dreidimensionalen Falles hat an einigen Stellen

ja schon sehr eindringlich gezeigt, daß eine rein verbale Kennzeichnung bzw. Beschreibung des Sachverhalts komplizierter sein kann als eine formale Darstellung. Insbesondere in Hinblick auf die nicht-metrischen Ansätze, die wir im zweiten Teil dieses Skripts diskutieren, ist der jetzt folgende Abschnitt von großer Wichtigkeit, da nur mit Hilfe einer stärker formalisierten Darstellungsweise die Besonderheiten gegenüber dem herkömmlichen Regressionsansatz hinreichend präzise deutlich gemacht werden können.
Die Einführung in die Matrizenrechnung (Notation und elementare Rechenregeln) wird bewußt auf das in unserem Zusammenhang notwendige beschränkt. Ausführlichere Darstellungen, die sich an Nichtmathematiker wenden, finden sich z.B. in BOCK (1975), HORST (1963) sowie deutschsprachig bei KLIEMANN/MÜLLER (1975).

2.3.1. Matrizennotation und elementare Rechenregeln

Eine Matrix ist ein rechteckiges Schema von Zahlen, die in n Zeilen und m Spalten organisiert sind. Beispiele solcher Zahlenschemata sind Korrelationsmatrizen (vgl. das Beispiel in Abschnitt 2.2.1.) oder Datenmatrizen (vgl. das Beispiel in Abschnitt 2.2.5.). Bei der Korrelationsmatrix handelt es sich genauer um eine 6 x 6-Matrix, bei der Datenmatrix um eine 1o x 4-Matrix. Bei der Datenmatrix entspricht jede Zeile einem Bundesland (einer Untersuchungseinheit) und jede Spalte einer bestimmten Variablen. Matrizen sind also dem Sozialwissenschaftler gar nicht einmal neu; im Gegenteil, die Idee, Zahlen in einem rechteckigen Schema anzuordnen, erscheint so naheliegend, daß es kaum lohnt, dafür einen neuen Fachterminus einzuführen.

Neu ist für die meisten Leser vermutlich erst die Idee zu versuchen, mit diesen Schemata zu rechnen, ganz ähnlich wie man das mit den gewöhnlichen Zahlen tut. Nun ist es in der Tat ganz einfach festzulegen, wie man Matrizen addieren bzw. subtrahieren soll; die einzige Einschränkung, die man dabei machen muß, ist die, daß diese Operationen nur für Matrizen gleichen Typs zulässig sind. Unter dem Typ der Matrix versteht man Zeilen-

bzw. Spaltenzahl, die, solange die Gefahr von Verwechslungen besteht, als Subskripte angegeben werden. Allgemein bezeichnet man mit $A_{n,m}$ eine Matrix mit n Zeilen und m Spalten. Damit können wir nun festlegen:

> Matrizen gleichen Typs werden addiert bzw. subtrahiert, indem die entsprechenden Zahlen addiert bzw. subtrahiert werden.

Ebenso einfach kann die Multiplikation einer Matrix mit einer Zahl erklärt werden:

> Matrizen werden mit einer Zahl multipliziert, indem jede Zahl der Matrix mit dem Zahlenfaktor multipliziert wird.

Diese beiden Regeln wollen wir gleich an einem Beispiel verdeutlichen. Vorher verabreden wir nur noch, daß Matrizen, die nur eine Zeile (Spalte) haben, auch Zeilen- (Spalten-) Vektoren genannt werden; oft auch nur Vektor ohne jeden Zusatz. Betrachten wir als Beispiel nun die 1o x 1-Matrizen $Y_{1o,1}$ und $X_{1o,1}$. Dabei seien die Zahlen (Einträge) der Matrix X gerade die empirischen Werte für den Landwirtschafts-Anteil, und die Einträge der Matrix Y die empirischen Werte für den Selbständigen-Anteil. Weiter sei $C_{1o,1}$ so beschaffen, daß in allen Zeilen die Zahl 7.25 steht. Wir betrachten dann folgende Matrizengleichung

$$R_{1o,1} = Y_{1o,1} - C_{1o,1} - o.33 \times X_{1o,1}$$

Ausführlicherer:

$$R_{1o,1} = \begin{bmatrix} 1o.7 \\ 8.5 \\ 1o.4 \\ . \\ . \\ . \\ . \\ . \\ 11.9 \\ 7.6 \end{bmatrix} - \begin{bmatrix} 7.25 \\ 7.25 \\ 7.25 \\ . \\ . \\ . \\ . \\ . \\ 7.25 \\ 7.25 \end{bmatrix} - o.33 \times \begin{bmatrix} 9.4 \\ 1.2 \\ 1o.9 \\ . \\ . \\ . \\ . \\ . \\ 13.2 \\ 2.4 \end{bmatrix}$$

Gibt man Matrizen explizit an, so wird das Zahlenschema in Klammern eingefaßt, um die Zusammengehörigkeit dieser einzelnen Zahlen deutlich zu machen. Wendet man nun die eben festgelegten Rechenregeln an, so erhält man folgende Werte für die Ergebnismatrix R:

$$R_{1o,1} = \begin{bmatrix} 1o.7 - 7.25 - o.33 \times 9.4 \\ 8.5 - 7.25 - o.33 \times 1.2 \\ 1o.4 - 7.25 - o.33 \times 1o.9 \\ \cdot \\ \cdot \\ \cdot \\ \cdot \\ \cdot \\ 11.9 - 7.25 - o.33 \times 13.2 \\ 7.6 - 7.25 - o.33 \times 2.4 \end{bmatrix} = \begin{bmatrix} o.31 \\ o.85 \\ -o.49 \\ \cdot \\ \cdot \\ \cdot \\ \cdot \\ \cdot \\ o.24 \\ -o.45 \end{bmatrix}$$

Wir haben also - wie der aufmerksame Leser nun sicher schon bemerkt hat - die Berechnung der Residuen von SELBST bei der Regression auf LANDW in Matrizennotation dargestellt. Hierbei ist ein besonderer Vorteil gegenüber herkömmlicher Notation noch nicht feststellbar.

Stillschweigend sind wir eben schon davon ausgegangen, daß Matrizen genau dann als gleich angesehen werden sollen, wenn sie in allen Einträgen übereinstimmen. Damit Matrizen gleich sein können, müssen sie also insbesondere vom gleichen Typ sein.

Ganz analog zu den Zahlen definiert man Nullmatrizen dadurch, daß die Addition bzw. Subtraktion einer Nullmatrix zu einer beliebigen anderen Matrix deren Wert nicht verändert. Nach dem, was wir bislang festgelegt haben, muß eine Nullmatrix damit aus lauter Nullen bestehen. Wenn wir also in Zukunft einmal schreiben $O_{n,m}$, so ist damit eine $n \times m$-Matrix gemeint, die nur aus Nullen besteht.

Mit der Einschränkung, daß Addition (Subtraktion) für Matrizen nur unter Voraussetzung gleichen Typs definiert ist, gelten genau die gleichen Eigenschaften wie beim normalen Zahlenrechnen; insbesondere kommt es nicht darauf an, in welcher Reihenfolge man eine Kette von Additionen/Subtraktionen durchführt.

Wir kommen nun zur Multiplikation von Matrizen, die zunächst ein bißchen sehr kompliziert erscheint, aber genau in der Möglichkeit zu multiplizieren, liegt für später der Vorteil einer sehr übersichtlichen Darstellungsweise. Im Gegensatz zu den Zahlen muß ich bei Matrizen die Reihenfolge, in der multipliziert werden soll, streng beachten; während zum Beispiel 4 x 8 auch gleich 8 x 4 ist, ist für zwei Matrizen A und B nur in Ausnahmefällen A x B gleich B x A. Zunächst gilt folgende Einschränkung, wann überhaupt ein Matrizenprodukt gebildet werden kann:

> Matrizen können multipliziert werden, wenn die Zahl der Spalten des ersten Faktors gleich der Zahl der Zeilen des zweiten Faktors ist.

Schreiben wir Matrizen ausführlich mit den dazugehörigen Subskripten $A_{n,m}$ und $B_{l,k}$, so kann das Produkt A x B nur dann gebildet werden, wenn gilt m=l. Analog kann B x A gebildet werden, wenn gilt k=n. Ist die Produktbildung möglich, so gilt für den Typ der Ergebnismatrix:

> Das Produkt zweier Matrizen $A_{n,m}$ und $B_{m,k}$ hat soviele Zeilen wie der erste Faktor und soviele Spalten wie der zweite.

Während also Addition/Subtraktion den Typ der Matrizen unverändert läßt, entstehen durch Multiplikation Matrizen neuen Typs, es sei denn die beiden Ausgangsmatrizen hatten gleichviel Zeilen wie Spalten, d.h. sie waren <u>quadratisch</u>.

Damit haben wir aber erst festgelegt, wann Matrizen überhaupt multipliziert werden können und welchen Typ die Ergebnis-Matrix hat. Nehmen wir an, diese Bedingungen seien erfüllt:

> Die Zahl in der i-ten Zeile und j-ten Spalte der Produktmatrix entsteht dadurch, daß jedes Element der i-ten Zeile von A mit dem korrespondierenden - in der Reihenfolge - Eintrag in der j-ten Spalte von B multipliziert wird und alle diese Produkte aufsummiert werden.

Zu kompliziert? Wir schauen uns das ganze noch einmal an einem Beispiel an. Zuvor noch eine weitere Verabredung:

> Unter der Transponierten einer Matrix $A_{n,m}$ versteht man die Matrix, die aus A durch Vertauschen der Zeilen mit Spalten hervorgeht; man bezeichnet diese Matrix mit A' - oder ausführlicher mit $(A')_{m,n}$.

Betrachten wir nun wieder die Matrizen $X_{10,1}$ und $Y_{10,1}$ wie schon eben. Nach unseren Festlegungen können wir weder das Produkt X×Y noch das Produkt Y×X bilden, da in keinem Falle die Spaltenzahl des ersten Faktors gleich der Zeilenzahl des zweiten Faktors ist. Betrachte ich aber die Transponierte zu der Matrix X, also X' , so hat diese den Typ 1×10. Somit kann ich das Produkt $X'_{1,10} \times Y_{10,1}$ bilden und das Resultat ist eine 1×1-Matrix, also eine einfache Zahl, auch <u>Skalar</u> genannt.

Um diese Zahl zu erhalten, muß ich nun jede Zahl der ersten

Zeile von X' (entspricht erster Spalte von X!) mit der entsprechenden Zahl in der ersten Zeile von Y multiplizieren und dann aufsummieren, also

(9.4×1o.7)+(1.2×8.5)+(1o.9×1o.4)+......+(13.2×11.9)+(2.4×7.6)

bilden. Dies ergibt die Zahl 693.55. Dies war ein sehr einfaches Beispiel einer Matrizenmultiplikation, wir wollen jetzt ein etwas schwierigeres betrachten. Dabei führen wir sozusagen nebenbei vor, wie man im zweidimensionalen Fall mit Hilfe der Matrizenrechnung zur numerischen Lösung kommt. Dazu betrachten wir im folgenden eine 1o×2-Matrix X, die aus der bisher betrachteten dadurch entsteht, daß ich als erste Spalte eine Spalte mit lauter Einsen hinzufüge; diese Einsen repräsentieren den konstanten Summanden (Achsenabschnitt) im Regressionsansatz. Also:

$$X_{1o,2} = \begin{bmatrix} 1 & 9.4 \\ 1 & 1.2 \\ 1 & 1o.9 \\ . & . \\ . & . \\ 1 & 13.2 \\ 1 & 2.4 \end{bmatrix}$$

Auch jetzt kann ich wieder das Produkt X'×Y bilden, nur ist diesmal das Ergebnis eine 2×1-Matrix. In der zweiten Zeile der Ergebnismatrix steht wieder die eben berechnete Zahl 693.55, während in der ersten Zeile gerade die Summe aller Elemente des Y-Vektor steht. Denn um dieses Element zu erhalten, muß ich die erste Zeile von X' (erste Spalte von X) paarweise mit der ersten Spalte von Y multiplizieren und dann aufsummieren. Da die erste Spalte von X aber nur aus Einsen besteht, sind diese paarweisen Produkte gerade wieder die Elemente von der Matrix Y. Also noch einmal zusammengefaßt:

$$X'_{2,1o}Y_{1o,1} = \begin{bmatrix} 94.9 \\ 693.55 \end{bmatrix}_{2,1} = \begin{bmatrix} \Sigma Y \\ \Sigma X.Y \end{bmatrix}$$

Zum besseren Vergleich mit der herkömmlichen Notation haben wir diese zusätzlich angegeben. Wem dieses Unbehagen bereitet, mag sie übersehen; sie ist für unsere eigentliche Diskussion nicht bedeutsam.

Wir wollen noch eine weitere Multiplikation betrachten, an der wir gleichzeitig einen weiteren allgemeinen Sachverhalt verdeutlichen können. Obgleich an die Multiplikation von Matrizen sehr einschränkende Bedingungen hinsichtlich des Typs der beteiligten Faktoren geknüpft sind, läßt sich stets das Produkt einer Matrix mit seiner Transponierten bilden. Es ist

$$X'_{2,10}X_{10,2} = \begin{bmatrix} 10 & 67.1 \\ 67.1 & 620.01 \end{bmatrix}_{2,2} = \begin{bmatrix} N & \Sigma X \\ \Sigma X & \Sigma X^2 \end{bmatrix}$$

Dieses Produkt ergibt also stets eine quadratische Matrix, die darüber hinaus <u>symmetrisch</u> ist, d.h. unverändert bleibt, wenn man Spalten und Zeilen vertauscht, oder anders ausgedrückt gleich ihrer transponierten Matrix ist. Generell gilt für das Multiplizieren von Matrizen folgende Regel:

> Kann das Matrizenprodukt A x B gebildet werden, so ist die Transponierte des Produkts (A x B)' gleich dem Produkt aus Transponierter des zweiten Faktors und Transponierter des ersten Faktors, also gleich B' x A'.

Wir haben übrigens zu Beginn dieses Unterabschnittes ein Beispiel für eine symmetrische Matrix erwähnt: Jede Korrelationsmatrix ist symmetrisch!

Wie bei der Addition kann man auch bei der Multiplikation Matrizen definieren, deren Produkt mit einer beliebigen Matrix gerade wieder diese Matrix ergibt, also das Analogon zu der Eins bei den gewöhnlichen Zahlen sind. Derartige Matrizen heißen <u>Einheitsmatrizen</u>. Sie sind stets quadratisch und haben mit Ausnahme der sogenannten Hauptdiagonale, in der Einsen stehen, überall Nullen:

$$E_{n,n} = \begin{bmatrix} 1 & & & & 0 \\ & 1 & & & \\ & & 1 & & \\ & & & \cdot & \\ 0 & & & & \cdot \ 1 \end{bmatrix}$$

Zur Selbstkontrolle vollziehe man einmal nach, daß derartige Matrizen tatsächlich die angegebene Eigenschaft haben, den Wert jeder Matrix, mit der das Produkt überhaupt gebildet werden kann, unverändert zu lassen.

Schließlich wollen wir uns noch überlegen, ob mit Matrizen auch so etwas wie Division möglich ist; dann hätten wir die vier Grundrechnungsarten auf die Zahlenschemata, die Matrizen, übertragen. Wir schränken dieses Problem hier auf quadratische Matrizen ein, also Matrizen, die ebensoviel Zeilen wie Spalten haben. Ist A eine quadratische Matrix, dann nennen wir eine Matrix B mit der Eigenschaft, daß das Produkt A x B wie das Produkt B x A gleich der Einheitsmatrix ist, die zu A <u>inverse Matrix</u>; allgemein bezeichnet man diese Matrix dann auch mit A^{-1}.

Derartige inverse Matrizen existieren nicht immer und ihre tatsächliche Bestimmung ist außerordentlich aufwendig, wenn es sich um Matrizen größerer Zeilenzahl handelt; glücklicherweise kann man dies getrost den Computern überlassen. Für zweireihige Matrizen - wie die Matrix X'X in unserem Beispiel - ist die Bestimmung der inversen Matrix aber noch sehr einfach. Wir geben die Methode hierfür jedoch nur an, um das Zustandekommen der Lösung bei zweidimensionaler Regression bei Verwendung der Matrizennotation mit der herkömmlichen Art vergleichbar zu machen. Wie man eine inverse Matrix berechnet, kann man getrost wieder vergessen, wichtig ist nur zu behalten, was für Eigenschaften eine solche inverse Matrix hat.

Es gilt also stets:

$$A_{2,2} = \begin{bmatrix} a & b \\ c & d \end{bmatrix} ; \quad A^{-1}_{2,2} = D * \begin{bmatrix} d & -b \\ -c & a \end{bmatrix} \quad \text{mit } D = \frac{1}{ad-bc}$$

Für unser Beispiel ergibt sich somit

$$(X'X)^{-1} = D * \begin{bmatrix} 620.01 & -67.1 \\ -67.1 & 10 \end{bmatrix} \quad \text{mit } D = \frac{1}{1697.7}$$

Oder in Vergleich zu herkömmlicher Notation:

$$= D * \begin{bmatrix} \Sigma X^2 & -\Sigma X \\ -\Sigma X & N \end{bmatrix} \quad \text{mit } D = \frac{1}{N \Sigma X^2 - (\Sigma X)^2}$$

Existiert überhaupt eine inverse Matrix, so ist diese eindeutig bestimmt. Für das Multiplizieren von inverseen Matrizen gilt eine zum Transponieren analoge Regel:

> Das Produkt der zu einer Matrix A inversen Matrix A^{-1} mit der zu einer Matrix B inversen Matrix B^{-1} ist gleich der Inversen des Produkts von B und A, also $(B*A)^{-1} = A^{-1}B^{-1}$.

Man beachte jedoch bei dieser Regel, daß ein Produkt ein Inverses haben kann, ohne daß die einzelnen Faktoren ein Inverses besitzen. Wir haben schon gesehen, daß X'X invertierbar ist, nicht jedoch X bzw. X'.

Bevor wir die elementaren Regeln für das Rechnen mit Matrizen überblicksartig zusammenfassen, bilden wir anhand unseres Beispiels ein letztes Matrizenprodukt:

$$b_{2,1} = (X'X)^{-1}_{2,2} * (X'Y)_{2,1}$$

$$1/D \cdot (X'X)^{-1} X'Y = \begin{bmatrix} (620.01 \times 94.9) + (-67.1 \times 693.55) \\ (-67.1 \times 94.9) + (10 \times 693.55) \end{bmatrix} = \begin{bmatrix} (58838.95 - 46537.21) \\ (-6367.79 + 6935.5) \end{bmatrix}$$

$$b_{2,1} = \frac{1}{1697.7} * \begin{bmatrix} 12301.7 \\ 567.7 \end{bmatrix} = \begin{bmatrix} 7.25 \\ 0.33 \end{bmatrix}$$

Das Ergebnis dieses Matrizenprodukts, der Spaltenvektor b, enthält gerade die beiden Regressionskoeffizienten für die (zweidimensionale) Regression von SELBST (Y) auf LANDW (X). Diese Regressionsgerade haben wir in Abschnitt 2.2.5. schon einmal betrachtet. Damit haben wir zunächst an einem Beispiel demonstriert, daß man die Regressionskoeffizienten auch mit Hilfe von Matrizenoperationen (Bildung von Produkten bzw. Inversen) erhalten kann. Für den zweidimensionalen Fall erbringt dies noch keinen Vorteil; wir werden aber sehen, daß der Lösungsweg über die Matrizen sofort auf den allgemeinen Fall übertragbar ist - ganz im Gegensatz zu der herkömmlichen Notation. Für den zweidimensionalen Fall wollen wir diesen Zusammenhang - wie auch schon bei den vorbereitenden Schritten - weiter verdeutlichen. Danach gilt folgende Beziehung:

$$b_{2,1} = (X'X)^{-1}_{2,2}(X'Y)_{2,1} = \frac{1}{N\sum X^2 - (\sum X)^2} \begin{bmatrix} (\sum X^2 * \sum Y - X * \sum XY) \\ (-\sum X \sum Y + N * \sum XY) \end{bmatrix}$$

Daraus ergibt sich insbesondere für das Element in der zweiten Zeile der Ergebnismatrix

$$\frac{N\sum XY - \sum X \sum Y}{N\sum X^2 - (\sum X)^2} = \frac{1/N \sum XY - \bar{X} * \bar{Y}}{1/N \sum X^2 - (\bar{X})^2}$$

Dies ist aber eine der gängigen Formeln für den Steigungskoeffizienten im zweidimensionalen Fall. Durch eine kleine Buchstabenrechnung kann man auch den Eintrag in der ersten Zeile der Ergebnismatrix so umformen, daß sich die übliche Formel für den Achsenabschnitt - das absolute Glied - im zweidimensionalen Fall ergibt.

Wenn wir also künftig ausschließlich die Matrizennotation verwenden, so führen wir damit keine neuen Lösungen ein, sondern schreiben die altbekannten nur ein wenig anders. Da diese neue Schreibweise am Anfang etwas ungewohnt ist, wollen wir zwei Merkregeln angeben, die bei der Regressionsrechnung nützlich sind.

(i) Sind A und B Spaltenvektoren (n×1-Matrizen), so sind die Produkte A'B und B'A stets bildbar. Diese Produkte sind einander gleich und gleich einer gewöhnlichen Zahl (1×1-Matrix), die gleich der Summe der zeilenweise gebildeten Produkte ist: $A'B = B'A = \sum a_i b_i$

(ii) Ist A ein Spaltenvektor, dann ist A'A eine gewöhnliche Zahl, die gleich der Summe der quadrierten Einträge von A ist: $A'A = \sum a_i^2$

Die Richtigkeit dieser Regeln folgt sofort aus den getroffenen Vereinbarungen über das Multiplizieren von Matrizen. Es sind also keine neuen Regeln, aber es hilft am Anfang sehr, wenn man sich den Zusammenhang mit der gewohnten Sprechweise verdeutlicht.

Wir stellen nun zum Abschluß dieses Unterabschnittes noch einmal die wichtigsten Rechenregeln beim Umgang mit Matrizen zusammen. Im Gegensatz zu gewöhnlichen Zahlen muß man sich aber stets verdeutlichen, daß diese Regeln nur gelten, soweit bestimmte Operationen (Bildung von Produkten oder von Inversen) überhaupt möglich:

(1) $(AB)' = B'A'$; $(A+B)' = A' + B'$; $(A')' = A$

(2) $(AB)^{-1} = B^{-1}A^{-1}$

(3) $(A')^{-1} = (A^{-1})'$

(4) $(A+B)C = AC + BC$; $A(B+C) = AB + AC$

(5) $A + B = B + A$;aber i.a. nicht $AB = BA$

(6) $AA^{-1} = A^{-1}A = E$; dabei ist E die Einheitsmatrix

Mehr an Matrizenrechnung werden wir in diesem Skript nicht benötigen, abgesehen von einer kleineren Erweiterung in Abschnitt 2.3.4 , in dem wir die Hauptresultate für das Regressionsmodell formal herleiten. Aber dieser Abschnitt kann - wie schon bemerkt - übersprungen werden. Als Einübung der Matrizennotation empfiehlt es sich, die Lösung im zweidimensionalen Fall anhand ganz einfacher (ganzzahligen) Daten einmal per Handrechnung zu ermitteln.

2.3.2. Die allgemeine Lösung des Regressionsansatzes und die substantielle Interpretation der Koeffizienten

Wir betrachten nun eine Zielvariable und beliebig viele unabhängige Variable, sagen wir m-1 solche Merkmale. Weiterhin sollen Daten zu n Untersuchungseinheiten vorliegen. (Aus Gründen einer einheitlichen Notation bezeichnen wir die Fallzahl jetzt mit n statt mit N; substantiell hat dies aber keine Folgen.)

Die empirischen Werte zur Zielvariablen denken wir uns in einer $n \times 1$-Matrix Y dargestellt, die der unabhängigen Variablen in einer $n \times m$-Matrix X. Diese Matrix enthält in der ersten Spalte lauter Einsen, in der zweiten Spalte die empirischen Werte der ersten unabhängigen Variablen, in der dritten Spalte die Werte der zweiten unabhängigen usw. Zu dieser 'Punktewolke' im m-dimensionalen Raum - der leider unser geometrisches Vorstellungsvermögen übersteigt - suchen wir eine 'Hyperebene', also wie in den niedrig-dimensionalen Spezialfällen vorher, ein einfaches Modell, das den empirischen Befund möglichst gut beschreibt. Ein solches 'lineares Modell' im m-dimensionalen Raum wird nun durch m Parameter beschrieben, die wir dann die Regressionskoeffizienten nennen. Man erinnere sich, daß die Gerade im zweidimensionalen Fall durch zwei Parameter, die Ebene im dreidimensionalen Fall durch drei Parameter beschrieben werden konnte. Den Spaltenvektor ($m \times 1$-Matrix) der Regressionskoeffizienten nennen wir b. Damit können wir nun den Regressionsansatz als Matrizengleichung darstellen:

$$Y_{n,1} = X_{n,m} \, b_{m,1} \qquad (2.1o)$$

Wir wollen diese Schreibweise noch etwas erläutern. Verabreden wir für die gesuchten Regressionskoeffizienten die schon bislang benutzte Bezeichnunsweise, dann gilt $b' = (b_o, b_1, b_2, \ldots, b_{m-1})$. Die obige Matrizengleichung besagt nun für den Eintrag von Y in einer beliebigen Zeile (der i-ten Zeile), daß dieser Wert gleich sein soll der Summe aus den Produkten, die ich elementweise aus der i-ten Zeile von X und der ersten Spalte von b bilden kann.

Diese i-ten Zeile von X lautet nun aber

$$1 \quad x_{i1} \quad x_{i2} \quad \ldots \quad \ldots \quad \ldots \; x_{i(n-1)}$$

Dabei ist x_{i1} der empirische Wert für die erste unabhängige Variable bezogen auf die Untersuchungseinheit i usw., analog ist y_i der empirische Wert der Zielvariablen für die Untersuchungseinheit i. Also besagt die Matrizengleichung, daß für jedes i (jede Untersuchungseinheit) gelten soll:

$$y_i = b_o + b_1 x_{i1} + b_2 x_{i2} + \ldots + b_{n-1} x_{i(n-1)}$$

Oder kürzer - um an die herkömmliche Notation anzuknüpfen:

$$Y = b_o + b_1 X_1 + b_2 X_2 + \ldots + b_{n-1} X_{n-1}$$

(Diese Notation werden wir jedoch im folgenden nur noch in einer speziellen Interpretation als Matrizengleichung verwenden; vgl. Abschnitt 2.3.4.)

Verdeutlichen wir diesen Ansatz noch einmal anhand eines Zahlenbeispiels. Wiederum sei die Zielvariable CDU76ZP, also der Stimmanteil der CDU bei der Wahl 1976; die unabhängigen Merkmale seien - in dieser Reihenfolge die Erwerbsquote (ERWERBQ), der Anteil der in der Landwirtschaft beschäftigten Einwohner (LANDW), der Katholikenanteil (KATHANT) sowie der Selbständigen-Anteil (SELBST). Untersuchungseinheiten seien wieder die Bundesländer. Damit erhalten wir folgenden Regressionsansatz:

$$\begin{bmatrix} 44.1 \\ 35.9 \\ 45.7 \\ 32.5 \\ 44.5 \\ 44.8 \\ 49.9 \\ 53.3 \\ 6o.o \\ 46.2 \end{bmatrix} = \begin{bmatrix} 1 & 41.4 & 9.4 & 6.o & 1o.7 \\ 1 & 46.1 & 1.2 & 8.1 & 8.5 \\ 1 & 42.4 & 1o.9 & 19.6 & 1o.4 \\ 1 & 42.9 & 1.6 & 1o.2 & 7.5 \\ 1 & 41.1 & 3.5 & 52.5 & 8.5 \\ 1 & 44.6 & 6.3 & 32.8 & 9.2 \\ 1 & 41.8 & 1o.7 & 55.7 & 11.3 \\ 1 & 46.9 & 7.9 & 47.4 & 9.3 \\ 1 & 46.7 & 13.2 & 69.9 & 11.9 \\ 1 & 36.3 & 2.4 & 73.8 & 7.6 \end{bmatrix} \cdot \begin{bmatrix} b_o \\ b_1 \\ b_2 \\ b_3 \\ b_4 \end{bmatrix}$$

Analog zu unserer Diskussion im dreidimensionalen Fall sind auch hier im allgemeinen mehr Gleichungen (Untersuchungseinheiten) als Unbekannte vorhanden. Lösbar wird dieses Gleichungssystem erst dadurch, daß man für jede Untersuchungseinheit eine Abweichung in Kauf nimmt, aber gleichzeitig versucht, die Abweichungen insgesamt zu minimieren. Wir wissen schon, daß das Kriterium für diese Minimierung bei der Standardlösung das Kleinst-Quadrate-Kriterium ist. Welche Form nimmt dieses Kriterium nun in Matrizennotation an? Nun, offenbar werden die Abweichungen, genauer der Vektor der Abweichungen gegeben durch

$$Y_{n,1} - X_{n,m}b_{m,1}$$

Das Kleinst-Quadrat-Kriterium besagt nun, daß die Summe der Quadrate dieser Ausdrücke minimiert werden soll. Matrizenmäßig erhalten wir die Quadratsumme aber gerade als

$$\begin{aligned}(Y - Xb)'(Y - Xb) &= (Y' - b'X')\ (Y - Xb)\\ &= Y'Y - Y'Xb - b'X'Y + b'X'Xb\ ,\end{aligned}$$

wenn man die Merkregel (ii) und die Rechenregeln von Abschnitt 2.3.1. benutzt. Weiter ist

$Y'_{1,n}X_{n,m}b_{m,1}$ eine 1×1-Matrix, also $(Y'Xb)' = (Y'Xb)$,

somit ist $Y'Xb = b'X'Y$, da doppeltes Transponieren gerade wieder die Ausgangsmatrix ergibt.

Damit lautet das Kleinst-Quadrat-Kriterium in Matrixform:

$$Y'Y - 2\,b'X'Y + b'X'Xb = \min$$

Diese Minimumsaufgabe kann durch Anwendung von Differentialrechnung in beliebig-dimensionalen Räumen gelöst werden. Wir verweisen für Einzelheiten dazu auf BOCK (1975) und teilen nur das Ergebnis der Differentiation nach dem Vektor b mit:

$$-\,2\,X'Y + 2\,X'Xb$$

Durch Nullsetzen dieser Ableitung erhält man dann die sogenannte Normalgleichung: $(X'X)b = X'Y$,

und daraus - sofern die Matrix X'X ein Inverses hat - sofort die Lösung des allgemeinen Regressionsansatzes:

$$b = (X'X)^{-1}X'Y \qquad (2.11)$$

Die Formel ist für das weitere außerordentlich bedeutsam, so daß es gut ist - dies im Gegensatz zu den sonstigen Empfehlun-

gen in diesem Skript - sie fest im Gedächnis zu behalten.
Wir wollen diese Formel noch einmal näher hinsichtlich des Typs der auftretenden Matrizen betrachten:

$$X'_{m,n}X_{n,m} = (X'X)_{m,m} \quad ; \quad X'_{m,n}Y_{n,1} = (X'Y)_{m,1}$$

$$(X'X)^{-1}_{m,m}(X'Y)_{m,1} = b_{m,1}$$

Alle auftretenden Produkte können also auch gebildet werden. Dem in der Matrizennotation noch Ungeübten mag leicht folgender Fehlschluß unterlaufen:

$$b = (X'X)^{-1}X'Y = X^{-1}(X')^{-1}X'Y = X^{-1}EY = X^{-1}Y ,$$

ganz in Einklang mit den angegebenen Rechenregeln. Dabei übersieht man jedoch die Tatsache, daß X im allgemeinen keine quadratische Matrix ist, also nach unseren Definitionen auch kein Inverses haben kann, mithin X^{-1} gar nicht existiert. Berücksichtige ich jedoch n-1 unabhängige Variable - also gerade eine unabhängige Variable weniger als es Fälle (Untersuchungseinheiten) gibt - , dann kann X^{-1} existieren und die Lösung hat tatsächlich die oben angegebene Form. In diesem Falle ist dann der Vektor der Predictorwerte Xb gleich $X(X^{-1}Y) = Y$, entspricht also den empirischen Werten. Anders formuliert: Der Determinationskoeffizient nimmt seinen theoretischen Höchstwert von Eins an, der Set der unabhängigen Merkmale erklärt 1oo% der Varianz der Zielvariablen!
Beziehen wir das auf unser inhaltliches Beispiel, so bedeutet dies, daß wann immer der Set der unabhängigen Merkmale aus neun Merkmalen besteht, die Zielvariable CDU-Stimmanteil zu 1oo% erklärt wird. Dies gilt - solange die ausgewählten unabhängigen Merkmale nicht kollinear sind; vgl. Abschnitt 2.2.5. - für jeden solchen Set, auch wenn nicht ein einziges unabhängiges Merkmal in einem theoretisch sinnvollen Zusammenhang mit der Zielvariable steht! Regressionsrechnungen auf der Basis weniger Fälle sind also sehr problematisch, die Gefahr von Methodenartefakten steigt rapide an.
Betrachten wir aber zunächst die zahlenmäßige Lösung bei den vier ausgewählten unabhängigen Merkmalen, die wir als das angegebene Matrizenprodukt $(X'X)^{-1}X'Y$ erhalten. Ein Nachvollzug dieser Lösung per Hand ist nicht zu empfehlen, da die Inver-

sion einer 5*5-Matrix X'X schon recht aufwendig ist. Vielmehr empfiehlt sich die Benutzung eines EDV-Programms, etwa der REGRESSION-Prozedur im SPSS-Paket (NIE et.al., 1975). Die dabei mitausgedruckten Koeffizienten, die auf inferenzstatistischen Überlegungen beruhen, werden im Abschnitt 4.2 diskutiert.

Parallel dazu wollen wir auch gleich das Ergebnis für die Aggregatebene der Wahlkreise angeben:

$$b = \begin{bmatrix} 15.82 \\ 0.51 \\ 1.32 \\ 0.19 \\ -0.85 \end{bmatrix} \quad \beta = \begin{bmatrix} 0.00 \\ 0.21 \\ 0.73 \\ 0.63 \\ -0.17 \end{bmatrix} \quad \begin{matrix} \\ \text{ERWERBQ} \\ \text{LANDW} \\ \text{KATHANT} \\ \text{SELBST} \end{matrix} \quad b = \begin{bmatrix} -2.33 \\ 0.65 \\ 0.37 \\ 0.22 \\ 1.01 \end{bmatrix} \quad \beta = \begin{bmatrix} 0.00 \\ 0.21 \\ 0.26 \\ 0.59 \\ 0.28 \end{bmatrix}$$

Aggregatebene: Bundesländer Wahlkreise

Die Beta-Koeffizienten erhält man aus den unstandardisierten Koeffizienten durch eine Umformung gemäß (2.4), die auch im mehrdimensionalen Fall gilt, wie wir in Abschnitt 2.3.4 zeigen werden.

Wie schon im dreidimensionalen Fall lassen sich die unstandardisierten Koeffizienten als Regressionskoeffizienten eines speziellen zweidimensionalen Ansatzes verstehen. So ist beispielsweise der Koeffizient von ERWERBQ gleich dem Regressionskoeffizienten der Regression von CDU76ZP auf das Residuum von ERWERBQ bei der Regression auf die übrigen unabhängigen Variablen. Diese Residuen von ERWERBQ hatten wir auch als die bereinigten Werte von ERWERBQ bezeichnet. Die exakte Herleitung dieses Sachverhaltes wird in Abschnitt 2.3.4 dargestellt.

Bevor wir die standardisierten, die Beta-Koeffizienten betrachten und das Ergebnis eingehender untersuchen, wollen wir uns der Frage nach der 'Gesamterklärungskraft' des Sets der unabhängigen Merkmale zuwenden oder anders ausgedrückt, der Messung der Güte der Anpassung des Regressionsmodells an den empirischen Befund. Ganz analog wie in den zuvor diskutierten Spezialfällen kann man auch hier den Determinationskoeffizienten gemäß (2.3) bestimmen als Quotient der Varianzen von Predictor-Variablen $\hat{Y}$ und Ziel-Variabler Y. Für die Zwecke der Matrixdarstellung ist dabei eine kleine Umformung nützlich:

$$R^2 = \frac{\mathrm{Var}\ (\hat{Y})}{\mathrm{Var}\ (Y)} = \frac{\sum \hat{Y}^2 - n\bar{Y}^2}{\sum Y^2 - n\bar{Y}^2} = \frac{Y'Y - n\bar{Y}^2}{Y'Y - n\bar{Y}^2} \qquad (2.12)$$

Der Spaltenvektor der Predictor-Werte für die Zielvariable ergibt sich zu $\hat{Y} = Xb$, der Spaltenvektor der Residuen zu $Y_X^R = Y - \hat{Y} = Y - Xb$.

Die Quadratsumme der Residuen hatten wir schon bestimmt zu $SS(Y_X^R) = Y'Y - 2\ b'X'Y + b'X'Xb$ (bei der Betrachtung des Kleinst-Quadrat-Kriteriums); setzen wir noch die Lösung für b ein, erhalten wir

$$SS(Y_X^R) = Y'Y - 2b'X'Y + b'(X'X)(X'X)^{-1}X'Y = Y'Y - b'X'Y. \qquad (2.13)$$

Für die Quadratsumme der Predictor-Werte $SS(\hat{Y}) = (Xb)'(Xb)$ gilt mit analogen Rechenschritten $SS(\hat{Y}) = b'X'Y$. Somit haben wir auch im allgemeinen Fall eine Zerlegungsformel für die Quadratsummen:

$$\begin{aligned} Y'Y &= b'X'Y + Y'Y - b'X'Y \\ SS(Y) &= SS(\hat{Y}) + SS(Y^R) \end{aligned} \qquad (2.14)$$

Damit gilt auch die entsprechende Formel für die Varianzen, wenn man bedenkt, daß wegen des Kleinst-Quadrat-Kriteriums die Summe der Residuen und damit ihr Mittelwert Null ist. Der Determinationskoeffizient läßt sich also problemlos auf die allgemeine Konstellation ausdehnen. Der Unterschied zu den vorher diskutierten Spezialfällen besteht lediglich darin, daß in die Berechnung der Predictorwerte jetzt mehr unabhängige Variable und mehr Regressionskoeffizienten eingehen.

Für unser Beispiel ergeben sich für den Determinationskoeffizienten die Werte $R^2 = o.95$ (Bundesländer) und $R^2 = o.84$ (Wahlkreise). Eingedenk der Tatsache, daß bei Einbeziehung von fünf weiteren unabhängigen Variablen auf der Ebene der Bundesländer R^2 aus formalen Gründen den Wert 1.oo annehmen muß, ist es nicht überraschend, daß wir auf der gröberen Aggregatebene eine 'bessere' Erklärung der Varianz der Zielvariable vorfinden, wobei 'besser' aber wirklich nur im formalen Sinn verstanden werden darf.

Wie schon im dreidimensionalen Fall sind auch im allgemeinen Fall die unstandardisierten Koeffizienten nicht geeignet, um die relative Einflußstärke der einzelnen unabhängigen Variablen zu beurteilen. Diese Aufgabe erfüllen die standardisierten Koeffizienten weitaus besser. Auch im allgemeinen Fall gilt, daß das Quadrat eines standardisierten Koeffizienten multipliziert mit dem Alienationskoeffizienten (= Differenz des Determinationskoeffizienten zu Eins) bei der Regression der dazugehörigen unabhängigen Variablen auf die restlichen unabhängigen Variablen gleich dem Zuwachs im Determinationskoeffizienten bei zusätzlicher Einführung dieser Variablen ist.

Konkreter am Beispiel auf der Ebene der Bundesländer: Der Beta-Koeffizient von SELBST beträgt -o.17. Der Determinationskoeffizient bei der Regression von SELBST auf die drei unabhängigen Merkmale ERWERBQ, KATHANT und LANDW beträgt o.912 (diese Zahl hatten wir bisher noch nicht angegeben), somit der Alienationskoeffizient für die Regression o.o88. Also ist der Zuwachs des Determinationskoeffizienten für die Regression von CDU76ZP bei Einbeziehung von SELBST zu den schon vorher einbezogenen drei übrigen gerade $(-o.17)^2$ x o.o88 = o.oo24. Die Einbeziehung von SELBST erbringt also nur eine Steigerung der Erklärung der Varianz des CDU-Stimmanteils um rund 1/4%; mit anderen Worten: die Komplizierung des Regressionsmodells erbringt keinen wesentlichen Detaillierungsgewinn und kann - sofern es keine gewichtigen inhaltlichen Gründe dagegen gibt - unterbleiben.
Es ist jedoch wichtig zu beachten, daß der Alienationskoeffizient, mit dem das Quadrat des Beta-Koeffizienten multipliziert wird, nicht mehr wie im dreidimensionalen Falle für beide unabhängige Variable der gleiche ist. So legen die Beta-Koeffizienten nahe, daß auf der Ebene der Bundesländer LANDW etwas bedeutsamer ist als KATHANT (o.73 zu o.63). Zieht man jedoch die jeweiligen Alienationskoeffizienten mit in Betracht, so sieht man, daß die zusätzliche Einführung von KATHANT einen Zuwachs von 33% erklärter Varianz bringt, während die zusätzliche Einführung von LANDW nur einen Zuwachs von knapp 5% erbringt. Diese Zuwächse sind immer relativ dazu zu verstehen, daß die restlichen drei unabhängigen schon einbezogen sind.

Man könnte also die Sache auch umgekehrt betrachten und sagen, daß das Weglassen von KATHANT aus dem Modell die erklärte Varianz der Zielvariable (Determinationskoeffizient) um 33 Prozentpunkte vermindert, während das Weglassen von LANDW den Koeffizienten nur um knapp 5 Prozentpunkte vermindern würde. Somit erscheint es intuitiv plausibler, den Katholiken-Anteil als relativ zu den übrigen wesentlich wichtigeren Faktoren anzusehen, obwohl dies allein im Beta-Koeffizienten nicht zum Ausdruck kommt! Es lohnt also stets auch die Spalte 'TOLERANCE' im SPSS-Ausdruck oder analoges mit in Betracht zu ziehen.

Das in unserem Beispiel die Beta-Koeffizienten so schlechte Gradmesser für den relativen Einfluß der Variablen sind, ist natürlich auch durch die extreme Datenkonstellation (kleine Fallzahl, erhebliche Multikollinearität unter den unabhängigen Merkmalen) bedingt. Wir wollen deshalb auch die Aggregatebene der Bundesländer nicht weiter betrachten und keinen Versuch unternehmen, das Ergebnis der Analysen zusammenfassend inhaltlich zu interpretieren. Wir haben diese Konstellation hauptsächlich deswegen gewählt, weil hier die Datenmenge gut überschaubar ist und man so einzelne Schritte auch gegebenenfalls durch Handrechnungen überprüfen kann. Zum zweiten wollten wir natürlich auch auf die besonderen Gefahren der Fehlinterpretation aufmerksam machen, die gerade bei kleinen Fallzahlen so virulent sind.
Betrachten wir also in der Folge nur noch die Aggregatebene der Wahlkreise. Die Interpretationen für unstandardisierte und standardisierte Koeffizienten gelten dort natürlich ganz analog. Die Beta-Koeffizienten legen nahe, im Katholiken-Anteil den bestimmenden Faktor zu sehen (Beta = o.59), während die übrigen Beta-Koeffizienten alle zwischen o.2o und o.3o liegen. Dieser erste Eindruck bestätigt sich, wenn man zusätzlich die Tolerance berücksichtigt. Dabei zeigt sich allerdings, daß der Einfluß der Erwerbsquote - gemessen in Verminderung des Determinationskoeffizienten bei Fortlassen dieses Merkmals - größer ist als der von LANDW bzw. SELBST, obwohl

der Beta-Koeffizient für dieses Merkmal am kleinsten ist. Wir hatten jedoch schon bei der Diskussion des dreidimensionalen Falles darauf hingewiesen, daß bei relativ starker Korrelation der unabhängigen Merkmale die Einflußverteilung schwer zu ermitteln ist. Es wäre also denkbar, daß der relative Einfluß von LANDW einfach nur verschleiert wird dadurch, daß ein weiteres mit diesem Merkmal hochkorrelierendes - nämlich SELBST - mit in die Analyse einbezogen ist. Wir wollen deshalb wie schon im dreidimensionalen Fall, einmal genauer betrachten, wie sich die Koeffizienten verändern, wenn weitere Merkmale einbezogen werden. Das allgemeine Resultat werden wir wieder in Abschnitt 2.3.4 herleiten und hier nur das entsprechende Ergebnis erläutern. Dazu müssen wir einige Bezeichnungen vereinbaren: Lassen wir aus der 226×5-Matrix X die letzte Spalte weg (diese enthält die empirischen Werte für SELBST), so bezeichnen wir die dann entstehende 226×4-Matrix mit X_a. Analog sei der um den Koeffizienten für SELBST gekürzte Lösungsvektor b mit b_a bezeichnet (b_a ist dann eine 4×1-Matrix). Schließlich betrachten wir folgenden Regressionsansatz:

$$Y = X_a b_{Y.X_a}$$

also die Regression der Zielvariablen CDU76ZP auf die drei ersten unabhängigen Variablen. Der zugehörige Vektor der Regressionskoeffizienten hat dann gerade 4 Zeilen, ist also von gleichem Typ wie b_a. Analog betrachten wir einen weiteren Regressionsansatz

$$X_4 = X_a b_{X_4.X_a}$$

also die Regression der herausgelassenen Variable X_4 (SELBST) auf die übrigen. Damit können wir das Resultat formulieren:

$$b_a - b_{Y.X_a} = -b_4 \cdot b_{X_4.X_a}$$

Man beachte, daß mit Ausnahme der gewöhnlichen Zahl b_4 alle anderen Größen 4-zeilige Vektoren (4×1-Matrizen) sind. Wir wollen versuchen, dieses Resultat rein verbal zu formulieren: Die Differenz zwischen entsprechenden Regressionskoeffizienten bei Fortlassung einer unabhängigen Variable ist jeweils gleich dem korrespondierenden Koeffizienten der Regression der fortgelassenen Variable auf die restlichen multipliziert mit dem Koeffizienten der nicht mehr betrachteten (der seinerseits gleich dem zweidimensionalen Koeffizienten bei der Regression der Zielvariable auf die Residuen der forgelassenen Variable ist). Im Zahlenbeispiel:

$$\begin{matrix} \\ \text{ERWERBQ} \\ \text{LANDW} \\ \text{KATHANT} \end{matrix} \begin{bmatrix} -2.33 \\ o.65 \\ o.37 \\ o.22 \end{bmatrix} - \begin{bmatrix} 5.oo \\ o.64 \\ o.73 \\ o.23 \end{bmatrix} = (-1.o1) b_{X_4.X_a}$$

In Zahlen erhalten wir dann für die Beta-Koeffizienten folgenden Zusammenhang:

$$\begin{matrix} \text{ERWERBQ} \\ \text{LANDW} \\ \text{KATHANT} \end{matrix} \begin{bmatrix} o.21 \\ o.26 \\ o.59 \end{bmatrix} - \begin{bmatrix} o.2o \\ o.52 \\ o.6o \end{bmatrix} = (-o.28) \beta_{X_4.X_a}$$

Es zeigt sich, daß die Koeffizienten von LANDW den stärksten Veränderungen unterworfen sind. Wie wir früher schon gesehen hatten, war gerade LANDW sehr hoch mit SELBST korreliert. Der Einbezug von SELBST wirkt also im allgemeinen Fall tatsächlich verschleiernd auf den Einfluß von LANDW. Somit ist es unter Umständen sinnvoll, nur eines der beiden Merkmale mit dem Regressionsansatz einzubeziehen, zumal der Determinationskoeffizient auch bei nur drei unabhängigen Merkmalen immer noch 82.7% beträgt.

Inhaltlich können wir das Ergebnis der bisher durchgeführten Regressionsrechnung so zusammenfassen: Auf der Ebene der Wahlkreise kann die Varianz des CDU-Anteils zu über 8o% durch Katholikenanteil, Landwirtschaftsanteil und die Erwerbsquote erklärt werden, dabei ist die dritte Variable weniger bedeutsam als die beiden ersten.

Wollte man die Analyse inhaltlich fortsetzen, so wäre insbesondere nach - theoretisch gehaltvolleren - Merkmalen zu suchen, die ihrerseits die zutagegetretene Einflußstärke der jetzt betrachteten unabhängigen Merkmale erklären können. Dies könnte sowohl in der Weise geschehen, daß man weitere Merkmale in den Ansatz mitaufnimmt - mit dem möglichen Resultat,daß ein oder mehrere der jetzt betrachteten Merkmale fortgelassen werden können, oder in Form einer Pfadanalyse,indem man die jetzt herausgefilterten Einflußfaktoren ihrerseits als Zielvariablen betrachtet und durch neue unabhängige zu erklären versucht.

Wir wollen an dieser Stelle jedoch nur noch einen Blick auf den parallelen Ansatz werfen, in dem der 72-er Stimmanteil der CDU die Zielvariable ist.
Das Ergebnis dieser Regressionsanalyse ergibt einen Determinationskoeffizient von R^2 = 82.5%, also ein Resultat der gleichen Größenordnung. Insgesamt ist also die Erklärungskraft der drei unabhängigen Merkmale in etwa konstant geblieben. Nun zu den einzelnen Regressionskoeffizienten:

CDU72Z	unstandard.	standard. (Beta)
	9.39	
ERWERBQ	o.46	o.15
LANDW	o.76	o.54
KATHANT	o.22	o.58

Vergleicht man diese Werte mit den entsprechenden für den Stimmanteil 1976, so stellt man fest, daß sich der Einfluß der Erwerbsquote 1976 nicht unwesentlich erhöht hat, während der Einfluß der anderen beiden im wesentlichen konstant geblieben ist. Dies entnimmt man zunächst den unstandardisierten Koeffizienten. In unserem Beispiel müssen auch die standardisierten Koeffizienten zu der gleichen Schlußfolgerung führen, weil einmal die Varianz der Zielvariablen kaum verändert ist und zum zweiten die unabhängigen Merkmale identisch sind. (Leider stammen die zugänglichen sozialstrukturellen Daten noch aus der Volkszählung von 197o, so daß für beide Wahlen mit den gleichen Sozialstrukturdaten gerechnet werden muß, also Verschiebungen, die in den letzten Jahren eingetreten sind, nicht berücksichtigt werden können.)
Was dieser Anstieg des Einflusses der Erwerbsquote nun inhaltlich zu bedeuten hat, ist nicht ohne weiteres zu entscheiden. Zu 'Erwerbstätigkeit' im Sinne der amtlichen Statistik zählt beispielsweise auch Heimarbeit, so daß man eine hohe Erwerbsquote in einem Wahlkreis nicht umstandslos mit ökonomischer

Prosperität gleichsetzen kann. Eine hohe Erwerbsquote kann auch mit einem hohen Ausländeranteil zusammenhängen. Die positive Korrelation von Erwerbsquote und CDU-Stimmanteil darf aber auch nicht so verstanden werden, daß gerade die Ausländer verstärkt CDU wählen (da diese kein Wahlrecht haben, können wir sogar sicher sein, daß dem nicht so ist), um wieder einmal auf das Problem des 'ökologischen Fehlschlusses' aufmerksam zu machen. Das Beispiel zeigt also deutlich, daß auch komplexe Analyseverfahren den Anwender nicht vom Nachdenken befreien, sondern im Gegenteil ihn nachdrücklich dazu anregen.

Zusammenfassung:

1. Sind für n Untersuchungseinheiten die Werte für eine Zielvariable und m-1 unabhängige Variable gegeben, so lautet der allgemeine Regressionsansatz:

$$Y_{n,1} = X_{n,m} b_{m,1}$$

Der Vektor der Regressionskoeffizienten b hat dann die Lösung:

$$b_{m,1} = (X'X)^{-1} X'Y$$

2. Der Vektor der Predictorwerte wird gegeben durch $\hat{Y} = X(X'X)^{-1}X'Y$, der der Residuen durch $Y_X^R = Y - \hat{Y}$. Wie im zweidimensionalen Fall läßt sich Quadratsumme (resp. Varianz) der Zielvariable additiv zerlegen in die Quadratsumme der Residuen und die Quadratsumme der Predictoren:

$$Y'Y = (Y'Y - b'X'Y) + b'X'Y$$

3. Der Determinationskoeffizient ist wie im zweidimensionalen Fall definiert als Quotient der Varianzen von Predictor- und Zielvariabler:

$$R^2 = \frac{b'X'Y - n\bar{Y}^2}{Y'Y - n\bar{Y}^2}$$

4. Analog zum dreidimensionalen Fall sind zu den unstandardisierten Koeffizienten die sogenannten Beta-Koeffizienten definiert. Diese Beta-Koeffizienten dienen hauptsächlich dem Vergleich zwischen den einzelnen unabhängigen Variablen. Abweichend zum dreidimensionalen Fall sind sie jedoch im allgemeinen nicht mehr proportional dem Zuwachs im Determinationskoeffizienten, vgl. auch "part correlation coefficient" (NIE et.al., 1975, p.333).

5. Bei sehr kleinen Fallzahlen ist bei der Interpretation der Koeffizienten besondere Vorsicht geboten, da der Determinationskoeffizienten aus rein formalen Gründen gegen Eins strebt, wenn sich die Zahl der unabhängigen Merkmale der Zahl der Untersuchungseinheiten annähert.

2.3.3. Nicht-lineare Ansätze und Einbeziehung von Interaktionswirkungen

Wir hatten zu Beginn unserer Überlegungen darauf hingewiesen, daß wir zunächst das lineare Modell betrachten, daß aber andererseits keine Notwendigkeit besteht, bei der Suche nach einem zugleich einfachen wie auch möglichst gut dem empirischen Befund angepaßten Modell sich hierauf zu beschränken. Alle Überlegungen zur Güte eines Modells gelten immer nur relativ zu einem vorgewählten Modelltyp; wir haben uns bislang auf den linearen Modelltyp beschränkt. Ist es nicht möglich, mit einem gegebenen Set von unabhängigen Merkmalen eine gute Anpassung zu erzielen, sprich einen nennenswerten Determinationskoeffizienten zu erhalten, wo immer man dabei die numerische Grenze ziehen mag, dann besagt das zunächst nur, daß ein linearer Zusammenhang nicht oder nicht im erwarteten Maße besteht, nicht aber, daß überhaupt kein Zusammenhang besteht. Im zweidimensionalen Fall kann man diesen Sachverhalt durch prototypische Streudiagramme veranschaulichen (vgl. etwa BENNINGHAUS, 1976, S.19o), und auch wir haben bei der Diskussion des zweidimensionalen Falles in Abschnitt 2.1. auf die Bedeutung der visuellen Inspektion des Streudiagramms hingewiesen.
Im allgemeinen Fall ist dieser Weg nicht direkt beschreitbar, da der empirische Befund einen m-dimensionalen Raum erfordert, der unserem Vorstellungsvermögen nicht mehr zugänglich ist. Einen Ausweg bietet die Betrachtung des Streudiagramms von Predictorwerten und dazugehörigen Residuen. Wie man sich am zweidimensionalen Spezialfall gut vor Augen führen kann, ist nämlich diesem Streudiagramm, das sich unabhängig von der Zahl der unabhängigen Merkmale erstellen läßt, zu entnehmen, ob der empirische Befund überhaupt adäquat mit einem linearen Modell

beschrieben werden kann. Wenn diese Prüfung negativ ausfällt, ist nach anderen Modelltypen Ausschau zu halten, die - wie wir im Verlauf der weiteren Diskussion sehen werden - jedoch oft durch eine vorangestellte Variablentransformation auf ein wiederum lineares Modell zurückgeführt werden können.
Warum nun hilft das Streudiagramm von Predictorwerten und Residuen weiter, wenn es darum geht, über die Angemessenheit eines linearen Modells zu entscheiden? Wir haben gesehen, daß es stets möglich ist - von extremen Fällen der Multikollinearität einmal abgesehen - eine Regressionsgerade oder eine Regressionsebene zu finden, also auch dann, wenn die Punkteschar eher einen U-förmigen oder J-förmigen Verlauf nimmt. Nehmen wir einen solchen kurvilinearen Verlauf an, dann liegen für bestimmte Teile der Regressionsgeraden stets - fast - alle Punkte über der Geraden, für andere fast alle darunter. Anders formuliert für bestimmte Bereiche der Predictorwerte (das sind genau die Punkte auf der Geraden) sind die Residuen alle positiv, für andere alle negativ. Insgesamt ist die Summe aller Residuen (Abweichungen von der Geraden) natürlich auch bei einer kurvilinearen Gestalt des Punkteschwarms Null, nur treten positive und negative Abweichungen jeweils gehäuft für bestimmte Predictorwerte auf. Geht hingegen die Regressionsgerade wirklich mitten durch die Punkteschar, so wechseln sich positive und negative Abweichungen im Verlauf der Geraden (Fortschreiten der Predictorwerte) ab. Statistisch formuliert besteht also kein Zusammenhang zwischen Predictoren und Residuen, d.h. das Streudiagramm dieser beiden (abgeleiteten) Merkmale zeigt keine Regelmäßigkeit.
Die Abbildung 2.5 zeigt ein solches Streudiagramm für unser inhaltliches Anwendungsbeispiel, also die Zielvariable CDU76ZP und deren Regression auf die drei unabhängigen Merkmale Erwerbsquote, Katholikenanteil und Landwirtschaftsanteil. Wie in diesem Fall nicht anders zu erwarten, zeigt das Streudiagramm einen sehr diffusen Punkteschwarm.
Halten wir den allgemeinen Sachverhalt fest: Zeigt das Streudiagramm von Predictorwerten und Residuen eine erkennbare Struk-

tur, so ist dies ein Indiz dafür, daß ein lineares Modell die Struktur des empirischen Ausgangsbefundes nur unzureichend erfaßt. In diesem Fall ist nach komplexeren Modelltypen zu suchen bzw. sind die benutzten unabhängigen Variablen vorher einer Transformation zu unterziehen.
Derartige Predictor/Residuen Streudiagramme werden zum Beispiel vom Programmpaket SPSS auf Anforderung gleich mitgeliefert ('Statistics 6'), so daß ihre Inspektion keinen großen Arbeitsaufwand mit sich bringt. Aus programmtechnischen Gründen werden Predictor und Residuen jeweils standardisiert dargestellt - so jedenfalls bei SPSS.

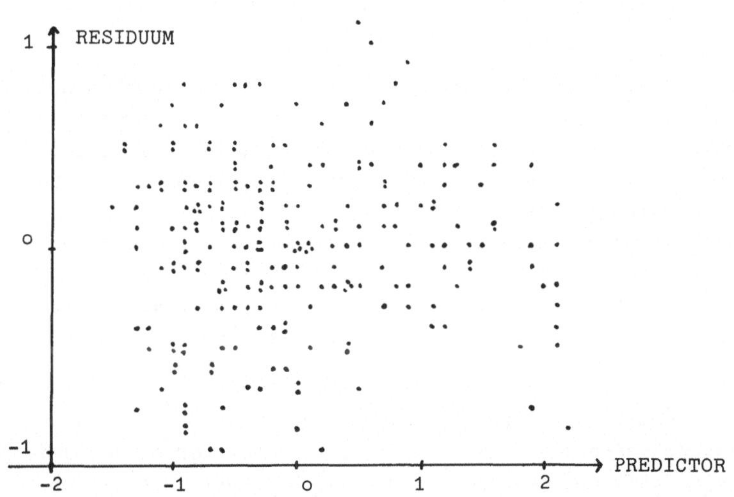

Abb. 2.5. Streudiagramm von Predictoren und Residuen bei Zielvariabler CDU76ZP und drei unabhängigen Merkmalen

Was tut man also, wenn sich ein lineares Modell als nicht adäquat erwiesen hat? In Anbetracht der ohnehin geringen Auswahl an metrischen Daten bei sozialwissenschaftlichen Untersuchungen, erscheint das Problem für die Praxis vielleicht nicht sonderlich relevant. Aber sobald man Merkmale aus dem ökonomischen Bereich mit einbezieht, treten derartige Datenkonstellationen

recht häufig auf, so daß diese Frage dann auch für die Forschungspraxis relevant wird. Betrachtet man etwa die Merkmale Nettoeinkommen und Mietausgaben, so ist klar, daß ein solcher Zusammenhang gewöhnlich nicht linear sein wird.
Wie die Struktur eines solchen Punkteschwarms beschaffen ist, hängt natürlich stark von der untersuchten Population ab; wenn ich etwa nur Ärzte betrachtete, ergibt sich vielleicht überhaupt keine Struktur, wenn ich dagegen eine repräsentative Stichprobe für die Gesamtbevölkerung untersuche, könnte sich der empirische Befund der Struktur nach als eine zunächst linear anwachsende und dann immer flacher werdende Kurve darstellen. Mathematisch könnte man diese Struktur etwa so darstellen:

$$Y = b_o + b_1(\log X)$$

Würden wir durch eine derartig strukturierte Punktewolke nun eine Gerade legen, so würden wir den Einfluß der unabhängigen Variablen (Nettoeinkommen) auf die abhängige Variable (Mietausgabe) unterschätzen, wenn wir diesen Einfluß durch den über einen linearen Ansatz (Regressionsgerade) ermittelten Determinationskoeffizienten bestimmen. Wir können diesen Modelltyp jedoch sofort dem allgemeinen linearen Ansatz unterordnen, wenn wir statt mit der ursprünglichen Variablen X mit einer transformierten Variablen Z = log X und dem Ansatz

$$Y = b_o + b_1 Z$$

rechnen. Die Annahme einer linearen Beziehung ist also nicht sehr einschränkend, da wir anderenfalls durch vorher durchgeführte Transformationen der ursprünglichen Variablen wieder zu einem linearen Ansatz kommen können, der in gewohnter Weise - und mit dem gleichen Computerprogramm - gelöst werden kann.

So einfach liegen die Dinge allerdings nur solange, wie wir die Regressionsrechnung als deskriptives Analysemodell verstehen. Da wir hier keinerlei Annahmen über die Verteilung der betrachteten Merkmale machen, brauchen wir uns auch nicht darum zu sorgen, ob die zur Rückführung auf ein lineares Modell notwendigen Transformationen nicht vielleicht die Verteilungsannahmen in Frage stellen. Wenn man also die in Abschnitt 4 diskutierten Inferenzschlüsse benutzen will und ein im Grunde nicht-linearer empirischer Befund vorliegt, so sind außerordentlich diffizile Zusatzbetrachtungen notwendig, denen wir im Rahmen dieses Skript nicht nachgehen wollen. Interessierte Leser seien auf die ausführliche Darstellung bei DRAPER/SMITH (1966) verwiesen. Aber es sei nochmals betont, daß diese Komplikationen erst dann eintreten, wenn die bisher noch nicht diskutierten Inferenzschlüsse benutzt werden sollen.

Mit dem eben behandelten Problem verwandt ist das folgende, daß nämlich zwar schon eine lineare Beziehung zwischen den unabhängigen Merkmalen und der Zielvariablen besteht, daß aber neben den einzelnen - jeweils genau einem Merkmal zuschreibbaren - Einflüssen, weitere Einflüsse existieren, die durch das Zusammenwirken von zwei oder mehr unabhängigen Merkmalen entstehen. Derartige Einflüsse, die an mehrere unabhängige Variable gebunden sind, nennen wir auch Interaktionswirkungen.

Wir wollen das Konzept der Interaktion zunächst an einem Beispiel aus dem Alltag qualitativ erläutern, wobei wir also Operationalisierungs- und Meßprobleme ebenso beiseitelassen wie möglicherweise abweichende wissenschaftliche Befunde zu diesem Thema. Mit wachsendem Alkoholkonsum steigt gewöhnlich die Fahruntüchtigkeit, die ebenso mit wachsendem Schmerzmittelkonsum steigt. Wir können also einen positiven Einfluß von sowohl Alkohol- wie Schmerzmittelkonsum auf die Zielvariable Fahruntüchtigkeit feststellen. Darüber hinaus - also über die einzelnen Einflüsse hinaus - wird die Fahruntüchtigkeit jedoch dann besonders groß, wenn zugleich Alkohol und Tabletten konsumiert werden. Nehmen wir an, es gäbe eine Skala für Fahruntüchtigkeit, die von Eins bis Zehn reicht, und eine bestimmte Menge Alkohol - sagen wir zwei Glas Bier - führen nach der Regressionsgleichung zum Punktwert 2. Ebenso mag eine bestimmte Tablettenmenge zum Punktwert 3 führen. Dann liegt eine Interaktionswirkung vor, wenn der gleichzeitige Genuß der zwei Glas Bier und der fraglichen Tablettenmenge zu einem Punktewert von

sagen wir 8 führt, sich also die Punktewerte nicht einfach addieren.
Das Konzept der Interaktionswirkung ist theoretisch außerordentlich bedeutsam, da in der Realität selten 'reine' Wirkungen anzutreffen sind, sondern soziale Vorgänge in der Regel kontextabhängig sind. So ist zum Beispiel sicher richtig, daß Frauen in unserer Gesellschaft - trotz grundgesetzlich verbürgter Gleichheit - noch immer in vielen Belangen benachteiligt sind. Andererseits sind zumindest spezifische Formen von Benachteiligung gebunden an die Existenz weiterer Bedingungen, wie etwa niedriger sozialer Status, niedrige formale Ausbildung usw.; derart komplexe Zusammenhangsmuster erfordern - will man sie auch empirisch aufweisen - dann auch differenziertere Konzepte für die Datenanalyse. Das statistische Konzept der Interaktionswirkung ist deshalb gerade für gehobenere Ansprüche an eine theorieadäquate Empirie von großer Bedeutung.

Dieses Konzept spielt insbesondere dann eine besondere Rolle, wenn die unabhängigen Merkmale nicht-metrisch sind - wie in der Varianzanalyse oder den modifizierten Regressionsansätzen für nicht-metrische Daten, die wir später behandeln - , während es im metrischen Fall schwer ist, die gewonnenen Koeffizienten relativ zu dem oben entwickelten qualitativen Konzept substantiell zu interpretieren.
Auf welche Weise versucht man nun formal im Regressionsansatz derartige Interaktionswirkungen mitzuerfassen? Einfach dadurch, daß man weitere - abgeleitete - unabhängige Merkmale mit in den Regressionsansatz einbezieht, und zwar bildet man jeweils die Produkte der ursprünglichen unabhängigen Variablen. Sind also X_1 und X_2 zwei unabhängige Merkmale, von denen man vermutet, daß von ihnen eine Interaktionswirkung ausgeht, so bildet man eine neue Variable Z, indem man für alle Untersuchungseinheiten die empirischen Werte von X_1 und X_2 multipliziert. Diese Variable Z wird dann in den Regressionsansatz mit aufgenommen, formal auf ganz genau die gleiche Weise wie irgendeine andere weitere unabhängige Variable. Ganz analog kann man

auch Interaktionswirkungen 'höherer Ordnung' erfassen, indem man aus drei oder noch mehr unabhängigen Variablen das Produkt bildet.
Verdeutlichen wir diese Vorgehensweise wieder an unserem Anwendungsbeispiel. Wir hatten schon darauf hingewiesen, daß die zur Verfügung stehenden manifesten Variablen nur relativ schlechte Indikatoren der 'theoretisch gemeinten' Konstrukte sind; daß wir also den Katholikenanteil deswegen betrachten, weil wir an 'Bindung an die katholische Kirche' interessiert sind. Gleichermaßen können wir im Anteil der in der Landwirtschaft Beschäftigten in erster Linie einen Indikator für ländliches und damit vielleicht konservativeres Milieu sehen. Es ist also inhaltlich nicht unplausibel zu vermuten, daß von diesen beiden Merkmalen eine zusätzliche Interaktionswirkung ausgeht, etwa derart, daß für Wahlkreise mit sowohl hohem Katholiken- wie Landwirtschaftsanteil ein über die Summe der Einzelwirkungen hinausgehender Effekt zugunsten des Stimmanteils für die CDU zu beachten ist.
Aufgrund einer solchen theoretisch geleiteten Vorbetrachtung konstruieren wir zunächst ein neues Merkmal LAKA, das für jeden Wahlkreis als Wert das Produkt der empirischen Werte von LANDW und KATHANT hat. Sodann wird LAKA - ungeachtet seiner speziellen Entstehung - ganz normal in den Regressionsansatz mit aufgenommen. In Matrizennotation bedeutet dies, daß die bisherige Matrix X um eine Spalte erweitert wird, die die Werte für LAKA enthält, und analog wird der Vektor der Regressionskoeffizienten eine Zeile - den Koeffizienten zur neuen Variable LAKA - erweitert. Die Lösung erfolgt wie üblich.
Gehen wir aber noch einmal zur herkömmlichen Notation zurück, um zu untersuchen, ob dieses formale Vorgehen tatsächlich dem zunächst qualitativ beschriebenen Konzept angemessen ist. In herkömmlicher Notation hat der Regressionsansatz jetzt folgende Gestalt:

$$Y = b_o + b_1X_1 + b_2X_2 + b_3X_3 + b_4X_2X_3 \quad \text{bzw.}$$

$$Y = b_o + b_1\text{ERWERBQ} + b_2\text{LANDW} + b_3\text{KATHANT} + b_4\text{LAKA} \qquad (2.15)$$

wobei LAKA = LANDW x KATHANT ist.

Wie kann man nun den Koeffizienten b_4, der ja die Interaktionswirkung von LANDW und KATHANT messen soll, inhaltlich in bezug auf das entwickelte Konzept von Interaktion verstehen? Wir hatten in Abschnitt 2.2.2. gesagt, wie man herkömmlich die Koeffizienten in einem Regressionsansatz interpretiert. Man sagt nämlich, daß der - unstandardisierte - Koeffizient angibt, um welchen Betrag sich die Zielvariable verändert, wenn man nur die fragliche unabhängige Variable um eine Einheit verändert und alles andere konstant hält. Wir hatten auch gesehen, daß diese Interoretation problematisch ist, aber als grober Anhaltspunkt kann sie schon dienen.
Stelle ich mir also vor, daß sich nur die Ausprägung von LANDW um 1 erhöht, dann verändert sich der Predictorwert für die Zielvariable um $b_2 + b_4$KATHANT ! Das sieht man sofort, wenn man in (2.15) zwei Wertetupel einsetzt, die bis auf den Wert für LANDW identisch sind und sich bei LANDW um genau 1 unterscheiden, und sodann die Differenz der beiden so entstandenen Gleichungen bildet. Ist nun b_4 - also der Koeffizient, der die Interaktionswirkung messen soll - nicht gleich Null, so hängt die Veränderung der Zielvariablen von dem spezifischen Wert für KATHANT ab. Der Gesamteinfluß des Landwirtschaftsanteils hängt also jeweils von der Größe des Katholikenanteils ab; er ist zerlegt in einen unabhängigen Anteil, durch den gewöhnlichen Regressionskoeffizienten ausgedrückt, und einen vom Katholikenanteil abhängigen Rest. Diese Betrachtung läßt sich natürlich auch durchführen, wenn man die Rollen von LANDW und KATHANT vertauscht.
Formal kann man eine etwas einprägsamere Interpretation dieses Koeffizienten gewinnen, wenn man die Veränderung in der Zielvariable betrachtet, wenn sich LANDW und KATHANT beide jeweils vom Wert Null auf den Wert Eins verändern. Dann beträgt die Veränderung für die Zielvariable nämlich $b_2+b_3+b_4$, also mißt b_4 gerade den Überschuß über die Summe der 'normalen' Einflüsse. Diese Interpretation ist jedoch deswegen nur eine formale, weil gewöhnlich der Wert Null nicht im empirisch abgedeckten Bereich liegt, also die Berechnung derartiger Predic-

toren nichts mit real existierenden Datenkonstellationen zu tun hat und zu sinnlosen Predictorwerten führen kann. Setzen wir nämlich in der Regression von CDU76ZP auf die drei unabhängigen Merkmale für alle drei unabhängigen Merkmale den Wert Null ein, so erhalten wir einen Stimmanteil für die CDU von -2.33 (vgl. Abschnitt 2.3.2.), was nicht nur formal unmöglich ist, sondern auch wenn er +2.33 gelautet hätte, substantiell bedeutungsleer wäre.

Immerhin zeigt unsere Betrachtung, daß die formale Erfassung von Interaktionswirkungen doch ungefähr dem qualitativ entwickelten Konzept entspricht, auch wenn eine griffige inhaltliche Interpretation des entsprechenden Koeffizienten im metrischen Standardfall nur schwer möglich ist.

Werfen wir zum Abschluß einen Blick auf die konkrete Analyse auf Interaktionswirkung in unserem Anwendungsbeispiel:

CDU76ZP	unstandard.	standard.	
	4.25		
ERWERBQ	o.65	o.21	
LANDW	o.76	o.54	
KATHANT	o.24	o.62	
LAKA	-o.ooo7	-o.o4	R^2 = o.827

Es zeigt sich, daß der Zuwachs an Determination minimal ist, ein relevanter Interaktionseffekt nicht auszumachen ist. Auch dieses Ergebnis ist in Anbetracht der Tatsache, daß der Determinationskoeffizient vorher sehr hoch war, nicht überraschend. Uns ging es jedoch an dieser Stelle im wesentlichen darum, das Konzept der Interaktion einzuführen, weil es bei den nichtmetrischen Ansätzen eine sehr wichtige Rolle spielt.

Zusammenfassung:

1. Der allgemeine Regressionsansatz unterstellt eine lineare Beziehung zwischen den Merkmalen. Ob diese Unterstellung angemessen ist, kann durch Inspektion des Streudiagramms von Predictoren mit Residuen überprüft werden.
2. Zeigt dieses Streudiagramm eine erkennbare Struktur, d.h. besteht eine Beziehung zwischen Predictoren und Residuen, so

sind nicht-lineare Regressionsmodelle in Betracht zu ziehen.
3. Nicht-lineare Ansätze können durch geeignete Transformationen der Variablen auf einen linearen Ansatz zurückgeführt und damit formal in gleicher Weise gelöst werden.
4. Mit dem Konzept der statistischen Interaktion erfaßt man Konstellationen, in denen der Einfluß einer unabhängigen Variable abhängt von der spezifischen Größe einer oder mehrerer weiterer unabhängiger Variabler.
5. Formal erfaßt man Interaktionen, indem man zusätzliche Variable in den Regressionsansatz mit aufnimmt, die als elementweise Produkte der interagierenden Variablen definiert werden.

2.3.4. Herleitung einiger grundlegender Beziehungen im allgemeinen Regressionsansatz

Wir haben bei unseren bisherigen Erörterungen darauf verzichtet, die Beziehungen, die zwischen den unterschiedlichen Koeffizienten bestehen, im einzelnen herzuleiten, sondern haben das Schwergewicht darauf gelegt, die Bedeutung dieser Beziehungen für die praktische Analysearbeit zu untersuchen. Für gleichermaßen an der formalen Seite des Analysemodells Interessierte sollen in diesem Abschnitt die bislang nur behaupteten Beziehungen exakt hergeleitet werden. Diese Herleitungen sind mathematisch nicht sonderlich anspruchsvoll, sie machen allerdings intensiven Gebrauch von der Matrizennotation und den damit verbundenen elementaren Rechenregeln. Für die Zwecke dieses Abschnitts müssen diese Regeln noch etwas erweitert werden.
Partitionierte Matrizen. Viele Überlegungen können weitaus übersichtlicher dargestellt werden, wenn man die zu betrachtenden Matrizen noch einmal in Untermatrizen aufteilt, also nicht die einzelnen Zahlen des Schemas betrachtet, sondern immer schon ganze Blöcke solcher Zahlen. Solchermaßen aufgeteilte Matrizen nennt man partitionierte Matrizen. Zwei partitionierte Matrizen kann man multiplizieren, indem man die Untermatrizen wie gewöhnliche Elemente der Matrix behandelt.

Dies setzt allerdings voraus, daß die Aufteilung der beiden Matrizen jeweils so erfolgt ist, daß die Produkte der Untermatrizen auch gebildet werden können. In Formeln:

$$A = \left[\begin{array}{c|c} A_{11} & A_{12} \\ \hline A_{21} & A_{22} \end{array}\right] \qquad B = \left[\begin{array}{c|c} B_{11} & B_{12} \\ \hline B_{21} & B_{22} \end{array}\right] \text{, dann gilt}$$

$$AB = \left[\begin{array}{c|c} A_{11}B_{11} + A_{12}B_{21} & A_{11}B_{12} + A_{12}B_{22} \\ \hline A_{21}B_{11} + A_{22}B_{21} & A_{21}B_{12} + A_{22}B_{22} \end{array}\right] \tag{2.16}$$

Dabei muß die Spaltenzahl von A gleich der Zeilenzahl von B sein, damit das Produkt AB überhaupt gebildet werden kann, und das gleiche muß für A_{11} und B_{11} gelten.

Eine ähnliche Rechenregel gilt für das Bilden der inversen Matrix.

$$M = \left[\begin{array}{c|c} A & B \\ \hline C & D \end{array}\right]$$ und existieren weiter A^{-1} und $(D-CA^{-1}B)^{-1}$,

dann hat die zu M inverse Matrix folgende Gestalt:

$$M^{-1} = \left[\begin{array}{c|c} A^{-1} + \hat{B}\hat{D}\hat{C} & -\hat{B}\hat{D} \\ \hline -\hat{D}\hat{C} & \hat{D} \end{array}\right] \quad \text{mit} \quad \begin{array}{l} \hat{D} = (D-CA^{-1}B)^{-1} \\ \hat{B} = A^{-1}B \\ \hat{C} = CA^{-1} \end{array} \tag{2.17}$$

Obwohl dies zunächst sehr kompliziert aussieht, kann man sich leicht von der Richtigkeit dieser Formel überzeugen, indem man das Produkt - mit Hilfe der eben definierten Regel für die Produktbildung bei partitionierten Matrizen - der beiden angegebenen Matrizen bildet. Dieses Produkt muß dann gerade folgende partitionierte Matrix ergeben:

$$\left[\begin{array}{c|c} E & O \\ \hline O & E \end{array}\right] \qquad \begin{array}{l} E = \text{Einheitsmatrix} \\ O = \text{Nullmatrix} \end{array}$$

Weiter sei noch darauf hingewiesen, daß die Untermatrizen gewöhnliche Zahlen sind, wenn M eine 2×2-Matrix ist, wie sie zum Beispiel bei zweidimensionaler Regression auftritt. Die angegebene Regel liefert dann die inverse Matrix mit gewöhnlichen Zahlenwerten.

Die Zerlegung eines Regressionsansatzes. Wir werden partitionierte Matrizen hauptsächlich im Zusammenhang mit der Zerlegung eines Regressionsansatzes betrachten, d.h. wenn wir den Set der unabhängigen Merkmale in zwei Gruppen zerlegen. Etwa in die Gruppe der 'ursprünglich' betrachteten unabhängigen Variablen und die Gruppe der 'zusätzlich' einbezogenen Merkmale. Wir zerlegen dann die Matrix $X_{n,m}$ in die Matrizen $(X_a)_{n,l}$ und $(X_z)_{n,m-l}$. Die Matrix X_a entspricht damit einem Regressionsansatz, in dem nur die ursprünglichen Variablen betrachtet werden, die Matrix X_z enthält die empirischen Werte für die zusätzlichen Merkmale (ohne Einserspalte!). Analog wird der Vektor der Regressionskoeffizienten $b_{m,1}$ zerlegt in b_a und b_z. Damit erhält der Regressionsansatz folgende Gestalt:

$$Y = Xb = \left[X_a \mid X_z \right] \begin{bmatrix} b_a \\ \hline b_z \end{bmatrix} = X_a b_a + X_z b_z$$

Damit die Formeln nicht allzu verwirrend werden, lassen wir die Subskripte, die Zeilen- bzw. Spaltenzahl angeben, fort. Es sei dem Leser jedoch angeraten, sich stets davon zu überzeugen, daß die auftretenden Produkte auch tatsächlich gebildet werden können.

Ein fundamentales Lemma. Wir werden als erstes ein Lemma - eine Hilfsaussage also, die selbst noch nicht anwendungsrelevant ist, aus der aber wichtige Folgerungen gezogen werden können - herleiten, das Aufschluß über die Beziehung von b_a und b_z gibt, also über die Beziehung zwischen den Regressionskoeffizienten der 'ursprünglichen' Merkmale und denen der 'zusätzlichen'. Es gelten folgende Beziehungen:

$$\text{(i)} \quad b_a = b_{Y.X_a} - Wb_z \tag{2.18}$$

$$\text{(ii)} \quad b_z = (U'U)^{-1}U'Y$$

$$\text{mit } W = (X_a' X_a)^{-1}X_a'X_z \text{ und } U = X_z - X_aW \tag{2.19}$$

Da diese Aussagen recht komplex sind, wollen wir vor der Herleitung eine erste Folgerung aus diesen Aussagen ziehen, an

der der Sinn dieser Aussagen plastischer hervortritt.
Ist X_z gleich der letzten Spalte von X, betrachten wir also nur eine der unabhängigen Variablen als zusätzliche - wie wir das auch schon in den vorangegangenen Abschnitten getan haben - so ist W ein Spaltenvektor, und zwar gerade der Spaltenvektor der Regressionskoeffizienten für die Regression der zusätzlichen Variable auf die übrigen unabhängigen. Das sieht man sofort, wenn man - wie nachdrücklich empfohlen - die allgemeine Lösung eines Regressionsansatzes (2.11) noch gut vor Augen hat. Damit ist U dann ebenfalls ein Spaltenvektor, und zwar gerade der Vektor der Residuen bei der Regression der zusätzlichen auf die übrigen unabhängigen. Damit ist b_z nach (ii) gerade der Steigungskoeffizient für die Regression der Zielvariable Y auf die eben beschriebenen Residuen. Genau dieses Resultat hatten wir benutzt, um zu einer konzeptionellen Interpretation der unstandardisierten Koeffizienten zu gelangen. Da $b_{Y.X_a}$ den Vektor der Regressionskoeffizienten für die Regression der Zielvariablen Y auf die 'ursprünglichen' unabhängigen Variablen allein bezeichnet, beschreibt (i) die Veränderung dieser Koeffizienten $(b_a - b_{Y.X_a})$ bei Einführung einer weiteren Variablen. Auch dieses Resultat haben wir anhand von Anwendungsbeispielen ausführlich diskutiert. Das sehr abstrakt formulierte Lemma läßt also in der Tat anwendungsrelevante Folgerungen zu. Doch nun zur Herleitung dieses Lemmas:

$$X'X = \left[\begin{array}{c} X_a' \\ \hline X_z' \end{array}\right] \left[X_a \mid X_z\right] = \left[\begin{array}{c|c} X_a'X_a & X_a'X_z \\ \hline X_z'X_a & X_z'X_z \end{array}\right]$$

$$(X'X)^{-1} = \left[\begin{array}{c|c} (X_a'X_a)^{-1} + (\widehat{X_a'X_z})(\widehat{X_z'X_z})(\widehat{X_z'X_a}) & -(\widehat{X_a'X_z})(\widehat{X_z'X_z}) \\ \hline -(\widehat{X_z'X_z})(\widehat{X_z'X_a}) & (\widehat{X_z'X_z}) \end{array}\right]$$

$$X'Y = \left[\begin{array}{c} X_a' \\ \hline X_z' \end{array}\right] . Y = \left[\begin{array}{c} X_a'Y \\ \hline X_z'Y \end{array}\right]$$

Daraus folgt wegen $b = (X'X)^{-1}X'Y$:

$$b_a = (X_a'X_a)^{-1}X_a'Y + (\widehat{X_a'X_z})(\widehat{X_z'X_z})\left[(\widehat{X_z'X_a})*X_a'Y - X_z'Y\right]$$

$$b_z = \widehat{(X_z'X_z)}\left(- \widehat{(X_z'X_a)}\; X_a'Y \; + \; X_z'Y \right)$$

Somit folgt:

$$b_a = (X_a'X_a)^{-1}X_a'Y - \widehat{(X_a'X_z)}b_z \; = \; b_{Y.X_a} - (X_a'X_a)^{-1}X_a'X_z\, b_z$$

Damit ist die Aussage (i) schon bewiesen. Formen wir den gefundenen Ausdruck für b_z noch weiter um:

$$b_z = \widehat{(X_z'X_z)}\left(X_z' - X_z'X_a(X_a'X_a)^{-1}X_a' \right) Y$$

$$= \widehat{(X_z'X_z)}\left(X_z - X_a(X_a'X_a)^{-1}X_a'X_z \right)'Y$$

Setzen wir nun $W = (X_a'X_a)^{-1}X_a'X_z$ und $U = X_z - X_aW$, so folgt:

$$b_z = \widehat{(X_z'X_z)}U'Y$$

Weiter ist $\widehat{(X_z'X_z)}^{-1} = X_z'X_z - X_z'X_a(X_a'X_a)^{-1}X_a'X_z = X_z'X_z - X_z'X_aW$

$$= (X_z' - W'X_a')(X_z - X_aW) = U'U \; ,$$

denn: $W'X_a'X_aW = W'X_a'X_a((X_a'X_a)^{-1}X_a'X_z) = W'X_a'X_z$.

Somit folgt die Aussage (ii) : $b_z = (U'U)^{-1}U'Y$

Damit ist das Lemma - und somit auch die angegebene Folgerung - nun auch formal exakt bewiesen.

<u>Der Einfluß von linearen Transformationen der Merkmale auf die Regressionslösung.</u> Wir haben in unseren vorangegangenen Erörterungen die standardisierten Koeffizienten konzeptionell dadurch charakterisiert, daß sie dann entstehen, wenn zuvor alle Merkmale standardisiert worden sind, also von den empirischen Werten jeweils das arithmetische Mittel abgezogen wurde und diese Differenz dann noch durch die Standardabweichung des Merkmals dividiert wurde. Dieser Standardisierungsprozeß der Merkmale ist eine spezielle 'lineare Transformation', wie der gebräuchliche Fachterminus lautet. Technisch - so hatten wir behauptet - erhält man die standardisierten Koeffizienten einfach dadurch, daß man die unstandardisierten Koeffizienten mit dem Quotienten der Standardabweichung von jeweiligem Merkmal

und Zielvariabler multipliziert. Die Richtigkeit dieser Behauptung wollen wir nun allgemein für lineare Transformationen, denen man die Merkmale unterwirft, formal exakt aufweisen. Derartige lineare Transformationen kann man stets als Multikation der Matrix X mit einer Transformationsmatrix A darstellen. Wir werden die Gestalt der Transformationsmatrix für den Spezialfall des Standardisierens der unabhängigen Merkmale gleich explizit angeben. Dabei bezeichnen wir die Standardabweichungen der einzelnen Merkmale mit $s_1, s_2, \ldots, s_{m-1}$ und die arithmetischen Mittel abweichend vom sonstigen Gebrauch mit $c_1, c_2, \ldots, c_{m-1}$.

Wir betrachten nun folgende Matrix S

$$S = \begin{bmatrix} 1 & -c_1/s_1 & -c_2/s_2 & \cdots\cdots & -c_{m-1}/s_{m-1} \\ & 1/s_1 & & & 0 \\ & & 1/s_2 & & \\ & & & \ddots & \\ & 0 & & & 1/s_{m-1} \end{bmatrix}$$

Betrachten wir dazu nun das Matrizenprodukt XS und darin ein beliebiges Element, sagen wir das Element, das in der i-ten Zeile und j-ten Spalte des Produkts XS steht. Dieses Element kommt nach der Definition der Multiplikation von Matrizen ja dadurch zustande, daß ich die i-te Zeile von X elementweise mit der j-ten Spalte von S multipliziere und die Produkte aufsummiere. Nun sind in jeder Spalte von S nur zwei Elemente ungleich Null, das in der ersten Zeile und in der j-ten Zeile. Also ist das gesuchte Element von XS gerade die Summe zweier Summanden. Der erste Summand ist erstes Element der i-ten Zeile von X multipliziert mit $-c_{j-1}/s_{j-1}$, der zweite j-tes Element der i-ten Zeile von X multipliziert mit $1/s_{j-1}$. Da in der ersten Spalte von X stets Einsen stehen, ergibt sich also der gesuchte Wert zu $(-c_{j-1} + x_{ij})/s_{j-1}$. Da x_{ij} der empirische Wert für die unabhängige Variable X_{j-1} bei der Untersuchungseinheit i ist, ist der entsprechende Wert in der Matrix XS gerade der standardisierte empirische Wert. Die Matrix XS enthält also tatsächlich die standardisierten unabhängigen Merkmale.

Nachdem wir gesehen haben, daß sich der Standardisierungsprozeß als Matrizenmultiplikation darstellen läßt, wollen wir nun untersuchen, welche Auswirkungen eine lineare Transformation auf die Lösung des Regressionsansatzes hat.

Sei $Y = Xb$ der ursprüngliche Ansatz und A eine Transformationsmatrix mit der Eigenschaft, daß A^{-1} existiert. Sei $X^t = XA$, die Matrix der transformierten Variablen und b^t die Lösung des Ansatzes $Y = X^t b^t$. Nach der allgemeinen Lösung (2.11) gilt:

$$b^t = (X^{t\prime}X^t)^{-1}(X^t)'Y = (A'X'XA)^{-1}A'X'Y = A^{-1}(X'X)^{-1}(A')^{-1}A'X'Y$$

Also:
$$b^t = A^{-1}b \tag{2.2o}$$

Somit erhalte ich die Lösung im 'transformierten' Ansatz, indem ich die ursprüngliche Lösung von links mit der Inversen der Transformationsmatrix multipliziere.

Weiterhin gilt $(b^t)'(X^t)'Y = b'(A')^{-1}A'X'Y = b'X'Y$, also bleibt der Determinationskoeffizient - wie man sofort anhand von (2.12) sieht - konstant bei einer linearen Transformation der unabhängigen Merkmale.

Multipliziere ich die Zielvariable Y mit einer festen Zahl, dann folgt analog zum eben gezeigten, daß auch der Vektor der Regressionskoeffizienten mit dieser Zahl zu multiplizieren ist. Formal etwas aufwendiger ist die Überlegung, was geschieht, wenn zu allen empirischen Werten der Zielvariablen eine Konstante c addiert wird. Hier hilft die Aussage (ii) des Lemmas (2.19) weiter für den Spezialfall, daß X_a gerade nur die erste Spalte der Matrix X ist, also gerade eine Spalte aus lauter Einsen ist. Dann kann ich diesen transformierten Ansatz schreiben als $(Y + cX_a) = Xb$, der dann folgende Lösung hat:

$$\begin{aligned} &(X'X)^{-1}X'(Y + cX_a) \\ = &(X'X)^{-1}X'Y + (X'X)^{-1}X'X_a c \end{aligned}$$

Der erste Summand ist gerade die Lösung des Ansatzes vor der Transformation von Y, der zweite Summand Lösung der Regression von cX_a auf X. Wenden wir auf diesen letzten Regressionsansatz das Lemma im Spezialfall X_a gleich Einserspalte an, so solgt nach (2.19)

$$d_z = (U'U)^{-1}U'(X_a c) \quad ,$$

wobei wir, um Verwechslungen vorzubeugen, die Lösung dieses Regressionsansatzes mit d bezeichnen. Definitionsgemäß ist $U = X_z - X_a W$, also $U' = X_z' - W'X_a'$; weiter ist $W' = (X_z'X_a)1/n$. Somit folgt:

$$U'(X_a c) = (X_z' - W'X_a')(X_a c) = X_z'X_a c - 1/n(X_z'X_a)X_a'X_a c = 0$$

da $X_a'X_a$ in diesem Spezialfall gerade n ist. Also ist $d_z = 0$, oder anders formuliert der zweite Summand in der Lösung für die Zielvariable $(Y+cX_a)$ ist für die Koeffizienten $b_1,\ldots,b_{m-1}$ Null. Damit sind sie also invariant unter der betrachteten Transformation.

Mit Hilfe dieser allgemein bewiesenen Beziehungen wollen wir nun die Veränderung des Lösungsvektors beim Prozeß des Standardisierens im Detail beschreiben. Die Standardisierung der Zielvariablen wirkt sich also so aus, daß der Vektor der Regressionskoeffizienten mit $1/s(Y)$ multipliziert werden muß. Dies ist genau der Faktor, mit dem alle empirischen Werte der Zielvariablen multipliziert werden, während die additive Komponente $-Y/s(Y)$ - wie allgemein gezeigt - keinen Einfluß auf die Koeffizienten hat, abgesehen vom konstanten Glied b_o.

Um den Einfluß des Standardisierens bei den unabhängigen explizit zu bestimmen, müssen wir zunächst die Inverse der Standardisierungsmatrix S - die wir schon angegeben haben - bestimmen. Hierbei ist wiederum eine Partitionierung der Matrix sehr hilfreich:

$$S = \left[\begin{array}{c|c} A & B \\ \hline O & D \end{array}\right] = \left[\begin{array}{c|cccc} 1 & -c_1/s_1 & \ldots\ldots & & -c_{m-1}/s_{m-1} \\ \hline & \ddots & & & \\ & & \ddots & & \\ o & & 1/s_i & & \\ & & & \ddots & \\ & & & & \ddots \end{array}\right]$$

Da eine der Untermatrizen die Nullmatrix ist, vereinfacht sich die Struktur der Inversen ganz beträchtlich. Nach (2.17) folgt dann:

$$S^{-1} = \left[\begin{array}{c|c} A^{-1} & -A^{-1}BD^{-1} \\ \hline O & D^{-1} \end{array}\right]$$

Weiterhin ist $A^{-1} = 1$ und D^{-1} erhält man sofort dadurch, daß man in der Diagonalen für alle Werte den Kehrwert einsetzt; diese einfache Inversenbildung bei Diagonalmatrizen kann man durch Nachrechnen leicht selbst bestätigen. Damit hat S^{-1} folgende explizite Gestalt:

$$S^{-1} = \begin{bmatrix} 1 & c_1 & \cdots\cdots & c_{m-1} \\ & s_1 & 0 & \\ & & \ddots & \\ & 0 & & s_{m-1} \end{bmatrix}$$

Nach unserer allgemeingültigen Überlegung (2.2o) ist der ursprüngliche Lösungsvektor mit dieser Matrix S^{-1} von links zu multiplizieren. Dies bedeutet - abgesehen vom absoluten Glied - gerade, daß jeder Koeffizient mit der Standardabweichung der zugehörigen unabhängigen Variablen zu multiplizieren ist. Nimmt man die Transformation der Zielvariablen hinzu, so ist der zur unabhängigen Variablen X_i gehörige unstandardisierte Regressionskoeffizient mit $s(X_i)/s(Y)$, also dem Quotienten der Standardabweichungen von unabhängiger und Zielvariabler zu multiplizieren, um die Lösung des 'transformierten' Ansatzes zu erhalten. Damit haben wir dieses vorher schon häufig benutzte Resultat ebenfalls formal exakt hergeleitet.

Die Veränderung des Determinationskoeffizienten. Dieses für die praktische Anwendung des Regressionsmodells wichtige Problem haben wir an Anwendungsbeispielen schon ausführlich diskutiert. Auch hier wollen wir nun die exakte Herleitung der benutzten Resultate nachliefern. In der Terminologie des fundamentalen Lemmas betrachten wir nun wieder den Spezialfall, daß X_z nur aus einer Spalte besteht. X_z kann also im folgenden als zusätzliches unabhängiges Merkmal interpretiert werden. Es gelten dann folgende Beziehungen:

$$\text{(iii)} \quad R^2_{Y.X} - R^2_{Y.X_a} = R^2_{YX_z^R} \qquad (2.21)$$

$$\text{(iv)} \quad R^2_{Y.X} - R^2_{Y.X_a} = \beta^2_z \,(1 - R^2_{X_z.X_a}) \qquad (2.22)$$

Formulieren wir diese Aussagen noch einmal verbal:
Der Zuwachs im Determinationskoeffizienten, wenn ich zusätzlich die Variable X_z in den Regressionsansatz mitaufnehme - oder äquivalent: Die Abnahme im Determinationskoeffizienten, wenn ich die Variable X_z aus dem Ansatz herausnehme, ist zum einen gleich dem Regressionskoeffizienten der zweidimensionalen Regression der Zielvariable Y auf das Residuum der zusätzlichen Variable X_z bei der Regression auf die restlichen unabhängigen Variablen, also wenn man so will der Regression von Y auf die 'bereinigte' Variable X_z; zum anderen wird diese Veränderung in der Determination gemessen durch das Quadrat des Beta-Koeffizienten der zusätzlichen Variable multipliziert mit dem Alienationskoeffizienten der Regression der zusätzlichen Variable auf die übrigen unabhängigen.
Diese Aussage impliziert <u>zwei</u> sofort einsichtige <u>Folgerungen.</u>
Ist nämlich X_z nicht mit den übrigen korreliert, dann ist die Veränderung in der Determination gleich dem Quadrat des Beta-Koeffizienten. Somit sind Beta-Koeffizienten dann gute Meßgrößen für den relativen Einfluß der einzelnen unabhängigen Variablen. Eine solche Situation kann in der Praxis durchaus eintreten, nämlich dann, wenn man als unabhängige Variablen Factorscores verwendet, die zuvor durch eine Faktorenanalyse ermittelt wurden.
Betrachtet man den Spezialfall zweidimensionaler Regression, so besteht X_a nur aus der Einserspalte. Damit ist $R^2_{Y.X_a} = o$, also ist der Zuwachs gleich dem gewöhnlichen Determinationskoeffizienten im zweidimensionalen Fall. Ferner ist X_z dann nicht mit anderen unabhängigen Variablen korreliert, so daß

sich zusammen mit der ersten Folgerung ergibt, daß das Quadrat des standardisierten Koeffizienten gleich dem Determinationskoeffizienten ist. Dieses wohlvertraute Resultat ist also auch in den allgemein formulierten Aussagen (iii) und (iv) enthalten.

Doch nun zum eigentlichen Beweis. Der Determinationskoeffizient kann eingedenk der Tatsache, daß die Quadratsumme der Predictoren als Matrizenprodukt gegeben wird durch b'X'Y, folgendermaßen geschrieben werden (vgl. 2.12):

$$R^2_{Y.X} = \frac{b'X'Y - n\bar{Y}^2}{Y'X - n\bar{Y}^2} \quad \text{sowie} \quad R^2_{Y.X_a} = \frac{b'_{Y.X_a} X'_a Y - nY^2}{Y'Y - n\bar{Y}^2}$$

Damit ist die zu untersuchende Differenz gegeben durch:

$$\text{Diff } R^2 = \frac{b'X'Y - b'_{Y.X_a} X'_a Y}{Y'Y - n\bar{Y}^2} \tag{2.23}$$

Wir betrachten zunächst den Zähler dieses Ausdrucks. Dafür zerlegen wir den ersten Summanden b'X'Y :

$$b'X'Y = \begin{bmatrix} b'_a & | & b_z \end{bmatrix} \begin{bmatrix} X'_a \\ \hline X_z \end{bmatrix} . \, Y = b'_a X'_a Y + b_z X'_z Y$$

Damit nimmt der Zähler folgendes Aussehen an:

$$b_z X'_z Y + b'_a X'_a Y - b'_{Y.X_a} X'_a Y = b_z X'_z Y + (b'_a - b'_{Y.X_a}) \, X'_a Y$$

Der Ausdruck in der Klammer kann nun aber nach (2.18) geschrieben werden als $-Wb_z$; deswegen

$$= (X'_z - W'X'_a) \, Yb_z = U'Yb_z \tag{2.24}$$

$$= (U'U)(U'U)^{-1}U'Yb_z = (U'U) \, b_z^2$$

Dabei verwenden wir die Terminologie des Lemmas und (2.19). Außerdem ist zu beachten, daß b_z für unseren Spezialfall eine gewöhnliche Zahl ist, also im Gegensatz zu Matrizen ihre Multiplikation an beliebiger Stelle erfolgen kann. In der ersten Folgerung zum Lemma hatten wir schon angegeben, daß U hier gerade das Residuum von X_z bei der Regression auf die übrigen ist, also in anderer Notation $U = X_z^R$. (U'U) ist also die Quadratsumme der Residuen, die, da der Mittelwert von Residuen Null ist, gerade das n-fache der Varianz ist. Somit erhalten wir aus (2.23) unter Benutzung von (2.2) und (2.4) folgende Gleichung:

$$\text{Diff } R^2 = b_z^2 \frac{n \text{ Var } (X_z^R)}{n \text{ Var } (Y)} = b_z^2 \cdot \frac{\text{Var } (X_z)}{\text{Var } (Y)} \cdot \frac{\text{Var } (X_z^R)}{\text{Var } (X_z)}$$

$$= \beta_z^2 \quad (1 - R^2_{X_z . X_a})$$

Damit ist die Aussage (iv) bewiesen. Um auch (iii) herzuleiten, gehen wir zunächst von der rechten Seite der behaupteten Gleichung aus, betrachten also die zweidimensionale Regression von Y auf X_z^R . Aufgrund des Lemmas wissen wir, daß b_z der Steigungskoeffizient der dazugehörigen Regressionsgeraden ist. Ferner wird das absolute Glied durch $\overline{Y}$ gegeben, da das arithmetische Mittel der Residuen Null ist, somit der zweite Summand gemäß (2.1) wegfällt. Damit gilt für die zugehörige Quadratsumme der Predictoren (siehe auch Abschnitt 2.3.1.):

$$SS(\hat{Y}_{X_z^R}) = \begin{bmatrix} \overline{Y} & b_z \end{bmatrix} \begin{bmatrix} \Sigma Y \\ \Sigma X_z^R Y \end{bmatrix}$$

$$= \overline{Y} \; (\Sigma Y) + b_z \Sigma X_z^R Y \qquad = n\overline{Y}^2 + b_z (X_z^R)'Y = n\overline{Y}^2 + U'Yb_z$$

Der zweite Summand ist nun aber nach (2.24) gleich dem Zähler der Differenz der Determinationskoeffizienten, also folgt:

$$\text{Diff } R^2 = \frac{U'Yb_z}{SS(Y) - n\overline{Y}^2} = \frac{SS(\hat{Y}_{X_z^R}) - n\overline{Y}^2}{SS(Y) \quad - n\overline{Y}^2} = R^2_{YX_z^R}$$

Damit ist auch die Aussage (iii) bewiesen. Und mit diesem Ergebnis wollen wir auch die Diskussion der Regression als deskriptives Analysemodell beenden und uns nun Fragen der statistischen Inferenz zuwenden.

3. Voraussetzungen und Aussagewert statistischer Inferenz

In unseren bisherigen Überlegungen haben wir die vorliegenden empirischen Werte als fest betrachtet. Wir haben zwar betrachtet, wie gut die benutzten manifesten Variablen die zugrundeliegenden theoretischen Konstrukte tatsächlich messen, aber wir haben die Möglichkeit nicht betrachtet, daß die empirischen Daten auch mit zufälligen Fehlern behaftet sein können. Im Gegensatz zu den erstgenannten systematischen Fehlern, die durch unzureichende Operationalisierung bedingt werden, entstehen zufällige Fehler im Verlauf des Prozesses der Datenerhebung. Während man das Vorliegen systematischer Fehler nur sehr begrenzt mit Hilfsmitteln der Statistik untersuchen kann - vergleiche hierzu die Diskussion des Problems der Validität (Gültigkeit) in jedem einführenden Lehrbuch zu Methoden empirischer Sozialforschung, etwa FRIEDRICHS (1973) -, ist die Untersuchung von zufälligen Fehlern die Hauptaufgabe der sogenannten schließenden oder Inferenzstatistik. Derartige Inferenzüberlegungen lassen also Aussagen darüber zu, inwieweit die gefundenen Ergebnisse - in unserem Falle also die verschiedenen Regressions- und Determinationskoeffizienten - von zufälligen Fehlern beeinflußt werden. Die Präzision solcher quantitativer Fehlerangaben ist allerdings zunächst nur formal, d.h. sie ist an ganz bestimmte Voraussetzungen hinsichtlich der eingehenden empirischen Daten gebunden. Es besteht damit in der Forschungspraxis stets das Problem abzuschätzen, ob diese Voraussetzungen gegeben sind bzw. ob man sie zumindest näherungsweise als gegeben ansehen kann. Von einem rigidformalistischen Standpunkt aus betrachtet, wird vermutlich in der überwiegenden Mehrzahl von praktischen Datenanalysen die Frage nach der Erfüllung der Voraussetzungen negativ zu beantworten sein, aber rigide Positionen erweisen sich meist als unfruchtbar, so daß das Schwergewicht dieses Kapitels darauf liegt, pragmatische Lösungen zu finden, die gleichwohl nicht darin bestehen, Schwierigkeiten in der Anwendung von Inferenzmethoden schlicht zu ignorieren.

Wir setzen bei dieser Diskussion voraus, daß der Leser mit den Grundbegriffen der schließenden Statistik vertraut ist oder sie mit Hilfe einführender Lehrbücher wieder auffrischt. Dazu sei insbesondere auf die Darstellungen von SAHNER (1971) in der vorliegenden Reihe sowie KRIZ (1973) verwiesen. Zur Vertiefung der hier nur kursorisch abgehandelten Diskussion ist der von MORRISON und HENKEL (197o) herausgegebene Sammelband zur sogenannten Signifikanztest-Kontroverse zu empfehlen.

3.1. Der klassische Fall: Zufallsstichproben

Ist es aus finanziellen, zeitlichen oder sonstigen Gründen nicht möglich, alle Elemente einer theoretisch klar abgegrenzten Grundgesamtheit (Population) zu untersuchen, und beschränkt man sich auf die Untersuchung (Datenerhebung) einer Teilmenge, so nennt man eine solche Teilmenge gewöhnlich eine Stichprobe. Selbstverständlich ist man im Grunde an Aussagen interessiert, die für die größere Grundgesamtheit Gültigkeit haben. Man versucht also, die Stichprobe so abzugrenzen, daß sie möglichst repräsentativ für die Grundgesamtheit, also im Idealfall ein verkleinertes Spiegelbild der Gesamtpopulation ist. Um sich diesem Ideal anzunähern und dabei gleichzeitig den unterschiedlichsten praktischen Beschränkungen genüge zu tun, sind eine Vielfalt von Auswahlverfahren entwickelt worden (vgl. dazu in der vorliegenden Reihe BÖLTKEN, 1976). Für die statistische Behandlung des Verallgemeinerungsproblems - von der Stichprobe auf die Grundgesamtheit - haben die sogenannten Zufallsstichproben besondere Bedeutung. Die einfachste Form einer solchen Zufallsstichprobe besteht darin, jedem Element der Grundgesamtheit die gleiche Chance zu geben, ausgewählt zu werden, und die tatsächliche Auswahl dem reinen Zufall zu überlassen (Prinzip der Ziehung von Lottozahlen und ähnlichem).

Nehmen wir also an, wir wollten das Ergebnis unserer ökologischen Wahlanalyse nun auf der Ebene des Individuums - also der der einzelnen Wahlberechtigten - überprüfen, so kommt eine Vollerhebung aus praktischen Gründen nicht in Betracht. Nehmen

wir weiter an, daß es uns gelungen ist, eine Zufallsstichprobe der Wahlberechtigten vom Umfang N=1ooo zu ziehen; dabei sei für die praktischen Probleme wiederum auf BÖLTKEN (1976) verwiesen. Die ökologische Analyse hatte einen starken Einfluß des Katholiken-Anteils auf den Stimmanteil der CDU ergeben. Es liegt somit nahe, auf der Ebene der einzelnen Wahlberechtigten zu überprüfen, ob tatsächlich Katholiken in überdurchschnittlichem Maße CDU wählen, oder etwas statistischer ausgedrückt, ob eine Korrelation zwischen Konfession und CDU-Präferenz besteht.
Wir wollen im Augenblick davon absehen, daß wir auf der Individualebene nun keine metrischen Daten mehr haben. Wie wir später noch sehen werden, ist der gewöhnliche Regressionsansatz im zweidimensionalen Fall und bei dichotomen Daten dennoch formal wie substantiell zu rechtfertigen.
Aus den erhobenen empirischen Daten können wir in gewohnter Weise den Korrelationskoeffizienten r - oder wie wir in Hinblick auf die Verallgemeinerung des Regressionsansatzes auch sagen, den Beta-Koeffizienten - bestimmen. Dieser Wert ist aber für uns nur von mittelbarem Interesse, eigentlich möchten wir eine Aussage über den analogen Koeffizienten für die Grundgesamtheit machen, den wir gängiger Notation entsprechend mit ρ (rho) bezeichnen. Stellen wir uns für den Augenblick vor, wir hätten die Daten für sämtliche Wahlberechtigte vorliegen, könnten also auch den Koeffizienten ρ (rho) berechnen. Es ist intuitiv einleuchtend, daß, wenn immer ich - zufällig - nur eine Stichprobe herausgreife, der sich dann ergebene Wert für die Korrelation nicht exakt genau der Wert der Grundgesamtheit ist, sondern sich kleinere (häufiger) oder größere (seltener) Abweichungen ergeben. Kleinere Abweichungen sind wahrscheinlicher, größere weniger wahrscheinlich. Mache ich bestimmte Annahmen, wie sich die betrachteten Merkmale in der Grundgesamtheit verteilen, so kann ich - mit Hilfe der Formalstatistik - für jede beliebige Abweichung angeben, mit welcher Wahrscheinlichkeit sie auftreten wird.
Also ist es unter bestimmten Annahmen möglich, für jeden denk-

baren Wert, den der Korrelationskoeffizient für die Grundgesamtheit annehmen kann, exakte Wahrscheinlichkeiten für die Größe der Korrelationskoeffizienten in zufälligen Stichproben, die aus dieser Grundgesamtheit gezogen werden, anzugeben. Die Herleitung dieser Wahrscheinlichkeiten geschieht rein formal in einem Wahrscheinlichkeitskalkül. Die Empirie kommt nur soweit ins Spiel, als der Anwender entscheiden muß, ob die formalen Voraussetzungen, auf denen die Herleitung der Wahrscheinlichkeiten basiert, bei den empirisch erhobenen Merkmalen erfüllt sind.
Der eigentliche Inferenzschluß besteht nun darin, eine Hypothese über den Koeffizienten der Grundgesamtheit zu formulieren, beispielsweise die, daß dieser Koeffizient Null ist, d.h. in der Grundgesamtheit - bei allen Wahlberechtigten - keine (lineare) Korrelation vorliegt. Dann kann ich mit Hilfe der formal herleitbaren Wahrscheinlichkeiten eine Aussage über die Wahrscheinlichkeit des aus den empirischen Daten bestimmten Koerrelationskoeffizienten machen. Diese Wahrscheinlichkeitsaussage mache ich dann zur Grundlage einer pragmatischen Entscheidungsregel. Ist die Wahrscheinlichkeit für den empirischen Koeffizienten r - immer unter der Annahme, daß $\rho = o$ ist - klein, so verwerfe ich meine Hypothese, nehme also an, daß auch in der Grundgesamtheit eine Korrelation besteht. Ist die Wahrscheinlichkeit für den Stichprobenkoeffizienten jedoch groß - anders formuliert bedeutet dies, daß er numerisch nicht sehr von Null verschieden ist -, so ist es plausibel anzunehmen, daß die Abweichung von Null - also der Befund einer Korrelation - ein Produkt des zufälligen Auswahlverfahrens ist. Wiederum obliegt es dem Anwender, die Grenze zwischen 'kleinen' und 'großen' Wahrscheinlichkeiten zu ziehen. Allerdings haben sich für diesen Grenzwert - das sogenannte Signifikanzniveau - bestimmte Konventionen eingebürgert, so daß man in den Sozialwissenschaften üblicherweise mit dem Wert o.o5 oder 5% arbeitet.

Viele Leser werden es gemerkt haben; was wir eben beschrieben haben, war die Logik des statistischen Testens. Es gibt weitere Formen statistischer Inferenz, aber die Grundproblematik bleibt die gleiche. Die skizzierte Vorgehensweise erscheint zunächst recht plausibel, so daß es verwundern mag, warum die Anwendung derartiger Überlegungen zu Kontroversen geführt hat; wobei wir immer noch unterstellen, daß es technisch möglich war, eine Zufallsstichprobe zu erhalten - also Antwortverweigerungsprobleme und ähnliches außer Acht lassen.

Ein Argument, das gegen die Verwendung solcher Inferenzschlüsse selbst bei Zufallsstichproben gerichtet ist, läßt sich folgendermaßen skizzieren. Die empirischen Werte stellen nur <u>eine</u> Stichprobe dar und in der Regel werden sozialwissenschaftliche Untersuchungen nicht repliziert oder erst zu einem Zeitpunkt, zu dem die Grundgesamtheit schon als verändert angesehen werden muß. Wahrscheinlichkeitsaussagen beziehen sich aber stets auf eine <u>oftmalige</u> - prinzipiell beliebig häufige - <u>Wiederholung</u> eines bestimmten Vorgangs; hier des Stichprobenziehens. Wahrscheinlichkeiten sind demzufolge empirisch als relative Häufigkeiten zu interpretieren. Wenn etwa die Wahrscheinlichkeit 6% beträgt, daß in der Stichprobe der Korrelationskoeffizient größer ist als o.o5, so bedeutet dies, daß wenn nicht nur eine, sondern vielleicht 1oo Stichproben vom Umfang N=1ooo gezogen und jeweils der Korrelationskoeffizient berechnet würde, davon gerade 6 einen Korrelationskoeffizienten besäßen, der vom Vorzeichen abgesehen größer wäre als o.o5 . Eine Wahrscheinlichkeitsaussage läßt sich - dieser Argumentation zufolge - nicht sinnvoll auf ein singuläres Ereignis, das Ziehen <u>einer</u> Stichprobe beziehen. Selbst wenn der Koeffizient der Grundgesamtheit ρ = o.3o betragen würde, könnte in einer einzelnen Stichprobe doch einmal ein Wert von o.o5 auftreten. Also eignen sich Inferenzschlüsse nur für Anwendungssituationen, in denen tatsächlich eine Vielzahl von Stichproben aus einer im wesentlichen konstanten Grundgesamtheit gezogen werden; wie dies etwa bei der Überwachung eines Produktprozesses der Fall sein mag, wo ein zu großer Anteil fehlerhafte Stücke dann zu einem Eingreifen - etwa Neujustierung der Maschine - führt. Auch dort kann der Fall eintreten, daß eine Stichprobe zuviele fehlerhafte Stücke enthält, obwohl die Justierung noch stimmt; oder allgemeiner: auch die unwahrscheinlichen Ereignisse treten dort gelegentlich ein. Nur kann man in so einem Falle, die Handlungsentscheidung dann auf mehrere Stichproben stützen, hat also eine breitere Entscheidungsbasis.

Was läßt sich nun gegen eine solche Argumentation ins Feld führen, außer daß man als Sozialwissenschaftler auch gerne 'exakte' Methoden verwenden möchte? Nun, selbst wenn man die sogenannte Häufigkeitsinterpretation der Wahrscheinlichkeit akzeptiert, macht es doch Sinn, seine Entscheidung im Einzelfall darauf zu begründen. Verdeutlichen wir das an einem eingängigerem Beispiel. Wenn nach der Wetterprognose die Wahrscheinlichkeit für Regen mit 5% angegeben wird, und dies strenggenommen nur bedeutet, daß unter vergleichbaren Konstellationen in fünf von Hundert Fällen Regen fallen wird, so macht es doch Sinn, an dem speziellen Tag die Regenausrüstung zu Hause zu lassen. Und wenn man Pech hat, tritt ein 'seltenes Ereignis' tatsächlich ein, und es regnet doch.
Genauso ist es im Falle der einzigen gezogenen Stichprobe sinnvoll, für die praktische Handlungskonsequenz davon auszugehen, daß nicht gerade ein 'seltenes Ereignis' eingetreten ist. Ist die Wahrscheinlichkeit für den Stichprobenkoeffizienten klein, so ist es vernünftig, die Hypothese über die Grundgesamtheit zurückzuweisen. Es ist nur wichtig, sich immer des logischen Status dieser Entscheidung bewußt zu sein; es ist keinesfalls 'bewiesen', daß die Hypothese falsch ist, es ist lediglich plausibler anzunehmen, daß sie falsch ist, als sie beizubehalten. Damit besteht natürlich immer die Gefahr, daß eine auf dieser Grundlage getroffene Entscheidung falsch ist; auf das Beispiel bezogen, man also fälschlicherweise davon ausgeht, daß in der Grundgesamtheit tatsächlich ein Zusammenhang zwischen den betrachteten Merkmalen besteht. Diesen Preis muß man dafür zahlen, daß man andererseits die Möglichkeit hat, bestimmte Stichprobenergebnisse als genauso gut dem Wirken von zufälligen Faktoren zuzurechnen als umstandslos einen korres-

pondierenden Zustand der Grundgesamtheit anzunehmen. Statistisch signifikante Resultate sind nicht in jedem Fall auch substantiell relevant, und Signifikanz ist beileibe kein Beweis für die Richtigkeit der Verallgemeinerung auf die größere Grundgesamtheit, aber derartige Signifikanztests erlauben in gewissem Umfang doch das Ausmaß zufälliger Fehler abzuschätzen.
Daraus folgt unter anderem, daß eine Datenanalyse nicht primär durch derartige Signifikanzüberlegungen gesteuert werden sollte,etwa derart, daß zunächst 'alles mit allem' korreliert wird (zweidimensional) und dann die Zusammenhänge mit der größten Signifikanz als die wesentlichen Ergebnisse dargestellt werden. Der realen Gefahr, mit Inferenzüberlegungen auch unzutreffende Ergebnisse zu produzieren, kann nur dadurch wirksam begegnet werden, daß die Datenanalyse stets von theoretischen Annahmen geleitet ist bzw. - insbesondere bei explorativen Studien - die gewonnenen Ergebnisse in einen theoretischen Gesamtrahmen gestellt, mit eventuell ähnlich gelagerten Ergebnissen verglichen werden.

3.2. Der Begriff des hypothetischen Universums

Sehr häufig können in den Sozialwissenschaften anfallende Datensätze nicht als Zufallsstichproben im oben beschriebenen Sinne angesehen werden. Selbst wenn vom Erhebungsplan her gesehen das Auswahlverfahren noch als Zufallsauswahl einzustufen ist, mag die tatsächlich realisierte Stichprobe alles andere als zufällig sein - bedingt durch systematisch verursachte Antwortverweigerungen. Aber selbst bezogen auf das Planungsstadium kommt der Zufallsauswahl in der Praxis eine sehr viel geringere Bedeutung zu, als die Verwendung statistischer Inferenzmethoden in den Forschungsbereichten es vermuten läßt. Wir wollen deshalb nun der Frage nachgehen, wie sich der Einsatz solcher Methoden auch dann noch rechtfertigen läßt, wenn die Daten keine Zufallsstichprobe im oben definierten Sinn darstellen; wie das ja auch in dem in Abschnitt 2 extensiv be-

handelten Anwendungsbeispiel der Fall ist.
Bei aller Skepsis, die gegenüber Inferenzschlüssen angezeigt ist, vertreten wir in diesem Skript die Auffassung, daß diese Überlegungen prinzipiell auch für Daten nutzbar gemacht werden können und sollen, die keinen Zufallsstichproben entstammen. Allerdings ist dabei genau zu prüfen, welche Annahmen hinsichtlich der Verteilung der betrachteten Merkmale in die jeweiligen Inferenzschlüsse eingehen. So ist es unserer Auffassung nach zum Beispiel nicht sinnvoll, die F-Tests (vgl. Abschnitt 4.2.) für das allgemeine Regressionsmodell auch in dem Fall anzuwenden, daß die Zielvariable ein nicht-metrisches Merkmal ist. F-Tests basieren auf der Annahme, daß die Zielvariable normalverteilt ist, und eine solche Annahme ist für etwa eine dichotome Zielvariable auch nicht näherungsweise erfüllt. Trotzdem kann auch in dieser Konstellation Regression als deskriptives Modell sinnvoll sein, wie wir noch eingehender diskutieren werden. Wenn also hier die Verwendung von Inferenzmethoden gerechtfertigt wird, dann soll damit nicht einer schematischen Anwendung das Wort geredet werden.
Die hier vertretene Position knüpft an die von GOLD (1969) vertretene Auffassung an, ohne in allen Details damit identisch zu sein. Worin besteht nun diese Rechtfertigung?
Wir argumentieren, daß jeder Datenerhebungsprozeß einer Reihe von zufälligen Fehlern ausgesetzt ist, neben möglicherweise weiteren systematischen Fehlern durch etwa beeinflussendes Interviewerverhalten, Antwortverweigerungen aus mit dem Thema der Untersuchung in Zusammenhang stehenden Gründen usw. Die Art dieser Fehlerquellen hängt natürlich von der spezifischen Erhebungsform ab; Beispiele solcher Fehlerquellen sind unter anderem versehentliche Falscheintragungen im Fragebogen, Kodier- und Ablochfehler, die nicht durch logische Konsistenzprüfungen entdeckt werden können. Wichtiger aber noch scheint es uns, die Zeitdimension explizit zu berücksichtigen. Wir wollen dies erläutern. Selbst wenn wir eine nicht-zufällige Stichprobe von 1ooo Personen betrachten und damit - zumindest was statistische Argumente anbelangt - Ergebnisse nicht auf

eine größere Grundgesamtheit verallgemeinern können, also Stichprobe gleich Grundgesamtheit setzen, was die einzelnen Untersuchungseinheiten angeht, so ist es sinnvoll, gleichwohl von einer größeren Grundgesamtheit ausgehen, die dadurch entsteht, daß ich die Zeit als zusätzliche Dimension einführe. Eine Erhebung erstreckt sich gewöhnlich über einen gewissen Zeitraum, und es erscheint möglich, daß ein bestimmter Interviewpartner zum Teil andere Antworten gegeben hätte, wenn das Interview zu einem anderen Zeitpunkt stattgefunden hätte, also die Kontextbedingungen (persönliche Stimmung, zeitliche Verfügbarkeit etc.), die ihrerseits auf die Interaktion mit dem Interviewer rückwirken, andere gewesen wären. Mit der Dimension Zeit wird also zusammenfassend ein ganzes Bündel von möglichen Einflußfaktoren beschrieben, die als Quelle zufälliger Fehler angesehen werden können. In diesem hypothetischen Universum ist also jede Person nicht nur einmal vertreten, sondern tendenziell beliebig oft. Man kann sich dieses hypothetische Universum auch als zweidimensionales Koordinatenkreuz vorstellen, dessen eine Achse die Personen (Untersuchungseinheiten) bilden und dessen andere Achse die möglichen Kontexte - kurz im Begriff Zeitpunkt zusammengefaßt - darstellen. Aus dieser Ebene mit unendlich vielen Punkten werden nun zufällig - weil die Gesamtheit der Umstände zu einem bestimmten Zeitpunkt nicht beeinflußbar ist - 1000 Personen herausgegriffen. Sie stellen also in bezug auf das konstruierte hypothetische Universum eine zufällige Auswahl dar.

Dieser Begriff des hypothetischen Universums ist zugegebenermaßen problematisch, weil seine Definition nicht eben scharf ist. So gibt es auch unterschiedliche Ansätze, diesen Begriff präziser zu fassen. Schwierig ist insbesondere auch die Abgrenzung zwischen systematischen und zufälligen Fehlern. Es ist ratsam, hierin nicht einen grundlegenden qualitativen Gegensatz zu sehen, sondern vielmehr zufällige Fehler als Restkategorie zu interpretieren. Man könnte sich vorstellen, daß eines fernen Tages soziologische Theoriebildung einmal soweit fortgeschritten und detailliert entwickelt ist, daß es möglich

wäre, selbst persönliche Stimmungen explizit als systematische Beeinflussungsquellen zu erfassen, aber bis dahin ist der Weg - hoffentlich vielleicht - noch weit. Für den Augenblick erscheint es sinnvoll, nicht explizit angebbare systematische Fehler als zufällige zu behandeln.
Will man sich überhaupt den Begriff des hypothetischen Universums zu eigen machen, so sollte man versuchen, ihn an der jeweiligen konkreten Datenkonstellation zu präzisieren bzw. seine Verwendung plausibel zu machen. Eine Einschränkung gilt aber stets, nämlich die, daß die Verwendung von Inferenzschlüssen bei Daten, die nicht aus einer Zufallsstichprobe stammen, dann auch an ein solches hypothetisches Universum gebunden ist. Es ist in solchen Fällen also niemals möglich, die gefundenen Ergebnisse auf einen größeren Personenkreis, allgemeiner eine größere Menge von Einheiten, zu übertragen; die Inferenzschlüsse erlauben also nur, zufällige Einflüsse in den Daten zu eliminieren - und auch das nur mit den Vorbehalten, die wir in Abschnitt 3.1. dargestellt haben.
Eine sehr plastische Darstellung des Für und Widers von Inferenzmethoden bei Nicht-Zufallsdaten findet sich bei HAGOOD (1941, insbes. S.612-616) in Form eines fiktiven Zwiegesprächs.
Fassen wir zusammen: Inferenzmethoden sollten eingesetzt werden, solange die Verteilungsvoraussetzungen erfüllt sind und - statistisch begründete - Verallgemeinerungen auf das zugehörige Universum, sei es real (Zufallsauswahl) oder hypothetisch (andere Auswahlformen) beschränkt bleiben.

4. Inferenzschlüsse im metrischen Regressionsmodell

Bei der Betrachtung eines Regressionsmodells sind stets zwei Fragen von besonderem Interesse. Zum einen die Frage, wie gut das Modell insgesamt den empirischen Befund beschreibt - hierbei ist stets ein Kompromiß zwischen den konfligierenden Ansprüchen von Einfachheit einerseits und Genauigkeit andererseits zu finden - und zum zweiten die Frage, welchen individuellen Beitrag die einzelnen Merkmale liefern. Diese zweite Frage ist insbesondere auch für den Suchprozeß nach einem 'besten Modell' wichtig. Deskriptiv können wir die Güte des Modells insgesamt - oder Gesamterklärungskraft - durch den Determinationskoeffizienten messen, während die Beiträge der einzelnen Variablen zum Beispiel durch den Zuwachs im Determinationskoeffizienten bestimmt werden können. Wie wir anhand von (2.22) gesehen haben, ist dieser Zuwachs mit den Beta-Koeffizienten der unabhängigen Merkmale verbunden. Im allgemeinen Fall ist diese Beziehung zwar nicht proportional, aber es gilt immer, daß der Zuwachs im Determinationskoeffizienten Null ist, wenn der Beta-Koeffizient Null ist, und umgekehrt. Da aber auch der Beta-Koeffizient genau dann Null ist, wenn der unstandardisierte Koeffizient Null ist, ist die Aussage, daß der Zuwachs Null ist, äquivalent mit der Aussage, daß der entsprechende unstandardisierte Regressionskoeffizient Null ist.

Inferenzschlüsse im Rahmen des Regressionsmodells haben somit die Aufgabe abzusichern, daß

(a) eine Abweichung des errechneten Determinationskoeffizienten von Null nicht ebenso plausibel dem Wirken zufälliger Einflüsse zugeschrieben werden kann und

(b) ein Anwachsen des Determinationskoeffizienten weitaus plausibler einem tatsächlichen Einfluß des zusätzlich betrachteten Merkmals als dem Zufall zuzurechnen ist.

Wenn wir bedenken, daß analog zu unserer obigen Betrachtung ein Determinationskoeffizient genau dann Null ist, wenn alle Regressionskoeffizienten Null sind, und weiter nach (2.21) der Zuwachs im Determinationskoeffizienten gleich einem Determinationskoeffizienten einer speziellen zweidimensionalen Regression ist, so laufen beide Aufgaben darauf hinaus zu überprüfen,ob die unstandardisierten Regressionskoeffizienten Null sind; immer abgesehen von dem absoluten Glied b_o, das durch Datentransformationen (Standardisierung) zum Verschwinden gebracht werden kann und also keinen Einfluß auf den Zusammenhang zwischen den Merkmalen hat. Formal handelt es sich bei beiden Aufgaben somit um das gleiche Problem, das auch mit ganz ähnlichen formalstatistischen Überlegungen gelöst werden kann. Da diese Überlegungen jedoch nicht nur formal, sondern auch von ihrer inneren Logik her recht kompliziert sind, wollen wir uns zunächst der zweiten Aufgabe zuwenden, die auch mit einer von der Logik her direkteren Methode gelöst werden kann. Dabei soll gleichzeitig plausibel gemacht werden, weshalb die in Abschnitt 4.2. dargestellten 'varianzanalytischen' Überlegungen ein guter Weg zur Lösung der ersten Aufgabe sind.

4.1. Wahrscheinlichkeitsverteilung der Regressionskoeffizienten

Um einen Test der Hypothese, daß alle Regressionskoeffizienten Null sind, durchführen zu können, benötigen wir eine Wahrscheinlichkeitsverteilung für diese Größen unter dem Denkmodell, daß wir aus einer größeren Grundgesamtheit, wo die Regressionskoeffizienten ihren 'wahren' Wert haben, Stichproben ziehen. Nehmen wir an, daß die betrachteten Merkmale gemeinsam normalverteilt sind - diese Voraussetzung werden wir später noch abschwächen -, so ist diese Wahrscheinlichkeitsverteilung relativ leicht anzugeben. Der Vektor der Stichproben-Regressionskoeffizienten ist dann wiederum normalverteilt und die zugehörige Kovarianzmatrix ist gerade $(X'X)^{-1}\sigma^2$ (vgl.hierzu auch Abschnitt 6.6.), wobei σ^2 die wahre Streuung der Zielvariablen ist. Schätzt man diesen unbekannten Wert mit Hilfe der aus den empirischen Daten errechneten Standardabweichung s(Y) , so kann man die Varianzen bzw. Standardabweichungen der einzelnen Regressionskoeffizienten angeben. Diese Werte

erscheinen zum Beispiel bei Benutzung des SPSS-Programmpakets in der Spalte 'STD ERROR B'.
Bezeichnet man den wahren Wert von b_i mit β_i, dann kann man formalstatistisch herleiten, daß $(b_i - \beta_i)/s(b_i)$ der t-Verteilung mit (n-m) Freiheitsgraden genügt. Dabei ist wie bisher n die Fallzahl und (m-1) die Zahl der unabhängigen Merkmale in dem betrachteten Regressionsansatz. Dieser Sachverhalt ist der Begründung sehr ähnlich, mit dem man Inferenzschlüsse für den Mittelwert einer normalverteilten Zufallsvariable bei unbekannter Streuung durchführt (vgl. etwa SAHNER, 1971, S.57ff). Ein formal exakter Beweis dieser Tatsache, insbesondere die Bestimmung der adäquaten Zahl der Freiheitsgrade, läßt sich nur dann führen, wenn eine Reihe von formalstatistischen Grundlagen systematisch dargestellt werden, so daß damit der Rahmen dieses Skript gesprengt würde. Für die praktische Anwendung reicht es ohnehin aus zu wissen, daß die t-Verteilung für Freiheitsgrade ab 3o sehr gut von der Normalverteilung approximiert wird.
Geht man also davon aus, daß die b_i jeweils normalverteilt mit Erwartungswert β_i und Standardabweichung $s(b_i)$ sind, so kann man sowohl Konfidenzintervalle für die b_i angeben, als auch die Hypothese $b_i = o$ testen. Für diesen Test braucht man lediglich den Quotienten $b_i/s(b_i)$ mit den z-Werten der tabellierten Standardnormalverteilung zu vergleichen. Für das übliche Signifikanzniveau von 5% muß dieser Quotient absolut größer sein als 1.96 (also rund 2), damit die Nullhypothese zurückgewiesen werden kann.
Auf diese Weise haben wir einen - zumindest vom logischen Aufbau her - recht einfachen Test auf den Beitrag einer einzelnen unabhängigen Variablen gefunden. Die Entscheidungsregel für diesen Test kann man auch so formulieren, daß die Nullhypothese genau dann zurückgewiesen wird, wenn der Wert Null nicht im 95%-Konfidenzintervall um den errechneten Wert b_i liegt. Somit läge es nahe, mit der gleichen Überlegung auch die erste Aufgabe mit der Hypothese, daß alle b_i - abgesehen von b_o - gleich Null sind, anzugehen. Man hätte dazu nur alle m-1 Konfidenzin-

tervalle darauf zu untersuchen, ob sie den Wert Null einschließen. Enthält mindestens ein Konfidenzintervall die Null nicht, so könnte die Hypothese zurückgewiesen werden. Diese Überlegung ist soweit richtig, aber es bleibt dabei außer Betracht, daß die einzelnen b_i nicht unabhängig voneinander sind, d.h. die Kovarianzen in der Regel nicht verschwinden, wie man sofort anhand der angegebenen Kovarianzmatrix für den Vektor b sieht. Anders ausgedrückt bedeutet dies, daß die Wahrscheinlichkeit für einen Koeffizienten b_i in einem bestimmten Intervall zu liegen, abhängig ist von den jeweiligen Werten der übrigen Koeffizienten.
Betrachten wir das am Spezialfall zweier unabhängiger Variabler. Zu jeder Variablen gehört ein Konfidenzintervall, d.h. - in laxer Sprechweise - ein Bereich von wahrscheinlichen Werten für die Grundgesamtheit. Gemeinsam spannen diesen beiden Variablen einen Konfidenzbereich auf, der die wahrscheinlichen Wertepaare (β_1, β_2) umfaßt. Da b_1 und b_2 aber nicht unabhängig sind, gehören zu dieser Konfidenzregion aber nicht alle Wertepaare, die ich aus den Werten der jeweiligen Konfidenzintervalle bilden kann. Stattdessen hat die Konfidenzregion ellipsenförmige Gestalt, wenn man sich die Situation graphisch veranschaulicht:

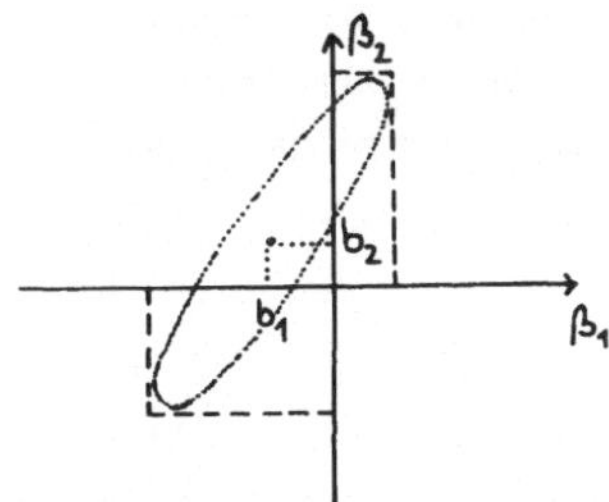

Abb. 4.1. Gemeinsamer Konfidenzbereich zweier Merkmale

Es kann also durchaus die Situation auftreten, daß alle einzelnen Konfidenzintervalle den Wert Null umfassen, trotzdem aber der Nullvektor nicht zur Konfidenzregion gehört, also die Nullhypothese zurückgewiesen werden kann. Im allgemeinen Fall kann diese Situation natürlich ebenso gut auftreten, nur ist die Konfidenzregion dann ein (m-1) dimensionaler Raum, und es ist relativ aufwendig - selbst unter Einsatz von EDV - die äußere Hülle dieses Gebildes zu bestimmen, um entscheiden zu können, ob der Nullvektor innerhalb oder außerhalb dieses Ellipsoids liegt.

Obwohl es also prinzipiell möglich wäre, auf diese Weise auch die Untersuchung der Gesamterklärungskraft vorzunehmen, geht man in der Praxis einen anderen Weg, der von der Logik her weitaus verschlungener erscheint, aber im Ergebnis gut zu handhaben ist. Wir werden uns auch hierbei darauf beschränken, die Logik des Verfahrens zu erläutern und sowohl von formalstatistischen Herleitungen wie schrittweisen Beispielsrechnungen absehen. Für eine gründliche statistische Behandlung sei verwiesen auf CRAMER (1957) sowie RAO (1973). Anwendungsorientiert, aber ebenfalls noch statistisch anspruchsvoll ist die Darstellung bei BOCK (1975). Leider wird zuweilen der Eindruck erweckt - so auch bei BLALOCK (1972) - daß die Überlegungen, die im Rahmen der sogenannten Varianzanalyse angestellt werden, allesamt unmittelbar einsichtig seien, und so wird ein tieferer Zugang zu der Problematik eher verbaut denn gefördert. Uns kommt es hier jedoch darauf an aufzuzeigen, wie stark ganz bestimmte Annahmen den Ablauf der Überlegungen bestimmen, also tendenziell eher vor der Verwendung dieser Inferenzschlüsse zu warnen, als dazu zu ermutigen.

4.2. Varianzanalytische Überlegungen und F-Test

Bevor wir uns der Logik des F-Tests selbst zuwenden, wollen wir die Annahmen über die Verteilung der betrachteten Merkmale ausführlicher diskutieren. Wir hatten im vorigen Abschnitt angenommen, daß die betrachteten Merkmale gemeinsam normalverteilt seien. Dies ist eine sehr restriktive Annahme, so daß man versucht hat, einen Katalog von Minimalvoraussetzungen auf-

zustellen, unter denen gleichwohl noch alle Resultate auch formal streng hergeleitet werden können.
Danach muß zumindest die Zielvariable hinsichtlich jeder Ausprägungskombination der unabhängigen Variablen normalverteilt sein; damit muß sie ganz gewiß im strengen Sinne metrisches Meßniveau haben. Die Formulierung 'hinsichtlich jeder Ausprägungskombination der unabhängigen Merkmale' stellt bereits eine Abschwächung gegenüber der Forderung dar, daß alle Merkmale gemeinsam einer mehrdimensionalen Normalverteilung folgen. Damit wird es möglich, diesen Test auch dann anzuwenden, wenn es sich bei den unabhängigen Merkmalen um diskrete Daten, beispielsweise Dichotomien handelt. Wir betrachten also konditionale Verteilungen der Zielvariable, konditional dazu, daß die unabhängigen Merkmale ganz bestimmte feste Werte haben. Für jede dieser konditionalen Verteilungen muß weiterhin gelten, daß die Streuung der Y-Werte, also der Zielvariablen, überall die gleiche ist. Da für solche konditionale Verteilungen der Predictorwert stets konstant ist - denn die Werte der unabhängigen Merkmale sind es ja - kann man ebenso gut sagen, daß die Streuung der Residuen in allen konditionalen Verteilungen die gleiche ist. Man bezeichnet diese Eigenschaft auch als Homoskedastizität oder weniger zungenbrecherisch als Streuungsgleichheit. Und schließlich muß noch gefordert werden, daß die Residuen in den einzelnen konditionalen Verteilungen unabhängig voneinander sind, oder was wohl anschaulicher ist, daß die Beziehung tatsächlich linear ist, also ein linearer Ansatz der Konstellation in der Grundgesamtheit gerecht wird.
Sind alle beteiligten Merkmale metrisch und genügen sie einer gemeinsamen Normalverteilung, so sind die beiden letzten Forderungen automatisch erfüllt. Da solche Datenkonstellationen aber in den Sozialwissenschaften selten sind, kommt der Homoskedastizitäts- und der Linearitätsannahme für die Praxis wesentliche Bedeutung zu. Beide Annahmen können anhand des Predictor/Residuen-Streudiagramms überprüft werden (vgl. Abschnitt 2.3.3.). Neben der bloßen visuellen Inspektion sind spezielle Tests entwickelt worden, mit denen man zunächst die Gültig-

keit dieser Annahmen überprüfen kann, doch erscheint es fraglich, ob in Anbetracht der ohnehin schwierigen Datenlage - also der Notwendigkeit, sich mit näherungsweiser Erfüllung der Annahmen zufrieden zu geben - ein solcher Aufwand gerechtfertigt ist.
Schließlich ist eine weitere Annahme zu machen dergestalt, daß die Zahl der Merkmale deutlich unter dem Stichprobenumfang liegen soll. Im Grunde ergibt sich dies schon aus den beiden letzten Forderungen, denn wenn die Zahl der Merkmale dicht am Stichprobenumfang liegt, umfassen die einzelnen konditionalen Verteilungen nur wenige Fälle, und somit ist keine ausreichende Basis gegeben, um Streuungsgleichheit und Linearität beurteilen zu können. Damit bieten dann die hier entwickelten Inferenzmethoden keine Möglichkeit, die Ergebnisse der Regressionsrechnung gegenüber zufälligen Einflüssen abzusichern. Die in Abschnitt 2 ausführlich diskutierte Problematik von kleinen Fallzahlen kann also auch mit Inferenzschlüssen nicht erfolgreich angegangen werden; weil gerade die kleine Fallzahl es nicht ermöglicht zu überprüfen, ob die Voraussetzungen, auf denen die Inferenzschlüsse basieren, gegeben sind.
Soviel zu den Voraussetzungen; nun zu den eigentlichen Inferenzschlüssen. Diese Überlegungen werden gewöhnlich als Varianzanalyse bezeichnet, was keine sehr glückliche Bezeichnung ist, da hier nicht eine Varianz näher untersucht wird, sondern im klassischen Fall die Frage, ob die Erwartungswerte eines normalverteilten Merkmals bezogen auf r Subpopulationen sämtlich gleich sind. Anders formuliert, ob die arithmetischen Mittel aus den empirischen Daten für die r Subpopulationen nur in einem dem Zufall zuschreibbaren Ausmaß voneinander abweichen. Diese Frage ist also die Verallgemeinerung des Problems der Differenz zweier Mittelwerte, das im allgemeinen mit Hilfe des t-Tests gelöst werden kann. Wir werden diesen klassischen Fall der Varianzanalyse hier nicht behandeln, obwohl dort die Logik des Vorgehens intuitiv zugänglicher ist. Der Leser sei hierfür auf SAHNER (1971) verwiesen.
Im Falle multipler Regression geht es - wie nun schon mehr-

fach gesagt - darum zu testen, ob alle Regressionskoeffizienten gleich Null sind. Statt nun direkt wie in Abschnitt 4.1. die Wahrscheinlichkeitsverteilung der b_i zu betrachten, untersucht man zwei andere Kennziffern, die aus den empirischen Daten leicht berechnet werden können, nämlich die Quadratsumme der Residuen und die Quadratsumme der Predictoren vermindert um $n\bar{Y}^2$, also gerade die Variation der Predictoren. Nennen wir diese Größen einmal Q_1 und Q_2 und sehen wir für den Augenblick davon ab, welche konzeptionelle Bedeutung die beiden Größen haben. Diese Größen sind ihrerseits Zufallsvariablen, was heißen soll, daß sie von Zufallsstichprobe zu Zufallsstichprobe, die aus der Grundgesamtheit gezogen werden, in ihren Werten schwanken. Nun kann man zeigen, daß der Erwartungswert dieser zufälligen Größe Q_1 dividiert durch n-m gerade gleich dem unbekannten Streuungsparameter der Grundgesamtheit ist. Um dieses Ergebnis zu erhalten, muß die Voraussetzung der Streuungsgleichheit unbedingt erfüllt sein. Wenn ich also viele Stichproben ziehen würde, dann ergäbe sich im Schnitt für die Größe $Q_1/(n-m)$ der Wert σ^2. Man sagt deswegen auch, daß diese Größe ein erwartungstreuer Schätzwert für σ^2 ist.

Aber auch die zweite Größe, also Q_2, diesmal jedoch dividiert durch (m-1), ist ein erwartungstreuer Schätzwert für σ^2. Für Q_2 gilt dies jedoch nur unter der Bedingung, daß in der Grundgesamtheit tatsächlich die Werte der Regressionskoeffizienten Null sind. Anderenfalls ist der Erwartungswert von $Q_2/(m-1)$ größer.
Also - so die Überlegung - sollte der Quotient von $Q_2/(m-1)$ und $Q_1/(n-m)$ nahe bei 1 liegen, <u>wenn</u> in der Grundgesamtheit alle Regressionskoeffizienten Null sind. Und umgekehrt: Wenn dieser Quotient deutlich größer ist als Eins, dann ist es unwahrscheinlich, daß die Koeffizienten alle Null sind. Damit wir diese letzte vage Aussage für einen Test nutzbar machen können, müssen wir die Wahrscheinlichkeitsverteilung für diese Prüfgröße finden. Und genau dies ist möglich, wenn die Voraussetzung erfüllt ist, daß die Zielvariable für jede Ausprägungskombination der unabhängigen Merkmale normalverteilt ist.

Unsere Prüfgröße genügt dann nämlich der sogenannten F-Verteilung, deren Tabelle im Anhang jedes Statistik-Lehrbuchs zu finden ist. Diese Verteilung hängt ab von zwei Parametern, die wie bei den bekannten Chi-Quadrat- und t-Verteilungen Freiheitsgrade genannt werden. Unsere Prüfgröße genügt genauer gesagt also der F-Verteilung mit (m-1) und (n-m) Freiheitsgraden, was man kurz als $F_{m-1,n-m}$ schreibt. Die Tabellen der F-Verteilung enthalten gewöhnlich für bestimmte Signifikanzniveaus die Grenzwerte, ab denen man die Prüfgröße 'als deutlich größer als Eins' betrachtet und also die Nullhypothese zurückweist. Praktisch ist dieser Test also außerordentlich einfach zu handhaben. Wir werden diesen praktischen Umgang auch gleich noch an unserem Anwendungsbeispiel demonstrieren.
Zuvor jedoch noch einige Überlegungen zu den Grundlagen dieser Vorgehensweise. Zum einen wollen wir kurz skizzieren, in welcher Beziehung die F-Verteilung zu den erwähnten anderen Verteilungen steht, und zum zweiten wollen wir unsere Prüfgröße noch ein wenig umformen und ihr damit eine einprägsamere Gestalt geben.
Die F-Verteilung kann formal folgendermaßen definiert werden. Sind X_1 und X_2 zwei Merkmale, die der Chi-Quadrat-Verteilung mit p resp. q Freiheitsgraden folgen, dann ist der Quotient der beiden Merkmale - jeweils geteilt durch die Anzahl der Freiheitsgrade - F-verteilt, sofern die beiden Merkmale stochastisch unabhängig sind. Unabhängigkeit bedeutet, daß die Wahrscheinlichkeit der einen Zufallsvariable, bestimmte Werte anzunehmen,nicht von den Werten der anderen abhängt. Ist p=1, d.h. der erste Freiheitsgrad von $F_{p,q}$ gleich Eins, dann ist F die Verteilung der Zufallsvariablen X^2, wenn X der t-Verteilung unterliegt. Schließlich ist mathematisch die Chi-Quadrat-Verteilung die Verteilung einer Summe von quadrierten Zufallsvariablen, die sämtlich der gleichen Normalverteilung unterliegen; die Anzahl der Summanden ist dabei gerade die Zahl der Freiheitsgrade.
Das ist die strenge Definition der Chi-Quadrat-Verteilung, auf der auch die in den Tabellen dargestellten Werte basieren. Die

große Bedeutung der Chi-Quadrat-Verteilung rührt aber daher, daß eine Reihe von anderen Prüfgrößen zumindest näherungsweise dieser Verteilung folgen; man denke insbesondere an die ebenfalls Chi-Quadrat benannte Prüfgröße zur Untersuchung von Assoziation in Kreuztabellen.

Auf unsere Anwendungssituation bezogen, kann man nun - wiederum ohne daß dies unmittelbar einsichtig ist - zeigen, daß Q_1 und Q_2 jeweils Chi-Quadrat-verteilt sind mit (n-m) bzw. (m-1) Freiheitsgraden. Auch daß diese zufälligen Größen unabhängig voneinander sind, ist ebenfalls nicht unmittelbar einsichtig, läßt sich aber formal herleiten. Damit folgt dann sofort, daß der Quotient der durch die Zahl der Freiheitsgrade dividierten zufälligen Größen der F-Verteilung folgt.

Formen wir nun unsere Prüfgröße noch ein wenig um, wobei wir die in Abschnitt 2.3.2. dargestellten Beziehungen - insbesondere (2.12) und (2.14) - benutzen. Dann gilt:

$$\frac{Q_2/(m-1)}{Q_1/(n-m)} = \frac{(SS(\hat{Y})-n\bar{Y}^2)/(m-1)}{SS(Y^R)/(n-m)} = \frac{(SS(\hat{Y})-n\bar{Y}^2)/(SS(Y)-n\bar{Y}^2)(m-1)}{SS(Y^R)/(SS(Y)-n\bar{Y}^2)(n-m)}$$

$$= \frac{R^2/(m-1)}{(1-R^2)/(n-m)} \qquad (4.1)$$

Unsere Prüfgröße läßt sich also ganz einfach aus dem Determinationskoeffizienten berechnen. Für die praktische Arbeit kann man somit die zunächst getroffene Definition fast wieder vergessen, nur muß man sich fest einprägen, daß diese Prüfgröße nur dann der F-Verteilung genügt und also entsprechende Tests durchgeführt werden können, wenn die Voraussetzungen - also insbesondere Normalverteilung der Zielvariablen und Streuungsgleichheit - erfüllt sind. Anderenfalls ist der Vergleich dieser Prüfgröße mit den tabellierten Werten der F-Verteilung, die manch ein Programm vielleicht gar automatisch vornimmt, sinnlos.

Die Umformungen der Prüfgröße lassen nun auch erkennen, warum man diese Vorgehensweise als Varianzanalyse bezeichnet. Es handelt sich zwar um keine Analyse der Varianz, aber um eine Analyse mit Hilfe der Varianz; der unbekannten Varianz der Grundgesamtheit wie der Aufteilung der Varianz aus den empirischen Werten. Die Größen $Q_2/(m-1)$ und $Q_1/(n-m)$ werden gewöhnlich auch als mittlere Quadratsummen ('mean squares') bezeichnet. Es ist vielfach üblich, bei der Betrachtung von Regressionslösungen auch diese Varianzaufteilung mit anzugeben, obgleich - wie wir gesehen haben - die Kenntnis des Determinationskoeffizienten allein ausreicht, um die Prüfgröße für den Test bestimmen zu können.

Wir wollen uns nun diese Varianzanalyse für unser Anwendungsbeispiel aus dem Abschnitt 2 näher betrachten. Nachfolgend ist der relevante Teil des zugehörigen Computer-Ausdrucks bei Benutzung des SPSS-Programmpakets wiedergegeben, an dem wir die Zusammenhänge insgesamt noch einmal verdeutlichen können.

```
DEPENDENT VARIABLE          CDU76ZP    CDU-ANTEIL GUELT.ZW.ST 76
VARIABLE (S) ENTERED ON STEP NUMBER  2.     SELBST

MULTIPLE R               .91597
R SQUARE                 .839o1
ADJUSTED R SQUARE        .836o9
SRANDARD ERROR          4.1944o

ANALYSIS OF VARIANCE     DF     SUM OF SQUARES        MEAN SQUARE
REGRESSION                4        2o262.44485         5o65.61121
RESIDUAL                221         3888.o5198           17.593oo
                                                  F = 287.93341

---------------- VARIABLES IN THE EQUATION ----------------

VARIABLE               B         BETA    STD ERROR B            F

ERWERBQ           .64799       .2o674         .o8576       57.o87
LANDW             .371o3       .26377         .o9595       14.954
KATHANT           .22294       .5857o         .o1o84      422.929
SELBST           1.o1549       .28124         .24768       16.81o
(CONSTANT)      -2.32891
```

Die Prüfgröße für den Test, daß alle b_i Null sind, ist der Quotient der beiden 'mean squares', also hier gerade 5o65.61 geteilt durch 17.59, was den Wert für F ergibt: 287.93 . Der Tabelle einer F-Verteilung entnehmen wir, daß der kritische

Wert für F bei 4 und 221 Freiheitsgraden bei einem Signifikanzniveau von 5% gerade 2.45 beträgt. Streng genommen gilt dieser Wert für 4 und 12o Freiheitsgrade. Da die Veränderungen aber mit wachsendem Freiheitsgrad nur noch geringfügig sind, werden sie in den meisten Tabellen nicht explizit angegeben, so daß wir den konservativeren (höheren) Wert für 12o Freiheitsgrade zugrundelegen. Wie in Anbetracht der Höhe des Determinationskoeffizienten auch nicht anders zu erwarten, liegt der gefundene Wert von 287.93 weit über dem kritischen Wert, so daß die Hypothese zurückgewiesen werden kann, daß in der Grundgesamtheit alle Regressionskoeffizienten Null sind, was gleichbedeutend damit ist, daß der Determinationskoeffizient in der Grundgesamtheit Null ist.

Man überzeuge sich mit Hilfe eines Taschenrechners, daß wir den angegebenen F-Wert auch sofort aus dem Determinationskoeffizienten ('R SQUARE') berechnen können, daß also

$$\frac{o.839o1/4}{o.16o99/221} = 287.93 \quad ,$$

wenn man von kleinen Rundungsfehlern absieht.

Der als MULTIPLE R angegebene Wert ist in Analogie zum zweidimensionalen Fall die Quadratwurzel aus dem Determinationskoeffizienten. Dieser Koeffizient hat aber keine konzeptionelle Bedeutung, so daß wir ihn nicht weiter behandeln. Weiter findet sich im Ausdruck ein mit 'ADJUSTED R SQUARE' bezeichneter Wert. Dieser Wert wird größenmäßig erst relevant, wenn die Fallzahl im Vergleich zu Variablenzahl klein wird und stellt den Versuch dar, die Größe des Determinationskoeffizienten um artefizielle Beiträge zu bereinigen. Wir hatten in Abschnitt 2 ja gesehen, daß der Determinationskoeffizient notwendig den Wert 1 annimmt, wenn die Zahl der Variablen gleich der Fallzahl ist. Diese Korrektur ist aber nicht allgemein üblich, zudem beruht sie auf inferenzstatistischen Überlegungen, für die in der Regel bei sozialwissenschaftlichen Daten ohnehin nicht eingeschätzt werden kann, ob die dazu notwendigen Voraussetzungen gegeben sind.

Der 'STANDARD ERROR' ist schlicht die empirische Standardabweichung der Residuen, wobei das SPSS-Programm den unverzerrten Schätzwert berechnet, also die Quadratsumme nicht durch die Zahl der Fälle - hier 226 - dividiert, sondern die zugehörige Zahl der Freiheitsgrade - hier 221. Damit ist der STANDARD ERROR gleich der Quadratwurzel aus dem MEAN SQUARE RESIDUAL. Dieser Koeffizient ist nützlich, wenn man innerhalb eines Regressionsansatzes einzelne Fälle betrachten will; wenn wir also in unserem Beispiel an einem ganz bestimmten Wahlkreis interessiert sind und feststellen wollen, ob dieser Wahlkreis dem allgemeinen Trend - ausgedrückt durch das Regressionsmodell - folgt oder es sich hierbei um einen 'Ausreißer' handelt. Wir vergleichen in einem solchen Falle dann das Residuum für diesen Wahlkreis mit dem Standardfehler; ist die empirische Abweichung größer als das zweifache des Standardfehlers, so ist der Wert tatsächlich als Ausreißer zu betrachten. Dies ist jedoch nur als Faustregel zu verstehen, da die Betrachtung von Konfidenzintervallen - und darauf beruht die Regel - in diesem Zusammenhang nicht unbedingt schlüssig ist.
Wie schon in Abschnitt 4.1. dargestellt, können mit Hilfe der 'STD ERROR B' Tests darauf durchgeführt werden, ob ein einzelner Koeffizient b_i gleich Null ist. Hierfür ist b_i durch die entsprechende Standardabweichung zu dividieren. Für das Merkmal SELBST wäre also die Größe 1.o1549/o.24768 = 4.1ooo mit der t-Verteilung zu vergleichen bzw. da die Fallzahl größer als 3o ist sofort mit der Standardnormalverteilung. Andererseits hatten wir schon bemerkt, daß das Quadrat einer Größe, die der t-Verteilung mit r Freiheitsgraden unterliegt, der $F_{1,r}$-Verteilung genügt. Und den Wert von $(4.1ooo)^2$ finden wir in der mit 'F' überschriebenen Spalte als 16.81o.
Da der hierzugehörige kritische Wert der Tabelle der F-Verteilung für 1 und 12o Freiheitsgrade mit 3.92 entnommen werden kann, ist also die entsprechende Nullhypothese zurückzuweisen; den Einfluß von SELBST allein dem Zufall zuzuschreiben, ist also wenig plausibel. Da also der unstandardisierte Koeffizient

von SELBST signifikant von Null verschieden ist, also der wahre Wert mit hoher Wahrscheinlichkeit von Null verschieden ist, ist somit auch der wahre Zuwachs im Determinationskoeffizienten von Null verschieden. Man kann sogar zeigen, daß die hier betrachtete Größe $F = b_i^2/s(b_i)^2 = b_i^2/Var(b_i)$ sich auch in folgender Form schreiben läßt:

$$F = \frac{Diff\ R^2}{(1-R^2)/(n-m)} \qquad (4.2)$$

In unserem Fall ist der Zuwachs gleich o.o1225 - entnimmt man dem SPSS-Ausdruck der Spalte 'RSQ CHANGE' im Summary oder berechnet aus den Angaben 'BETA IN' und 'TOLERANCE' (vgl. 2.22) beim vorangegangenen Schritt -, somit also

$$F = \frac{o.o1225}{o.16o99/221}$$

Man überzeuge sich wiederum mit Hilfe eines Taschenrechners davon, daß auf diese Weise ein identischer Wert für F entsteht. Mit Hilfe der angegebenen Formel läßt sich auch leicht prüfen, welchen Zuwachs in der Determination eine schon früher einbezogene Variable erbringen würde, wenn sie erst als letzte hinzugekommen wäre; anders formuliert, wie stark der Determinationskoeffizient sinken würde, wenn man sie jetzt wieder aus dem Modell herausnehmen würde. Dazu formt man den Ausdruck um:

$$Diff\ R^2 = \frac{F\ (1-R^2)}{n-m} \qquad (4.3)$$

Prüfen wir nun den Einfluß von LANDW, so ergibt sich

$$Diff\ R^2 = \frac{14.954\ (1 - o.839o1)}{221} = o.o1o89$$

Als letzte Variable eingeführt, erbrächte also auch LANDW keinen großen Zuwachs.

Die zuletzt angegebene Formel (4.3) stellt auch ohne Betrachtung der Wahrscheinlichkeitswerte für F eine gute Möglichkeit dar, auch im mehrdimensionalen Fall die relative Einflußstärke der einzelnen unabhängigen Variablen zu bestimmen. Denn der jeweilige F-Wert für die Variable ist proportional dem Zuwachs im Determinationskoeffizienten! Somit hätten wir uns also die aufwendige Betrachtung des Beta-Koeffizienten sparen können? Der war ja nur im dreidimensionalen Fall - genauer sein Quadrat - proportional dem Zuwachs im Determinationskoeffizienten!

Nun, dieses Argument ist nur zum Teil richtig. So ist zum Beispiel der vom SPSS-Programm ausgedruckte F-Wert zwar stets in dieser Weise zu deuten, auch dann, wenn die Voraussetzungen für die diskutierten Inferenzschlüsse <u>nicht</u> erfüllt sind - dann allerdings ist der ausgedruckte F-Wert nicht mehr gleichzeitig auch der Quotient von b_i^2 und Var (b_i), kann also nicht mehr zusammen mit einer Tabelle der F-Verteilung zum Test der Hypothese $b_i = o$ verwendet werden. Aber abgesehen von der Tatsache, daß es wichtig war, sich davon zu überzeugen, daß standardisierte Koeffizienten im allgemeinen Fall nicht mehr die gleichen 'schönen' Eigenschaften wie im zweidimensionalen Fall haben, gibt es auch einen praktischen Grund.

Sind nämlich erst einige wenige Merkmale explizit im Regressionsansatz vertreten, stehen hingegen noch relativ viele weitere Merkmale auf der Liste der möglicherweise einzubeziehenden - in einem solchen Fall hatten wir empfohlen, diese Merkmale zunächst nur mit dem 'Inclusion level o' zu berücksichtigen - dann ist der dort angegebene F-Wert für solche Merkmale nicht proportional dem Anstieg im Determinationskoeffizienten bei Einbeziehung dieses Merkmals, da der Zuwachs nach (4.3) auch vom erreichten - und im Augenblick noch unbekannten Determinationskoeffizienten für das erweiterte Modell abhängt. In dieser Situation hilft nur die Kenntnis weiter, daß der Anstieg im Determinationskoeffizienten eben auch das Produkt von quadriertem Beta-Koeffizienten und 'TOLERANCE' ist.

Abschließend sei noch einmal eindringlich davor gewarnt, statistische Signifikanz mit inhaltlicher Relevanz gleichzusetzen. Der Beitrag von SELBST ist zwar signifikant - sogar auf dem o.1% Niveau -, der Determinationskoeffizient steigt aber nur von 83% auf etwa 84%; dies scheint inhaltlich wenig relevant.

5. Regression mit nicht-metrischen unabhängigen Variablen: Varianzanalyse

Wir werden in diesem Abschnitt den Fall behandeln, daß zwar noch immer die Zielvariable metrisches Meßniveau hat, die unabhängigen Variablen jedoch nur nominalskaliert sind. Derartige Datenkonstellationen treten insbesondere bei experimentellen Forschungsdesigns auf (vgl. hierzu in der vorliegenden Reihe ZIMMERMANN, 1972) und werden datenanalytisch gewöhnlich unter dem Titel Varianzanalyse behandelt, die jedoch nur ein Sonderfall des allgemeinen Regressionsmodells ist. Kennzeichen derartiger Forschungsdesigns ist es, daß die Untersuchungseinheiten vorab aufgrund bestimmter struktureller Merkmale (etwa Alter, Geschlecht) wie spezieller 'Stimuli" (Teilnahme an einem bestimmten Ausbildungsprogramm, Betrachtung eines Films usw.) zu jeweils in bezug auf diese 'Faktoren' homogenen Subpopulationen zusammengefaßt werden, wobei man häufig so verfährt, daß alle diese Subpopulationen gleich stark besetzt werden. Erhoben im engeren Sinne wird dann nur noch die Zielvariable nach Einwirken des Stimulus - etwa der Lernerfolg, Einstellungswerte und dergleichen.
Wir werden jedoch auf diese experimentellen Ansätze im Rahmen dieses Skripts nicht näher eingehen, sondern die Betrachtung von Datenkonstellationen der oben bezeichneten Art mehr als Überleitung zu den Analysenmodellen für nicht-metrische Daten benutzen, zu denen eine ganze Reihe von Verbindungen bestehen. Somit soll in diesem Abschnitt also nicht der Versuch unternommen werden, eine umfassende Darstellung der Varianzanalyse zu geben, sondern es sollen lediglich die gemeinsamen Wurzeln dargestellt werden.
Andererseits haben die Überlegungen in diesem Abschnitt aber auch für die in der Soziologie typischere Analyse von Umfragedaten und ähnlichem durchaus praktische Relevanz. Wir wollen dazu wieder das nun schon vertraute Datenmaterial aus den vorangegangenen Abschnitten betrachten. Obwohl die unabhängigen

Merkmale wie Katholikenanteil oder Landwirtschaftsanteil formal den Anforderungen an metrisches Meßniveau entsprechen, ist es bedenkenswert, ob man diese Skalierungseigenschaft auch voll ausnutzen sollte. Wir hatten schon mehrfach angemerkt, daß diese manifesten Merkmale nur recht ungenaue Indikatoren für relativ schwer zu operationalisierende theoretische Konzepte sind. Darüber hinaus stammen diese sozialstrukturellen Daten noch aus der Volkszählung von 197o, spiegeln also möglicherweise eingetretene Veränderungen sowohl durch geographische Mobilität der Einwohner wie ökonomischen Strukturwandel nicht wieder.
Wie wir gesehen hatten, ist die Lösung des Regressionsansatzes von jedem einzelnen Wert abhängig. Bestehen aber nun Zweifel an der Genauigkeit der einzelnen Meßwerte, so ist es nicht unplausibel, die eigentliche Datenanalyse nur auf Grundlage einer Gruppierung der ursprünglichen Daten vorzunehmen, also nur die Information aus den Daten zu entnehmen, die als gesichert erscheint. Konkret auf das Anwendungsbeispiel bezogen heißt dies, die einzelnen Wahlkreise etwa nur noch nach niedrigem bzw. hohen Katholikenanteil zu unterscheiden und analog mit den übrigen unabhängigen Merkmalen zu verfahren. Möglicherweise verzichtet man jedoch dadurch auf zuviel Information, ist es also sinnvoller, drei oder vier Ausprägungen zu unterscheiden. Da weiterhin mit einer solchen Gruppierung bei der Festlegung der Intervallgrenzen ein gewisses Maß an Willkür Eingang in die Analyse findet, ist es für die praktische Arbeit sehr wichtig, diese Willkür so gut es geht zu kontrollieren. Dies kann etwa dadurch geschehen, daß man mit unterschiedlichen Dichotomisierungen arbeitet und prüft, ob die substantielle Interpretation der Ergebnisse von einer speziell gewählten Gruppierung der Werte abhängt oder die notwendig auftretenden numerischen Differenzen für die verbale Interpretation unerheblich sind. Dies erscheint recht umständlich, aber leider ist die Frage nach der Genauigkeit von Daten in der Praxis nur schwer zu beantworten.

5.1. Orthogonale und nicht-orthogonale Ansätze

Wir werden uns zunächst mit dem Spezialfall befassen, daß alle unabhängigen Merkmale dichotom sind bzw. dichotomisiert wurden. Dieser Fall ist deswegen besonders einfach, weil eine ziffernmäßige Kodierung von nur zwei Ausprägungen - wie immer ich sie treffen mag - keine substantiellen Auswirkungen auf das Ergebnis der Regressionsrechnung hat. Etwas technischer ausgedrückt: Zwei beliebige solcher Kodierungen kann ich stets durch eine lineare Transformation in einander überführen, dagegen ist mit einer Kodierung von drei Ausprägungen auch immer schon eine Festlegung über das Verhältnis des Abstandes der mittleren Kategorie zu den beiden 'Extremwerten' getroffen, das dann in der Tat einen substantiellen Einfluß auf das Ergebnis der Regressionsrechnung hat.
Bei dichotomen Merkmalen ist also der Determinationskoeffizient unabhängig von der Wahl der Kodierung, während die unstandardisierten Koeffizienten von dieser Kodierung natürlich abhängen, was wir in Abschnitt 2.3.4. ja ausführlich diskutiert haben. Es ist daher sinnvoll, die Kodierung so vorzunehmen, daß die unstandardisierten Koeffizienten eine möglichst anschauliche Bedeutung erhalten. Dies erreicht man dadurch, daß man als Kodierwerte +1 und -1 benutzt.
Bevor wir dies für den allgemeinen Fall zeigen, wollen wir die Ausgangssituation an unserem Anwendungsbeispiel verdeutlichen. Als Zielvariable betrachten wir weiterhin den Stimmanteil der CDU bei der Bundestagswahl 1976 in den einzelnen Wahlkreisen, kurz mit CDU76ZP bezeichnet. Als unabhängige Variable betrachten wir zunächst Katholiken- bzw. Landwirtschaftsanteil in dichotomisierter Form, Grenzwerte sind dabei 45% für den Katholikenanteil und 6.5% für den Landwirtschaftsanteil. Damit sind beide Merkmale in etwa am Median dichotomisiert. Weiterhin wird ein hoher Anteil jeweils mit '-1' kodiert, was jedoch völlig im Belieben des Anwenders steht. Formal schreiben wir den Regressionsansatz genau wie zuvor im rein metrischen Fall:

$$CDU76ZP = b_o + b_1K + b_2L \quad ,$$

wobei lediglich aus mnemotechnischen Gründen für die unabhängigen Variablen in ihrer dichotomisierten Form andere Bezeichnungen, die Buchstaben 'K' und 'L' gewählt werden.
Da K und L jeweils nur zwei Werte annehmen können, gibt es auch nur maximal vier zahlenmäßig verschiedene Predictorwerte für die 226 Wahlkreise, die wir hier betrachten. Damit erhalten wir für den Koeffizienten b_1 - und analoges gilt für b_2 - eine erste anschauliche Interpretation. Betrachte ich zwei Wahlkreise, die sich nur hinsichtlich des Katholikenanteils, nicht aber in bezug auf die restlichen unabhängigen Merkmale unterscheiden, so ist b_1 gerade die Hälfte der Differenz der zugehörigen Predictorwerte, denn

für Wahlkreis A: $CDU76ZP = b_o + b_1(+1) + b_2L$,
für Wahlkreis B: $CDU76ZP = b_o + b_1(-1) + b_2L$,
also $Diff = 2b_1$.

Da - wie wir früher schon gesagt haben - die Predictorwerte so etwas wie Durchschnittswerte sind, ist also der zum Katholikenanteil gehörige Regressionskoeffizient die Hälfte der Differenz des durchschnittlichen CDU-Anteils in Wahlkreisen mit niedrigem bzw. hohem Katholikenanteil. Inhaltlich erwarten wir in Wahlkreisen mit hohem Katholikenanteil auch ein durchschnittlich höheres CDU-Ergebnis, somit müßte sich ein negativer Regressionskoeffizient ergeben. Hätten wir 'hohen Katholikenanteil' hingegen mit '+1' kodiert, wäre ein positiver Koeffizient zu erwarten.
Soweit diese erste substantielle Deutung der Regressionskoeffizienten, die direkt aus dem Gleichungsansatz folgt und der üblichen Interpretation entspricht (vgl. Abschnitt 2.2.2.), nur daß es in diesem Fall sinnvoll ist, das 'Kontrollieren' der übrigen unabhängigen Variablen tatsächlich als Konstanthalten zu verstehen. Wir können für die +1/-1 Kodierung jedoch auch noch eine zweite Interpretation der Regressionskoeffizienten gewinnen, die auf die Regressionsgleichung gar nicht mehr Bezug nimmt. Dazu betrachten wir einmal die verschiedenen Mittelwerte für den CDU-Anteil.

	Arithmetisches Mittel CDU-Anteil
grand mean	49.34%
niedr. Kath-Ant (K=1)	43.31%
niedr. Landw-Ant (L=1)	43.o7%

Für den Fall, daß die unabhängigen Variablen eine bestimmte, noch zu erklärende Bedingung erfüllen (Orthogonalität), entspricht die Differenz 43.31 - 49.34 = -6.o3 genau dem Regressionskoeffizienten b_1 und die Differenz 43.o7 - 49.34 = -6.27 dem Koeffizienten b_2. Die Regressionskoeffizienten sind also hier im strengen Sinne Differenzen von Mittelwerten und gewinnen damit eine auch für den Laien anschauliche Bedeutung. In Anlehnung an die übliche Terminologie der Varianzanalyse wollen wir diese zweite Interpretation als 'Effektinterpretation' bezeichnen. Wir werden im folgenden den Regressionskoeffizienten von etwa dem Katholikenanteil auch als den Haupteffekt des Katholikenanteils bezeichnen.
Für Daten, die nicht aus experimentellen Anordnungen stammen, ist zwar in der Regel die Bedingung der Orthogonalität nicht erfüllt, dennoch ist auch hier die Effektinterpretation ein nützliches Denkmodell. Doch was besagt nun diese Bedingung eigentlich? Anschaulich bedeutet 'Orthogonalität' hier, daß alle denkbaren Ausprägungskombinationen der unabhängigen Merkmale gleich oft vorkommen. Sind die betrachteten unabhängigen Merkmale Faktoren in einem experimentellen Design, so kann der Forscher diese Voraussetzung durch die Anlage der Untersuchung selbst sicherstellen, während bei der Analyse von anderen Daten sich diese Voraussetzung gewöhnlich nicht einstellen wird, selbst wenn man die unabhängigen Merkmale am Median dichotomisiert. Aus dem gleichhäufigen Auftreten der verschiedenen Ausprägungskombinationen folgt nämlich auch, daß die unabhängigen Merkmale statistisch unabhängig voneinander, also nicht korreliert sind. In unserem Anwendungsbeispiel ergibt sich folgende Konstellation:

Kath-Ant K	Landw-Ant L	n_i
1	1	68
1	-1	5o
-1	1	4o
-1	-1	68

Da orthogonale Ansätze für die Analyse nicht-metrischer Daten besondere Bedeutung haben, wollen wir dennoch derartige Konstellationen näher betrachten und die oben angegebene Effektinterpretation der Regressionskoeffizienten herleiten. Wir wollen dabei gleich einen Regressionsansatz betrachten, der Interaktionsterme mit berücksichtigt (vgl. Abschnitt 2.3.3.). Bei nur zwei unabhängigen Merkmalen ist dazu nur ein weiterer Term zu berücksichtigen, das Produkt aus Katholikenanteil und Landwirtschaftsanteil. Wir betrachten also den folgenden Ansatz:

$$CDU76ZP = b_o + b_1K + b_2L + b_3KL \quad ,$$

und unterstellen einmal - was den konkreten Daten nicht entspricht -, daß es sich um einen orthogonalen Ansatz handelt, also alle Ausprägungskombinationen der unabhängigen Merkmale gleich oft auftreten.

In diesem Falle hat nämlich die Matrix X - wenn wir wieder zur Matrizennotation übergehen - besondere Eigenschaften, die eine einfache Bestimmung der Regressionslösung $b = (X'X)^{-1}X'Y$ ermöglichen. Die Matrix X, die die Werte für die unabhängigen Merkmale enthält, kann dann nämlich durch geeignete Anordnung der einzelnen Fälle in folgender Form geschrieben werden:

$$\begin{bmatrix} 1 & 1 & 1 & 1 \\ 1 & 1 & -1 & -1 \\ 1 & -1 & 1 & -1 \\ 1 & -1 & -1 & 1 \\ \cdots & & & \\ \cdots & & & \\ \cdots & & & \\ \cdots & & & \\ \cdots & & & \end{bmatrix}$$

Die ersten vier Zeilen wiederholen sich - da es sich um eine orthogonale Anordnung handelt - gerade (n/4)-mal und stellen die n×4-Matrix X dar. Unter Beachtung der Multiplikationsregel für Matrizen (Abschnitt 2.3.1.) folgt damit sofort für das Produkt $X'_{4,n}$ und $X_{n,4}$, also $(X'X)_{4,4}$, daß alle Elemente außerhalb der Hauptdiagonalen Null sind und die Elemente der Hauptdiagonale allesamt gleich n sind. Kürzer:

$$(X'X) = n \cdot E \quad \text{und damit} \quad (X'X)^{-1} = (1/n) \cdot E$$

Auch das Matrizenprodukt X'Y läßt sich sofort angeben:

$$X'_{4,n}Y_{n,1} = (X'Y)_{4,1} = \begin{bmatrix} \sum Y \\ \sum\limits_{K=1} Y - \sum\limits_{K=-1} Y \\ \sum\limits_{L=1} Y - \sum\limits_{L=-1} Y \\ \sum\limits_{KL=1} Y - \sum\limits_{KL=-1} Y \end{bmatrix}$$

Die Angaben unter den Summenzeichen legen dabei jeweils fest, über welche Fälle die Summation zu erstrecken ist. Die Lösung des Regressionsansatzes ergibt sich nun sofort daraus, diesen Vektor noch mit dem Zahlenwert 1/n zu multiplizieren. Somit gilt für den zum Katholikenanteil gehörigen Koeffizienten b_1:

$$b_1 = 1/n \sum_{K=1} Y - 1/n \sum_{K=-1} Y = 2/n \sum_{K=1} Y - 1/n \sum Y$$

Der zweite Summand ist gerade das arithmetische Mittel der Werte der abhängigen Variablen, also hier des CDU-Anteils, während der erste Summand gerade das arithmetische Mittel der CDU-Anteile für die Wahlkreise ist, bei denen der Katholikenanteil niedrig ist (K=1), weil es gerade n/2 solcher Wahlkreise gibt, wenn es sich um einen orthogonalen Ansatz handelt. Damit ist die behauptete substantielle Bedeutung des Regressionskoeffizienten b_1 hergeleitet.

Für unsere konkreten Daten ist die Orthogonalitätbedingung nicht erfüllt, so daß die Regressionskoeffizienten nicht streng der Effektinterpretation unterliegen. Es ergibt sich folgende Lösung:

Zielvariable:	CDU76ZP	b	Beta	F
unabh. Var.:				
	K(ath)	-5.13	-.496	144.8
	L(andw)	-5.o7	-.49o	141.6
	KL	2.46	.233	33.4
	(konst)	48.84		

$R^2 = 0.6408$

Wenn also auch bei nicht-orthogonalen Ansätzen die Regressionskoeffizienten nicht im exakten Sinne Differenzen von arithmetischen Mittelwerten sind, so ist es als heuristisches Prinzip, sich diese Koeffizienten intuitiv verständlich zu machen, nützlich, an diese Beziehung zu denken. Wie man unserer Diskussion des orthogonalen Falles sofort entnimmt, kann man den Haupteffekt des Katholikenanteils auch als die Hälfte der Differenz der arithmetischen Mittel für den CDU-Anteil jeweils auf die Fälle mit niedrigem bzw. hohem Katholikenanteil bezogen verstehen. Dies ist die Präzisierung unserer zunächst allgemein gewonnenen Interpretation der Koeffizienten mit Hilfe der Regressionsgleichung.

Im Gegensatz zu der rein metrischen Betrachtung unserer Datenkonstellation fällt auf, daß nun der Interaktionseffekt zwischen Katholikenanteil und Landwirtschaftsanteil sowohl im statistischen Sinne signifikant (F-Wert) wie auch rein deskriptiv betrachtet bedeutsam ist. Der Zuwachs im Determinationskoeffizienten durch Einbeziehung des Interaktionsterms beträgt nun nämlich o.o54, also 5.4 Prozentpunkte. Über die schon in Abschnitt 2.3.3. gegebene allgemeine Interpretation des Interaktionsterms hinaus, wollen wir für den orthogonalen Fall eine den Haupteffekten analoge substantielle Interpretation finden, die unabhängig von der Regressionsgleichung ist. Dazu formen wir die Lösung für diesen Koeffizienten (b_3), die wir dem Lösungsvektor auf der vorigen Seite entnehmen können, etwas um. Bei dieser Umformung machen wir ganz wesentlichen Gebrauch davon, daß alle Ausprägungskombinationen der unabhängigen Merkmale gleich häufig auftreten. Wenn wir 'Haupteffekt von K' generell verstehen als Differenz des arithmetischen Mittels für die Fälle mit K=1 zum arithmetischen Mittel ohne Einschränkung hinsichtlich K, so ist ein 'konditionaler Haupteffekt von K bezüglich L' die analoge Differenz, nur das prinzipiell nur die Fälle betrachtet werden, für die L=1 gilt, die also in unserem Beispiel einen niedrigen Landwirtschaftsanteil aufweisen. Mit diesen Begriffen läßt sich das Ergebnis unserer Umformung vorab verbal beschreiben:

> Der Interaktionseffekt von K und L ist gleich der Differenz zwischen konditionalem Haupteffekt von K bezüglich L und gewöhnlichem Haupteffekt von K.

Der Vorteil dieser zunächst recht kompliziert erscheinenden Interpretation wird sich später bei der Betrachtung der nicht-metrischen Ansätze erst voll erweisen. Doch zunächst zur Herleitung dieser Behauptung:

$$b_3 = 1/n \sum_{KL=1} Y \quad - \quad 1/n \sum_{KL=-1} Y$$

$$= 1/n \sum_{\substack{K=1\\L=1}} Y \quad - \quad 1/n \sum_{\substack{K=-1\\L=1}} Y \quad - \; (1/n \sum_{\substack{K=1\\L=-1}} Y \quad - \quad 1/n \sum_{\substack{K=-1\\L=-1}} Y)$$

$$= 2/n \sum_{\substack{K=1\\L=1}} Y \quad - \quad 2/n \sum_{\substack{K=-1\\L=1}} Y \quad - \; (1/n \sum_{K=1} Y \quad - \quad 1/n \sum_{K=-1} Y)$$

$$= 4/n \sum_{\substack{K=1\\L=1}} Y \qquad 2/n \sum_{L=1} Y \quad - \; (2/n \sum_{K=1} Y \quad - \quad 1/n \sum Y)$$

= kond. Haupteffekt von K- Haupteffekt von K

Selbstverständlich läßt sich auch eine analoge Interpretation des Interaktionseffekts finden, die auf den Haupteffekt von L ausgerichtet ist. Schließlich kann man die letzte Gleichung auch so lesen, daß die Summe von Interaktions- und Haupteffekt gerade gleich dem entsprechenden konditionalen Haupteffekt ist. Konditionaler Haupteffekt und gewöhnlicher Haupteffekt stimmen also genau dann überein, wenn der Interaktionseffekt Null ist. Man sieht bereits an dem einfachen Fall mit nur zwei unabhängigen Merkmalen, daß Interaktionseffekte nur recht umständlich verbal interpretiert werden können. Diese Aussage gilt umso mehr, je höher die Ordnung des Interaktionseffekts ist, also je mehr ursprüngliche Merkmale daran beteiligt sind. Die hier hergeleitete Umformung deutet jedoch bereits einen Ausweg aus diesem Dilemma an. Interaktions<u>wirkungen</u> können auch durch konditionale Haupteffekte, die man zusätzlich zu den üblichen Haupteffekten betrachtet, erfaßt werden. Wir werden dies im einzelnen im Abschnitt 6 diskutieren.

Zum Abschluß dieses Abschnittes wollen wir eine zusammenfassende verbale Interpretation unseres Anwendungsbeispiels geben. Für diese verbale Interpretation ist es wichtig, sich daran zu erinnern, daß 'hoher Katholikenanteil' mit '-1' kodiert wurde. Weiterhin ist im folgenden mit 'Durchschnitt' nicht das gewöhnliche arithmetische Mittel, sondern ein geeignet gewichtetes gemeint (heuristische Effektinterpretation).

Es hat sich also gezeigt, daß der mittlere Stimmanteil der CDU in Wahlkreisen mit niedrigem Katholikenanteil rund 1o Prozentpunkte unter denen mit hohem Katholikenanteil liegt; ebenso liegt der Stimmanteil der CDU im Schnitt um 1o Prozentpunkte in Wahlkreisen mit niedrigem Landwirtschaftsanteil unter denen mit einem hohen Landwirtschaftsanteil. Weiterhin ist der Einfluß beider Merkmale auf den CDU-Stimmanteil nicht unabhängig voneinander, so beträgt für die Wahlkreise mit niedrigem Landwirtschaftsanteil die durchschnittliche Differenz der Stimmanteile zwischen Wahlkreisen mit niedrigem bzw. hohem Katholikenanteil nur rund 5 Prozentpunkte. Landwirtschaftsanteil und Katholikenanteil verstärken sich also gegenseitig in ihrem positiven Einfluß auf die Höhe des CDU-Stimmanteils.

Soweit die verbale Interpretation, die man etwa in einem Forschungsbericht geben würde und die in dieser Form auch dem statistischen Laien zugänglich ist. Es ist also durchaus möglich, komplexe Analyseverfahren zu verwenden und gleichzeitig eine gewisse Anschaulichung der Ergebnisse zu wahren, wobei natürlich gewisse Ungenauigkeiten in Kauf zu nehmen sind ('Durchschnitt'). Auch wäre zu überlegen, ob der Interaktionseffekt nicht besser relativ zu der Kondition L=-1, also hohem Landwirtschaftsanteil, und relativ zu K=-1, also hohem Katholikenanteil, gedeutet werden sollte. Wir wollen dies dem Leser als Übung überlassen.

5.2. Die Design-Matrix für polytome Merkmale

Liegen die Merkmale nicht in dichotomisierter Form vor, sind also mindestens drei Ausprägungen vorhanden, so bedeutet jede zahlenmäßige Kodierung der Ausprägungen auch schon implizit eine Annahme über die Abstände der Ausprägungen zueinander, wenn man derart kodierte Merkmale in die Regressionsrechnung einbezieht. Es ist also notwendig, derartige Merkmale äquivalent durch eine Reihe von neugeschaffenen, jeweils dichotomen Merkmalen zu beschreiben, um Methodenartefakte zu vermeiden. Diese dichotomen Hilfsvariablen nennt man gewöhnlich auch

'dummy variables' (Dummy-Variablen).
Verdeutlichen wir diesen Prozeß gleich anhand unserer konkreten Daten. Statt beispielsweise den Katholikenanteil zu dichotomisieren, könnten wir die ursprünglichen Werte auch zu drei Kategorien zusammenfassen:

$$KT = \begin{cases} 1 \text{ , wenn KATHANT bis 25\%} \\ 2 \text{ , wenn KATHANT 25\%-5o\%} \\ 3 \text{ , wenn KATHANT über 5o\%} \end{cases}$$

Dieses trichtome Merkmal KT kann äquivalent auch durch drei Dummy-Variablen D1, D2, D3 beschrieben werden, die folgendermaßen definiert sind:

$$Di = \begin{cases} 1 \text{ , wenn KT=i} \\ -1 \text{ , sonst} \end{cases}$$

Hat also ein Wahlkreis einen mittleren Katholikenanteil, gilt also für ihn KT=2 , so nehmen für diesen Wahlkreis die Dummy-Variablen folgende Werte an: D1=-1, D2=1, D3=-1. Statt also die trichotome Variable KT im Regressionsansatz zu berücksichtigen, kann ich also ebenso die drei dichotomen Variablen D1, D2, D3 in den Ansatz aufnehmen. Und wie wir gesehen haben, ist die Berücksichtigung dichotomer Merkmale in den eigentlich metrischen Regressionsansatz unproblematisch. Allerdings ist es nicht sinnvoll, alle drei Dummy-Variablen explizit in den Ansatz aufzunehmen. Für jeden Wahlkreis gilt nämlich, daß die Summe dieser drei Dummy-Variablen gerade -1 ergibt. Zusammen mit der konstanten Spalte in der Design-Matrix X ergäbe sich damit nämlich eine lineare Abhängigkeit unter den Spalten - den unabhängigen Merkmalen - von X und die Matrix (X'X) wäre infolgedessen nicht invertierbar. Damit hätte der Ansatz keine eindeutige Lösung. Aus diesem Grunde wird eine der Dummy-Variablen nicht explizit in den Regressionsansatz aufgenommen; welche das im einzelnen ist, bleibt dem Anwender überlassen. Diese Entscheidung hat keine substantiellen Konsequenzen.
Dies ist intuitiv auch völlig einsichtig, denn wenn ich für einen Wahlkreis die Werte von zwei Dummy-Variablen kenne, so ist damit die dritte bereits eindeutig festgelegt. Das trichotome Merkmal KT wird äquivalent also bereits durch zwei Dum-

my-Variablen beschrieben. Allgemein ist die Zahl der benötigten Dummy-Variablen gerade gleich der Zahl der Ausprägungen des polytomen Merkmals vermindert um 1.
Bei dieser Umsetzung eines beliebig polytomen Merkmals in Dummy-Variable lassen wir zunächst eine vorhandene Ordnung der einzelnen Ausprägungen - wie sie in unserem Beispiel gegeben ist - außer Betracht, betrachten also strikt den nominalskalierten Fall.
Nehmen wir im folgenden an, daß wir die zur höchsten Ausprägung gehörige Dummy-Variable nicht explizit in den Regressionsansatz aufnehmen wollen, betrachten also nur D1 und D2 bzw. D1, D2, ...,D(k-1), wenn das Merkmal k Ausprägungen hat. Spezialisieren wir diese allgemeine Betrachtung auf den dichotomen Fall, so läuft das jetzige Vorgehen auf die gleiche Verfahrensweise hinaus, die wir schon in Abschnitt 5.1. angewendet haben. Die dort angestellten Überlegungen sind also als Spezialfall in der jetzt betrachteten allgemeinen Vorgehensweise enthalten. Mit den gewonnenen Dummy-Variablen könnten wir nun unmittelbar das Regressionsproblem formulieren und lösen.
Wir betrachten den gleichen Regressionsansatz wie im vorigen Abschnitt, also die Regression von (dichotomisierten) Landwirtschaftsanteil und (trichotomisierten) Katholikenanteil auf den CDU-Stimmanteil:

$$\text{CDU76ZP} = b_o + b_1\text{D1} + b_2\text{D2} + b_3\text{L} + b_4\text{LD1} + b_5\text{LD2}$$

Man beachte, daß nunmehr auch zwei Interaktionsterme zu berücksichtigen sind, die sich formal wiederum als Produkte der beteiligten Merkmale ergeben.

Wären alle Ausprägungskombinationen der unabhängigen Merkmale gleich stark besetzt - läge also ein orthogonaler Ansatz vor -, dann hätte die Design-Matrix bei Benutzung der Matrizennotation für den Regressionsansatz folgende Gestalt:

$$X_{n,6} = \begin{array}{c} \\ \left[\begin{array}{cccccc} & D1 & D2 & L & LD1 & LD2 \\ 1 & 1 & -1 & 1 & 1 & -1 \\ 1 & 1 & -1 & -1 & -1 & 1 \\ 1 & -1 & 1 & 1 & -1 & 1 \\ 1 & -1 & 1 & -1 & 1 & -1 \\ 1 & -1 & -1 & 1 & -1 & -1 \\ 1 & -1 & -1 & -1 & 1 & 1 \\ \hline & & & \vdots & & \\ & & & \vdots & & \end{array}\right] \end{array}$$

Wie wir in Abschnitt 2.3.4. gezeigt haben, ist die Lösung eines Regressionsproblems, was die Güte der Anpassung (Determinationskoeffizient) anbetrifft, unabhängig von linearen Transformationen der unabhängigen Variablen. Um analog zum dichotomen Fall wieder zu einer Effektinterpretation der Regressionskoeffizienten zu kommen, betrachten wir folgende neue Dummy-Variablen:

$$K1 = D1 + 0.5\ D2 + 0.5$$
$$K2 = 0.5\ D1 + D2 + 0.5$$

Beziehe ich diese neuen Dummy-Variablen statt D1 und D2 in den Regressionsansatz ein, so haben die dazugehörigen Regressionskoeffizienten wieder die Eigenschaft, Differenz von Subpopulationsmittelwert und grand mean zu sein. Betrachten wir dazu die entsprechende Design-Matrix.

$$X_{n,6} = \left[\begin{array}{cccccc} & K1 & K2 & L & LK1 & LK2 \\ 1 & 1 & 0 & 1 & 1 & 0 \\ 1 & 1 & 0 & -1 & -1 & 0 \\ 1 & 0 & 1 & 1 & 0 & 1 \\ 1 & 0 & 1 & -1 & 0 & -1 \\ 1 & -1 & -1 & 1 & -1 & -1 \\ 1 & -1 & -1 & -1 & 1 & 1 \\ \hline & & & \vdots & & \\ & & & \vdots & & \end{array}\right]$$

Die neuen Dummy-Variablen besitzen zwar drei verschiedene Ausprägungen, trotzdem geht aber hierbei kein Artefakt in das Ergebnis ein, da diese Variablen lediglich lineare Transformationen der ursprünglich definierten dichotomen Dummy-Variablen sind. Für die praktische Anwendung ist es natürlich nicht notwendig, den hier beschriebenen Weg über die Dummy-Variablen D zu gehen, sondern man kann diese Dummy-Variablen direkt mit Hilfe des zugrundeliegenden polytomen Merkmals definieren. Dazu ist lediglich notwendig zu spezifizieren, welche Ausprägung des polytomen Merkmals nicht explizit repräsentiert werden soll. Diese Ausprägung wird auch als Basiskategorie bezeichnet. In unserem Beispiel ist KT=3 , also Katholikenanteil über 5o%, die Basiskategorie. Damit gilt für die neuen Dummy-Variablen folgende direkte Definition:

$$Ki = \begin{matrix} 1 & \text{, wenn KT=i} \\ -1 & \text{, wenn KT=Basiskategorie} \\ o & \text{, sonst} \end{matrix}$$

Diese Definition gilt für den beliebig poytomen Fall und schließt wiederum den zuvor behandelten dichotomen Fall als Spezialfall mit ein.

Im trichotomen Fall - wie in unserem Beispiel - hat somit die Dummy-Variable genau soviel Ausprägungen wie das Ausgangsmerkmal, so daß man sich fragen mag, warum man dann nicht gleich das Merkmal KT direkt einbezieht. Der entscheidende Unterschied besteht darin, daß man K1 und K2 als Block betrachten muß, und erst beide zugehörige Koeffizienten zusammen den Einfluß des Merkmals KT widerspiegeln. Es kann nämlich durchaus der Fall eintreten, daß der Regressionskoeffizient zu K1 (fast) Null ist, der von K2 jedoch beachtlich ist.

Untersuchen wir nun wieder die Regressionslösung im einzelnen in Hinblick auf die behauptete mögliche Interpretation der Regressionskoeffizienten als Effekte. Im allgemeinen polytomen Fall ist die Matrix (X'X) zwar nicht mehr einfach die Einheitsmatrix multipliziert mit der Gesamtzahl der Fälle - wie im dichotomen Fall, aber noch immer recht einfach zu bestimmen. Sie hat zumindest stets 'blockdiagonale' Gestalt. Für unser Beispiel ergibt sich folgendes Matrizenprodukt:

$$(X'X)_{6,6} = n/6 \left[\begin{array}{c|cc|c|cc} 6 & & & & & \\ \hline & 4 & 2 & & & \\ & 2 & 4 & & & \\ \hline & & & 6 & & \\ \hline & & & & 4 & 2 \\ & & & & 2 & 4 \end{array}\right]$$

Solche blockdiagonalen Matrizen können nun einfach blockweise invertiert werden, was diese Aufgabe sehr vereinfacht. In unserem Falle ergibt sich die inverse Matrix zu

$$(X'X)^{-1}_{6,6} = 1/n \begin{bmatrix} 1 & & & & & \\ & 2 & -1 & & & \\ & -1 & 2 & & & \\ & & & 1 & & \\ & & & & 2 & -1 \\ & & & & -1 & 2 \end{bmatrix}$$

Ganz analog zum dichotomen Fall ergibt sich das Matrizenprodukt X'Y. Wir überlassen es dem Leser als Übungsaufgabe, den Vektor der Regressionskoeffizienten b hieraus zu bestimmen und durch eine leichte Umformung zu zeigen, daß im orthogonalen Falle der Regressionskoeffizient zu K1 tatsächlich die Differenz des arithmetischen Mittels der CDU-Anteile für die Wahlkreise mit KT=1 (niedrigem Katholikenanteil) und dem grand mean ist. Analog ist der Regressionskoeffizient zu K2 die Differenz des arithmetischen Mittels der CDU-Anteile in den Subpopulationen mit mittlerem Katholiken-Anteil und dem Generaldurchschnitt.

Diese Ergebnisse - das sei noch einmal betont - gelten im strengen Sinne nur für orthogonale Ansätze, anderenfalls sind sie lediglich ein heuristisches Hilfsmittel.
Für die Interaktionskoeffizienten gelten analoge Aussagen.Auch im allgemeinen Falle kann man sie als konditionale Haupteffekte beschreiben. Man muß jedoch im allgemeinen Falle beachten, daß die Effekte nur noch die Differenzen zwischen Subpopulationsmittel und grand mean messen; will man speziell Differenzen zwischen einzelnen Subpopulationsmittelwerten erfassen, müssen die in die Design-Matrix eingehenden Dummy-Variablen anders gewählt werden. Eine solche Vorgehensweise bietet sich insbesondere dann an, wenn das betrachtete unabhängige Merkmal im Grunde metrischen Niveaus ist, also die Annahme, daß die einzelnen Ausprägungen gleiche Abstände voneinder haben - also ganz gewiß eine feste Reihenfolge besteht - , nicht unrealistisch ist. Eine solche Konstellation ist in unserem Beispiel ja gegeben. Bevor wir solche alternativen Design-Matri-

zen diskutieren, wollen wir jedoch zunächst das Ergebnis der Regressionsrechnung in unserem Anwendungsbeispiel für die Standard-Design-Matrix betrachten:

Zielvariable:	CDU76ZP	b	Beta	F
unabh. Var.:				
	K1 (niedr. Kath.)	-6.24	-o.5o6	138.1
	K2 (mittl. Kath.)	-o.58	-o.o7o	2.3
	L (niedr. Landw.)	-4.93	-o.477	139.3
	LK1	1.85	o.151	12.2
	LK2	o.45	o.o51	1.4
	(konst)	47.88		

R^2 = o.687

Substantiell ergibt sich also kein von der rein dichotomen Be-Betrachtung abweichendes Bild. Die mit K2 verbundenen Effekte sind statistisch micht signifikant, was man mit Hilfe einer Tafel der F-Verteilung (df=1,22o) - vgl. Abschnitt 4.2 - feststellen kann. Dies bedeutet inhaltlich, daß die Wahlkreise mit mittlerem Katholikenanteil in etwa das gleiche Bild zeigen wie die Wahlkreise insgesamt. Im übrigen ergibt sich eine der dichotomen Betrachtung recht ähnliche inhaltliche Interpretation der Regressionsrechnung, so daß die Wahl, das unabhängige Merkmal Katholiken-Anteil zu dichotomisieren oder zu trichotomisieren, keinen wesentlichen Einfluß auf das substantielle Resultat hat.

Da die Wahl der Basiskategorie, also derjenigen Ausprägung, die nicht direkt durch eine Dummy-Variable repräsentiert wird, beliebig ist, stellt sich natürlich die Frage, wie sich der dazugehörige Haupteffekt aus den übrigen explizit ermittelten berechnen läßt. Es gilt generell, daß die Summe aller Effekte eines Typs - also zum Beispiel aller Haupteffekte zum Katholikenanteil stets Null ergibt. In unserem Beispiel ist also der Effekt von hohem Katholikenanteil (KT=3) gleich - (-6.24 - o.58) = 6.82.

Diese Tatsache kann man sich mit Hilfe der Effektinterpretation leicht plausibel machen. Wegen der Orthogonalität ist nämlich das Mittel aus den arithmetischen Mitteln für die CDU-Anteile in Subpopulationen mit niedrigem bzw. mittlerem bzw. hohem Katholikenanteil gleich dem 'grand mean' , dem Mittel der CDU-Anteile über alle Subpopulationen. Betrachte ich nun die Subpopulationsmittelwerte als Meßreihe, so sind die Effekte gerade die um ihren Mittelwert verminderten Meßwerte; für jede Reihe von Meßwerten gilt aber, daß die Summe der Abweichungen vom gemeinsamen arithmetischen Mittel Null ist (vgl. BENNINGHAUS, 1976, S.47).

Dieses Ergebnis kann man jedoch auch durch eine lineare Transformation der Design-Matrix herleiten. Betrachte ich nämlich statt K1 und K2 folgende Dummy-Variablen

$$KK1 = K1 - K2 \quad \text{und} \quad KK3 = -K2 \quad ,$$

so sind KK1 und KK3 die Dummy-Variablen, die sich bei der Wahl von 'mittlerem Katholikenanteil' als Basiskategorie ergeben.

In Matrixform:

$$\begin{bmatrix} KK1 & KK3 \end{bmatrix} = \begin{bmatrix} K1 & K2 \end{bmatrix} \begin{bmatrix} 1 & 0 \\ -1 & -1 \end{bmatrix}$$

Diese Transformationsmatrix ist gleich ihrer Inversen (Nachrechnen), also folgt nach den Überlegungen in Abschnitt 2.3.4, daß für die Koeffizienten des transformierten Ansatzes gilt:

$$\begin{bmatrix} b_1^t \\ b_3^t \end{bmatrix} = \begin{bmatrix} 1 & 0 \\ -1 & -1 \end{bmatrix} \begin{bmatrix} b_1 \\ b_2 \end{bmatrix}$$

Somit speziell $b_3^t = -b_1 - b_2 = -(b_1 + b_2)$.

Machen wir uns nun die Eigenschaft, daß die Ausprägungen des polytomen Merkmals in festen Abständen zueinanderstehen - wie dies etwa bei der Gruppierung von ursprünglich metrischen Variablen erreicht werden kann, für die Konstruktion der Dummy-Variablen und damit der Design-Matrix für den Regressionsansatz nutzbar. Man konstruiert die Dummy-Variablen dann nämlich so, daß die Matrix X'X wieder Diagonalgestalt bekommt und damit die Regressionslösung besonders einfach zu erhalten ist. Formalstatistisch gesehen benutzt man zur Lösung dann sogenannte orthogonale Polynome und erhält dann lineare, quadratische, kubische etc. Effekte. Der hieran näher interessierte Leser sei auf DRAPER/SMITH (1966, S.15off) verwiesen; wir wol-

len uns darauf beschränken, die Grundidee anhand unseres Beispiels zu erläutern. Betrachtet man statt K1 und K2 die Dummy-Variablen

$$o1 = K1 \quad \text{und} \quad o2 = 2/3K1 - 4/3K2$$

und bezieht diese in die Design-Matrix ein, so bekommt die Matrix folgende Gestalt:

$$\begin{array}{c} \\ \\ \\ \\ \\ \\ \\ \end{array}\begin{array}{cccccc} & O1 & O2 & L & LO1 & LO2 \end{array}$$

$$\left[\begin{array}{cccccc} 1 & 1 & 2/3 & 1 & . & . \\ 1 & 1 & 2/3 & -1 & . & . \\ 1 & o & -4/3 & 1 & . & . \\ 1 & o & -4/3 & -1 & . & . \\ 1 & -1 & 2/3 & 1 & . & . \\ 1 & -1 & 2/3 & -1 & . & . \\ \hline & & & \vdots & & \\ & & & \vdots & & \end{array}\right]$$

Damit folgt:

$$X'X = \begin{bmatrix} 6 & & & & & \\ & 4 & & & & \\ & & 16/3 & & & \\ & & & 6 & & \\ & & & & 4 & \\ & & & & & 16/3 \end{bmatrix} n/6 \quad \text{und} \quad (X'X)^{-1} = 1/n \begin{bmatrix} 1 & & & & & \\ & 3/2 & & & & \\ & & 9/8 & & & \\ & & & 1 & & \\ & & & & 3/2 & \\ & & & & & 9/8 \end{bmatrix}$$

Damit und der Bestimmung von X'Y kann man nun leicht nachrechnen, daß der Effekt von O1 gerade gleich der Hälfte der Differenz der arithmetischen Mittel für die Wahlkreise mit niedrigem bzw. hohem Katholiken-Anteil ist. Dieser Effekt wird auch als linearer Effekt bezeichnet, weil er den Unterschied zwischen niedrigster und höchster Ausprägung der unabhängigen Variable in ihrer Auswirkung auf die Zielvariable mißt. Wäre die Veränderung von Ausprägung zu Ausprägung immer gleich groß, stiege oder fiele also der Einfluß des unabhängigen Merkmals linear an, dann könnte man allein aus diesem Effekt die übrigen Effekte ableiten.

Mit einer analogen Rechnung zeigt man, daß der zu O2 gehörige Regressionskoeffizient gerade die Hälfte der Differenz zwischen dem arithmetischen Mittel für den CDU-Anteil für Wahlkreise mit hohem oder niedrigem Katholiken-Anteil und denen mit mittlerem Katholikenanteil ist. Graphisch veranschaulicht mißt dieser Effekt also gerade die Abweichung von einem linearen Anstieg der Subpopulationsmittelwerte, die man über den zugehörigen Ausprägungen des unabhängigen Merkmals abträgt. Wiederum kann man durch Betrachtung der Transformationsmatrix schneller zum Ziel kommen. Es ist

$$\begin{bmatrix} o1 & o2 \end{bmatrix} = \begin{bmatrix} K1 & K2 \end{bmatrix} \begin{bmatrix} 1 & 2/3 \\ 0 & -4/3 \end{bmatrix}$$

Somit gilt für die Regressionskoeffizienten

$$\begin{bmatrix} b_1^o \\ b_2^o \end{bmatrix} = \begin{bmatrix} 1 & 1/2 \\ 0 & -3/4 \end{bmatrix} \begin{bmatrix} b_1 \\ b_2 \end{bmatrix}$$

Also: $b_1^o = b_1 + o.5b_2 = o.5\ (b_1 + (b_1 + b_2)) = o.5\ (b_1 - b_3^t)$

$$b_2^o = -\ o.75\ b_2 = o.25\ (b_1 - b_1 - b_2 - 2b_2) = o.25 (b_1 + b_3^t - 2b_2)$$

$$= o.5\ (o.5\ (b_1 + b_3^t) - b_2)$$

5.3. Der Einfluß eines Kodierungswechsels

Wie wir schon bemerkt hatten, hat die Wahl einer spezifischen Kodierung für die Dummy-Variablen zwar keinen Einfluß auf die Güte des Regressionsmodells insgesamt, also die Größe des Determinationskoeffizienten, wohl aber auf die Größe der unstandardisierten Regressionskoeffizienten. Wenn insbesondere Interaktionsterme mitberücksichtigt werden, dann verändern sich nicht nur die Schätzwerte für die einzelnen Koeffizienten, sondern zum Teil auch die Prüfgrößen F für die Inferenzbetrachtungen. Hält man die für diese Inferenzüberlegungen notwendigen Voraussetzungen für gegeben und entscheidet man mit Hilfe der F-Werte darüber, welche Terme für die endgültige Interpretation berücksichtigt werden, so kann die Wahl der Kodierung unter Umständen einen Einfluß darauf haben, welche Effekte man für wesentlich hält. Dies gilt um so mehr, wenn die Datenkonstellation vermuten läßt, daß etwa die Voraussetzung der Streuungsgleichheit nicht erfüllt ist, also die üblichen Inferenzbetrachtungen besser nicht durchgeführt werden. In diesem Fall orientiert man sich zwangsläufig an den Schätzwerten für die einzelnen Effekte, die bei einem Kodierungswechsel sehr viel ausgeprägter ihren Wert verändern als die F-Werte, bei denen ja auch die ebenfalls veränderte Standardabweichung für die einzelnen Effekte mitberücksichtigt wird.

Wir haben bisher die +1/-1 Kodierung für Dummy-Variablen bzw. daraus abgeleitete lineare Transformationen betrachtet. Die Entscheidung für diese spezielle Kodierung ist insbesondere durch die Möglichkeit einer intuitiv sehr plausiblen Deutung der Regressionskoeffizienten in Form von Haupt- bzw. Interaktionseffekten (bei orthogonalen Ansätzen sogar im strengen Sinn) gerechtfertigt. In der Literatur findet sich jedoch auch häufig die 1/o Kodierung, so daß wir die Veränderung der Regressionslösung beim Übergang zu dieser Kodierung näher untersuchen wollen. Wie wir in Abschnitt 2.3.4. gezeigt und näher diskutiert haben, läßt sich ein solcher Kodierungswechsel als lineare Transformation der Design-Matrix beschreiben, also eine Multiplikation der nxm-Matrix X mit einer mxm-Matrix S, wobei m die Zahl der Spalten von X, also der Terme im Regressionsansatz angibt. Betrachten wir den einfachen Fall nur zweier unabhängigen Merkmale, die in dichotomer Form vorliegen, einschließlich ihres Interaktionseffekts, also genau die in Abschnitt 5.1. im Beispiel behandelte Situation. Dann ist die Design-Matrix X eine nx4-Matrix, die wir schon explizit angegeben haben. Betrachtet man die folgende Matrix S

$$\begin{bmatrix} 1 & 1/2 & 1/2 & 1/4 \\ o & 1/2 & o & 1/4 \\ o & o & 1/2 & 1/4 \\ o & o & o & 1/4 \end{bmatrix} ,$$

so ist XS gerade die Design-Matrix, die auf der 1/o Kodierung der Dummy-Variablen beruht, was man leicht nachrechnen kann. Bezeichnen wir die Lösung für diese neue Design-Matrix mit b^t, so haben wir in Abschnitt 2.3.4. gezeigt, daß gilt $b^t = S^{-1}b$. Mit diesem Ergebnis können wir nun also die Beziehung zwischen den beiden Lösungsvektoren im einzelnen untersuchen. Wie man wiederum leicht nachrechnet, gilt:

$$S^{-1} = \begin{bmatrix} 1 & -1 & -1 & 1 \\ o & 2 & o & -2 \\ o & o & 2 & -2 \\ o & o & o & 4 \end{bmatrix} \quad \text{und } b^t = \begin{bmatrix} b_o - b_1 - b_2 + b_3 \\ 2b_1 - 2b_3 \\ 2b_2 - 2b_3 \\ 4b_3 \end{bmatrix}$$

Somit vervierfacht sich der Interaktionseffekt, während die Haupteffekte verdoppelt, aber gleichzeitig auch um das Doppelte des ursprünglichen Interaktionseffekts vermindert werden. Somit wird rein deskriptiv betrachtet der Interaktionseffekt bei der 1/o-Kodierung stärker betont, während der zugehörige F-Wert unverändert bleibt, da auch die Standardabweichung von b_3^t sich vervierfacht. Ähnlich eindeutige Aussagen lassen sich jedoch für die Haupteffekte nicht mehr machen, hier hängen die Veränderungen stark von der Datenkonstellation im Einzelfall ab. Betrachtet man gar drei dichotome unabhängige Variable und sämtliche dann möglichen Interaktionsterme, so wird die Situation für die Haupteffekte noch unübersichtlicher. In diesem Fall verachtfacht sich der Interaktionseffekt dritter Ordnung, während sich die Interaktionseffekte zweiter Ordnung allesamt vervierfachen. Wie wir gesehen haben, ist die Interpretation von Interaktionstermen immer etwas mühselig, daß es unter deskriptiven Gesichtspunkten sinnvoll ist, mit einer Kodierung zu arbeiten, bei der die Schätzwerte für die zu den Interaktionstermen gehörigen Regressionskoeffizienten möglichst klein sind. Nach unseren Überlegungen ist dies aber gerade bei der +1/-1 Kodierung der Fall.

Im Bedarfsfalle kann man mit der hier an einem Beispiel vorgestellten Methode die Auswirkungen des Wechsels zu weiteren Kodierungen oder bei komplexeren Ausgangssituationen (beliebig polytome Merkmale) im einzelnen untersuchen. Wir wollen hier jedoch auf eine Ausweitung dieser Diskussion verzichten und uns nun den vollständig nicht-metrischen Datenkonstellationen zuwenden.

6. Der GSK-Ansatz

Der von GRIZZLE, STARMER und KOCH (1969) vorgeschlagene Ansatz stellt den Versuch dar, einer Vielzahl von Ansätzen und Überlegungen in bezug auf die Analyse von Kontingenztafeln einen geschlossenen Rahmen zu geben. Die inferenzstatistischen Betrachtungen innerhalb dieses Ansatzes gehen dabei auf Ergebnisse von WALD und NEYMAN aus den vierziger Jahren zurück. So gesehen handelt es sich also nicht um einen völlig neuen Ansatz; das Originäre besteht vielmehr darin, daß einzelne schon bekannte Resultate zu einem geschlossenen Analyseansatz zusammengefaßt wurden.

Im Rahmen dieses Skripts werden wir aus didaktischen Gründen diese Vorgehensweise nicht in ihrer vollen Allgemeinheit beschreiben, sondern uns auf den für die Forschungspraxis wohl wichtigsten Anwendungsfall der multivariaten Analyse eines Sets von nicht-metrischen Daten beschränken, wie man sie in Analogie zur metrischen Regressionsrechnung durchführen kann. Zur Ergänzung der hier gegebenen Darstellung sei insbesondere auf eine Reihe von Artikeln von Herbert KRITZER (1977, 1978, 1979) verwiesen.

Will man mit diesem Ansatz praktisch arbeiten, so ist es unumgänglich, über ein entsprechendes EDV-Programm zu verfügen. Aus arbeitsökonomischen Gründen empfiehlt es sich, von eigenen Programmierungsbemühungen abzusehen und das ebenfalls von KRITZER entwickelte Programm NONMET II zu benutzen, das gegen eine geringe Lizenzgebühr erhältlich ist. Im Gegensatz zur metrischen Regression, wo zwar vielerorts das SPSS-Paket eine Möglichkeit bietet, die entsprechenden Berechnungen computergestützt durchzuführen, wo es aber auch eine Reihe anderer Programmpakete (etwa OSIRIS, BMDP) gibt, ist NONMET das sozusagen natürliche Pendant zum GSK-Ansatz. Wir werden deshalb hier auch explizit auf die praktische Durchführung der Berechnungen mit diesem Programm eingehen; insbesondere im Abschnitt 6.5. Dies scheint auch deshalb angebracht, weil die zugehörige Benutzerbeschreibung zwar die vielfältigen Möglichkeiten, die dieses

Programm bietet, durchaus adäquat beschreibt, aber eben wegen dieser Vielfältigkeit für den Neuling doch recht verwirrend ist. Für die Art der Analysen, die wir im folgenden als Anwendungsbeispiele durchführen und die für die Forschungspraxis in der Regel auch völlig ausreichend sein werden, läßt sich die Programmbeschreibung auf etwa ein Zehntel ihres ursprünglichen Umfangs komprimieren.
Wir haben wiederholt betont, daß man multivariate Analyse nur unzureichend im 'Trockenkurs', also ohne eigenes praktisches Arbeiten - auch wenn dies zunächst nur im Nachvollzug der hier diskutierten Anwendungsbeispiele besteht - lernen kann, und so wollen wir auch hier zunächst das Datenmaterial, auf das wir uns im folgenden stützen, etwas näher beschreiben.
Die im folgenden benutzten Daten stammen aus den Untersuchungen der FORSCHUNGSGRUPPE WAHLEN e.V. in Mannheim, die diese zur Bundestagswahl 1976 durchgeführt hat. In löblichem Unterschied zu anderen Instituten werden diese Daten über das Kölner ZENTRALARCHIV für empirische Sozialforschung der wissenschaftlichen Öffentlichkeit für Zwecke der Sekundäranalyse zugänglich gemacht. Die Studie ist im Zentralarchiv unter der Nummer 823-825 archiviert und kann von dort gegen Erstattung der - geringen - Unkosten bezogen werden.
Aus der sehr umfangreichen Untersuchung - einem 3-Wellen Panel; also einer dreimaligen Befragung der gleichen nach Zufallsprinzipien ausgewählten Personen in zeitlichem Abstand - sind für das folgende nur einige wenige Merkmale ausgewählt worden, wobei wir die gleiche Fragestellung wie im ersten Teil des Skripts verfolgen, nämlich versuchen, die Wahlentscheidung für die CDU mit Hilfe struktureller Merkmale zu erklären. CDU steht hier wie vorher - die Bayern mögen es verzeihen - abkürzend für CDU/CSU. Während wir im ersten Teil exakte Wahlergebnisse zur Verfügung hatten, dafür aber allein auf einer höheren Aggregatebene, der der Wahlkreise, im strengen Sinne statistisch abgesicherte Ergebnisse erhalten konnten, verfügen wir nun über Daten auf der Individualebene, müssen dafür aber in Kauf nehmen, daß die Angaben der Befragten über ihre Wahl-

entscheidung möglicherweise in nicht unbeträchtlichem Umfang von der tatsächlichen Wahlentscheidung abweichen (vgl. KAASE, 1973). Mit anderen Worten, die Messung unserer Zielvariablen mag mit einem beträchtlichen Fehler behaftet sein.

Bei der Auswahl der unabhängigen Merkmale haben wir uns - wie schon bemerkt - auf 'strukturelle' Merkmale beschränkt, wie Schicht, Religionszugehörigkeit, Geschlecht, Alter etc.; issueorientierte Merkmale (etwa Bewertung der Reform des § 218), Sympathieskalen und dergleichen aber nicht betrachtet. Ebenso haben wir auch die Frage der Wählerwanderung nicht betrachtet, so daß sich eine Fülle von Möglichkeiten bietet, die hier diskutierten Beispiele inhaltlich auszuweiten. Zum Zusammenhang von Wahlentscheidung und strukturellen Merkmalen bieten insbesondere die Arbeiten von PAPPI (etwa 1977) eine ausgezeichnete thematische Einführung.

Die hier explizit betrachteten Merkmale entstammen der dritten Welle des Panels, die nach der Wahl im November 1976 durchgeführt wurde; bei der Zielvariable handelt es sich also nicht um eine Wahlabsicht, sondern die Erinnerung an eine schon vollzogene Wahl. Wir geben im folgenden einen Überblick über die betrachteten Merkmale und die vorgenommenen Gruppierungen, wobei wir zur späteren leichteren Identifizierung die Variablennumerierung des ZENTRALARCHIVs mitangeben.

Bei den angegebenen Zahlen handelt es sich um absolute Häufigkeiten. In der dritten Welle konnten insgesamt noch N=1196 von ursprünglich 2o76 Personen befragt werden.

Zielvariable: Zweitstimme Bundestagswahl '76 (VARo437)

CDU	498	498	498
SPD	499	596 (SPD bis missing)	499
FDP	85		97 (FDP bis missing)
NPD	1		
DKP	8		
anderes	3		
missing	1o2		

Unabhängige Merkmale:

Selbsteinstufung soziale Schicht (VARo54o)

Beamte	135	46o	46o	46o
Angestellte	325			
Arbeiter	413	735	413	413
kl. Selbst.	9o		322	161
Unternehmer	8			
Landwirte, Bauern	25			
keine dieser	38			
Rentner	161			161
missing	1			

Religionszugehörigkeit (VARo55o)

katholisch	529	529
protest./evang.	563	658
anderes	21	
keine	74	
missing	9	

Häufigkeit des Kirchgangs (Varo551)

jeden Sonntag	119	264
fast jd Sonntag	145	
ab und zu	348	839
einmal im Jahr	132	
seltener	211	
nie	148	
missing	93	

Gewerkschaftsmitglieder im Haushalt (VARo549)

selbst Mitglied	2o5	4o5
nur andere	155	
selbst und andere	45	
niemand	769	769
missing	22	

In der ersten Phase der Analyse wurden darüber hinaus noch die Merkmale Geschlecht (VARo543), Familienstand (VARo544), Geburtsjahr (VARo546) betrachtet, dann aber aus noch darzulegenden Gründen zugunsten der erstgenannten vernachlässigt. Weiterhin wurde versuchsweise beim Merkmal Schicht die Gruppe der kleinen Selbständigen zu den Angestellten und Beamten geschlagen, was aber keine substantielle Veränderung der Resultate ergab. Die relativ schiefe Verteilung beim Kirchgang wurde beibehalten, weil hierfür gute inhaltliche Gründe sprechen. Interessant für eine weitergehende Überprüfung wäre es, die Mitgliedschaft in der Gewerkschaft als trichotomes Merkmal zu behandeln. Dies sei dem Leser schon jetzt als Übungsaufgabe empfohlen.

6.1. Metrisierungen der Zielvariablen

Ausgangspunkt für die Betrachtung des Zusammenhangs von diskreten Daten ist die Kreuztabelle oder Kontingenztafel, wie sie aus der zweidimensionalen Betrachtung ja wohl vertraut ist (BENNINGHAUS, 1974, S.64 ff). Betrachtet man mehr als zwei Merkmale gleichzeitig, so kann man den empirischen Befund entweder mit Hilfe einer Reihe von solchen zweidimensionalen Kreuztabellen, die sich dann jeweils nur auf einen Teil aller Einheiten beziehen, darstellen (BENNINGHAUS, 1974, S.259) oder man betrachtet die verschiedenen möglichen Ausprägungs*kombinationen* der unabhängigen Merkmale gegenüber den Ausprägungen der Zielvariablen. Dies setzt natürlich voraus, daß man aus theoretischen Gründen eine der betrachteten Variablen als Ziel- oder abhängige Variable definiert, wie man dies bei der metrischen Regressionsrechnung ja auch tun muß. Wir werden im Abschnitt 7 sehen, daß eine solche Festlegung im GOODMAN-Ansatz nicht notwendig ist, sondern dort zunächst alle Merkmale symmetrisch betrachtet werden können.
Betrachtet man also die Ausprägungs*kombinationen* aller unabhängigen Merkmale als gewissermaßen Super-Variable, so kann man den Befund wieder in einer formal zweidimensionalen Tafel darstellen. Wir wollen dies am Beispiel erläutern. Für die drei unabhängigen Merkmale Gewerkschaftsmitgliedschaft (im folgenden kurz G), Kirchgang (K) und Religionszugehörigkeit (R) und die Zielvariable ergibt sich dann Tabelle 6.1., wenn wir zunächst alle Merkmale in ihrer dichotomisierten Form betrachten.
Diese Konstellation ist der im vorigen Abschnitt betrachteten Situation schon recht ähnlich. Wiederum kann man die Gesamtpopulation in Subpopulationen aufteilen, die homogen sind hinsichtlich der Ausprägungen der unabhängigen Merkmale.
Während zuvor jedoch die Zielvariable innerhalb jeder Subpopulation eine Vielzahl von Werten annehmen konnte, die noch dazu auf einer festen Skala (Metrik) angeordnet waren, hat nun die Zielvariable innerhalb jeder Subpopulation - und natürlich auch insgesamt - nur zwei mögliche Werte; wenn wir später be-

Tab. 6.1. Gemeinsame Verteilung von 4 dichotomen Merkmalen

G	K	R	andere	CDU	
ja	regelmäßig	kath	12	46	58
ja	regelmäßig	and	6	4	1o
ja	nicht reg	kath	67	27	94
ja	nicht reg	and	141	36	177
nein	regelmäßig	kath	22	12o	142
nein	regelmäßig	and	15	19	34
nein	nicht reg	kath	84	1o5	189
nein	nicht reg	and	174	112	286
					N= 99o

liebig polytome Merkmale betrachten auch mehr, aber diese Ausprägungen haben zueinander keine wohldefinierten Abstände mehr. Die Grundidee des GSK-Ansatzes - und auch des GOODMAN-Ansatzes - besteht nun darin, nicht mehr die Individuen bzw. ihre Werte für die Zielvariable für sich zu betrachten, sondern die durch die unabhängigen Merkmale definierten Subpopulationen und auf dieser Aggregatebene dann eine metrische Zielvariable, die die Verteilung der ursprünglichen Zielvariablen widerspiegelt.

Das klingt kompliziert, knüpft aber an eine wohl bekannte Verfahrensweise an. Betrachten wir für den Augenblick einmal nur eine unabhängige Variable, z.B. die Religionszugehörigkeit. Den empirischen Befund stellen wir dann in der wohlvertrauten Form der Vierfeldertafel dar:

	and.	CDU	and.	CDU	
kath	185	298	38.3%	61.7%	1oo%
and	336	171	66.3%	33.7%	1oo%

Eines der einfachsten Assoziationsmaße zur Untersuchung des Zusammenhangs von zwei Merkmalen - hier der Religionszugehörigkeit und der Wahlentscheidung - ist die Prozentsatzdifferenz (BENNINGHAUS, 1974, S.95). Dabei vergleichen wir den CDU-Anteil in der Subpopulation der Katholiken mit dem CDU-Anteil in der Subpopulation der Befragten mit anderer Religionszugehörigkeit. Hier ergibt sich ein Wert von d=o.28 bzw. bei Beachtung der gewählten Anordnung ein Wert von d=-o.28.
Was aber haben wir bei dieser Betrachtungsweise getan? Wir ha-

ben abgesehen von der Wahlentscheidung jedes einzelnen Befragten und haben stattdessen die durch die - eine - unabhängige Variable erzeugten homogenen Subpopulationen - die Katholiken und die Nicht-Katholiken - betrachtet. Dort haben wir eine neue metrische Variable betrachtet, den Anteil der Befragten in der jeweiligen Subpopulation, der auf die CDU entfällt. Diese neue metrische Variable spiegelt zudem gerade die Verteilung der ursprünglichen Zielvariablen Wahlentscheidung wider.
Genau dies hatten wir aber allgemein als Grundidee des GSK-Ansatzes bezeichnet. Während bei einer unabhängigen - dichotomen - Variable nur zwei Subpopulationen zu betrachten sind, sind es aber in unserem Beispiel schon acht. Allgemeiner ist die Zahl dieser Subpopulationen gleich dem Produkt aus der Zahl der Ausprägungen für die einzelnen unabhängigen Merkmale. Zwar kann man auch dann für jede Subpopulation leicht den CDU-Anteil - also allgemeiner die Werte der 'metrisierten' Zielvariable - bestimmen, aber aus zum Beispiel acht solchen Werten lassen sich schon über 5o verschiedene Differenzen bilden.

Kommen wir deshalb zum <u>zweiten Teil der Grundidee,</u> die eigentlich nun ganz nahe liegt. Auf der Ebene der Subpopulationen haben wir ja nun eine metrische Zielvariable, und da die Ausprägung für ein unabhängiges Merkmal innerhalb jeder Subpopulation für die einzelnen Individuen ja konstant ist, kann man diese Ausprägung der Subpopulation insgesamt zuschreiben, also die unabhängige Variable für Subpopulationen definieren, und damit die Analyseebene vorübergehend ganz auf die Ebene der Subpopulationen verlegen, d.h. eine <u>Regressionsrechnung mit nicht-metrischen unabhängigen und einer metrischen abhängigen Variablen mit den Subpopulationen als Einheiten</u> durchführen.

Damit sind alle Überlegungen, die wir im Abschnitt 5 angestellt haben, unmittelbar auf die jetzt betrachtete Konstellation übertragbar. Bevor wir dies in Abschnitt 6.3. anhand des Beispiels konkretisieren, wollen wir uns mit der Metrisierung der Zielvariablen noch näher befassen. Der mit weniger Geduld für systematische Darlegungen versehene Leser kann die folgenden Ausführungen jedoch auch zunächst überspringen und gleich zu Abschnitt 6.3. übergehen.

Die Metrisierung der Zielvariablen durch den Anteil der Befragten, die jeweils in die erste Ausprägung der Zielvariable fallen - man könnte natürlich genausogut die zweite Ausprägung betrachten; da die Summe beider Anteile Eins ergeben muß, ist dies eine reine Konvention -,ist zwar ein naheliegendes Verfahren und bringt - wie wir in Abschnitt 6.3. genauer diskutieren werden - für die substantielle Interpretation erhebliche Vorteile, ist aber durchaus nicht der einzig mögliche Weg. Unter formal-statistischen Gesichtspunkten erscheint diese Vorgehensweise sogar mit erheblichen Problemen verbunden. Definitionsgemäß können Anteilswerte nur zwischen Null und Eins liegen. Führt man nun eine Regressionsrechnung mit einer zwar metrischen, aber in ihrem Wertebereich beschränkten Zielvariable durch - und genau dies tun wir im GSK-Ansatz, wenn auch auf der Ebene der Subpopulationen -, so kann der Fall auftreten, daß die aus der Regressionsgleichung berechneten Prädictorenwerte außerhalb des inhaltlich eigentlich sinnvollen Bereich liegen. Die Gefahr ist natürlich um so größer, je dichter die empirischen Ausgangswerte schon an den Grenzen liegen, also konkreter gesprochen in Subpopulationen Anteilswerte auftreten, die dicht bei Null oder dicht bei Eins liegen. Theoretisch ist es also denkbar, daß man dann einen Predictorwert erhält, der negativ ist, und dies kann man nicht inhaltlich sinnvoll interpretieren.

Der zweite formal-statistische Einwand gegen diese Art der Metrisierung geht dahin, daß die inferenzstatistischen Überlegungen - die beim GSK-Ansatz zwar von denen bei gewöhnlicher Regression abweichen (vgl. Abschnitt 6.6.) - dennoch aber auch von in ihrem Wertebereich unbeschränkten Merkmalen ausgehen. Diese formal-statistischen Probleme kann man jedoch vermeiden, wenn man statt des Anteilswertes für die erste Ausprägung das Verhältnis der beiden Anteile betrachtet oder noch einen Schritt weitergehend den natürlichen Logarithmus dieses Verhältnisses. Betrachten wir das zunächst an unserem Beispiel (vgl. Tab.6.1.):

Tab. 6.2. Verschiedene Metrisierungen der Zielvariable

Subpop.	and.	CDU	p	q	p/q	ln(p/q)	4p-2
1	12	46	o.2o7	o.793	o.26	-1.34	-1.17
2	6	4	o.6oo	o.4oo	1.5o	o.41	o.4o
3	67	27	o.713	o.287	2.48	o.91	o.85
4	141	36	o.797	o.2o3	3.93	1.37	1.19
5	22	12o	o.155	o.845	o.18	-1.7o	-1.38
6	15	19	o.441	o.559	o.79	-o.24	-o.24
7	84	1o5	o.444	o.556	o.8o	-o.22	-o.22
8	174	112	o.6o8	o.392	1.55	o.44	o.43

Da q ja gleich 1-p ist, stehen die Werte für p und p/q bzw. ln(p/q) in einem eindeutigen Verhältnis zueinander, d.h. unter dem Gesichtspunkt der Beschreibung der ursprünglichen Zielvariable Wahlentscheidung für jede der Subpopulationen ist es im Grunde gleichgültig, ob man dazu nun die Größe p oder die Größe ln(p/q) benutzt. Die Größe p/q ist zunächst einmal nicht mehr nach oben beschränkt, sie kann beliebig große Werte annehmen, aber sie ist immer positiv. Durch die logarithmische Umformung wird jedoch auch diese Beschränkung beseitigt, die Größe ln(p/q) kann im negativen wie im positiven beliebig große Werte annehmen. Formalstatistisch ist diese Größe also eine bessere Metrisierung der Zielvariable, leider nur ist sie zugleich auch in hohem Maße unanschaulich. Während jedermann mit einer Aussage, daß der Anteil der CDU-Wähler unter den katholischen regelmäßigen Kirchgängern, bei denen niemand im Haushalt der Gewerkschaft angehört, 15.5% (Subpopulation Nr.5) beträgt, besitzt die analoge Größe - hier gerade -1.7o - keine anschauliche Bedeutung. Trotzdem ist es für bestimmte Anwendungssituationen sinnvoll, diese Unanschaulichkeit in Kauf zu nehmen, wie wir bei der Diskussion des GOODMAN-Ansatzes in Abschnitt 7, der ausschließlich auf dieser 'log-linearen' Betrachtungsweise aufbaut, sehen werden. Innerhalb des GSK-Ansatzes hat der Benutzer die Wahl zwischen der Metrisierung mit Hilfe von Anteilen p (additives Modell) und der mit Hilfe der 'log-odds' - ln(p/q). In diesem Falle spricht man auch von einem multiplikativen oder log-linearen

Modell. Diese Bezeichnungsweise wird bei der Diskussion des GOODMAN-Ansatzes noch klarer werden.

Die vorgetragenen Einwände gegen die Metrisierung mit Hilfe von Anteilen haben jedoch in einer Vielzahl von praktischen Anwendungssituationen nur wenig Relevanz. Zum einen ist das Hauptziel einer Regressionsanalyse ja nicht die Berechnung von Predictorenwerten, sondern zunächst einmal die Berechnung der Regressionskoeffizienten, mit deren Hilfe der empirische Befund erst einmal beschrieben werden soll. Gewiß sind Fälle denkbar, bei denen auch einer prognostischen Verwendung der Regressionsgleichung Bedeutung zukommt, aber diese Fälle sind eher im ökonomischen Bereich angesiedelt als im engeren Feld der Sozialwissenschaft. Von daher ist es also zwar unschön, aber vernachlässigbar, daß sich zuweilen Predictorwerte ergeben, die im substantiell nicht deutbaren Bereich liegen. Weitaus wesentlicher ist es, daß die Regressionskoeffizienten in anschaulicher Weise gedeutet werden können, und hier sind die Anteilswerte ganz ohne Frage vorzuziehen.

Darüber hinaus ergeben sich zwischen diesen beiden Alternativen ohnehin keine nennenswerten Unterschiede, solange die Anteilswerte im Bereich zwischen o.3 und o.7 liegen, also die Verteilungen in den einzelnen Subpopulationen nicht allzu schief sind. Für diesen Bereich gilt nämlich, daß die Größe $\ln(p/q)$ näherungsweise gleich $4p-2$ ist, also annähernd lediglich eine lineare Transformation der Zielvariablen darstellt, von der wir aus der Diskussion des allgemeinen Regressionsmodells wissen, daß sie keinen substantiellen Einfluß auf die Güte des Gesamtmodells hat.

Ist die Verteilung der Zielvariablen jedoch in einigen Subpopulationen schief - wie in unserem Beispiel bei den Subpopulationen Nr.1, 4 und 5 - so wird die Entscheidung zwischen additivem und multiplikativem Modell auch einen Einfluß auf das Endresultat haben. Wie dieser Einfluß im einzelnen beschaffen ist, läßt sich allgemein nicht sagen. Auf jeden Fall erhalten beim log-linearen Ansatz gerade die Subpopulationen mit den schiefen Verteilungen besonderes Gewicht.

Obwohl rein technisch betrachtet mit dem NONMET-Programm eine log-lineare Analyse genauso einfach durchgeführt werden kann wie die Analyse eines additiven Modells, sich der Anwender also nicht faktisch mit irgendwelchen Logarithmen plagen muß, geht unsere Empfehlung eindeutig in die Richtung, additive Modelle - also Anteilswerte - zu benutzen. Wir werden uns in diesem Abschnitt deshalb auch ganz auf additive Modelle konzentrieren, empfehlen dem Leser aber durchaus, einmal Parallelauswertungen mit Hilfe des log-linearen Modells vorzunehmen. Weiter sei auf eine solche vergleichende Diskussion bei KÜCHLER (1978a) verwiesen.

Bislang waren wir davon ausgegangen, daß die Zielvariable in dichotomer Form vorliegt, also eine Kennziffer ausreicht, um ihre jeweilige Verteilung zu beschreiben. Hat die Zielvariable aber nun im allgemeinen Fall k Ausprägungen, so sind zur Beschreibung ihrer Verteilung jeweils k-1 Anteilswerte notwendig. Der letzte k-te Anteilswert ergibt sich dann wieder als Differenz zu Eins. Man betrachtet deshalb im modifizierten Regressionsansatz nicht jede Subpopulation nur einmal, sondern gerade (k-1)mal mit den verschiedenen k-1 Anteilswerten als jeweiligen Werten für die Zielvariable.

Verdeutlichen wir das an unserem Beispiel. In der zunächst betrachteten Situation einer dichotomen Zielvariable wird eine Regressionsrechnung mit 8 Fällen durchgeführt. Jeder Fall entspricht einer Subpopulation, der Wert der (metrischen) Zielvariable ist der Anteil der Befragten, die andere Parteien als die CDU gewählt haben. Betrachten wir die Zielvariable in trichotomisierter Form, unterscheiden also Stimmabgabe für die SPD zusätzlich von der Wahl einer der kleinen Parteien, dann werden für den modifizierten Regressionsansatz gerade 16 Fälle betrachtet. Je zwei dieser Fälle entsprechen dabei der gleichen Subpopulation, ihre Werte für die unabhängigen Merkmale unterscheiden sich also nicht, wohl aber die für die Zielvariable. Der eine Fall hat den SPD-Anteil als Wert der Zielvariablen, der andere den Anteil der kleinen Parteien. Wie im Fall einer trichotomisierten Zielvariable dann die zugehörige Designmatrix

zu konstruieren ist, werden wir gleich in Abschnitt 6.2. diskutieren.
Zuvor müssen wir jedoch noch auf die im NONMET-Programm benutzte Terminologie eingehen, die auf eine möglichst generelle Darstellung ausgerichtet ist. Anderenfalls weiß der noch nicht eingeführte Benutzer dieses Programms mit bestimmten Meldungen, die im Ausdruck erscheinen, nichts anzufangen, kann sie also auch nicht für die hier diskutierte spezielle Situation als unwesentlich erkennen. Zum anderen können wir hiermit zugleich die Möglichkeit verdeutlichen, wie man noch ganz andere Metrisierungen der Zielvariable in den modifizierten Regressionsansatz eingehen lassen kann.
Ausgangspunkt der Betrachtung ist eine Kreuztabelle, wie wir sie in unserem Beispiel betrachtet haben. Die zu dieser Kreuztabelle gehörigen Häufigkeiten bilden das Ausgangsmaterial für die Analyse mit dem NONMET-Programm und müssen über Parameterkarten vom Benutzer zur Verfügung gestellt werden. (Wie man aus einer Vielzahl von denkbaren Kreuztabellen vorher wirklich 'lohnende' auswählt, werden wir noch besprechen.) Das Programm errechnet daraus zunächst den 'P-Vektor', der die zeilenweise bestimmten Anteilswerte enthält (vgl. Tab.6.2.); in unserem Beispiel ist dies gerade ein Vektor mit 8×2=16 Zeilen:

$$P = \begin{bmatrix} 0.207 \\ 0.793 \\ 0.600 \\ \vdots \\ 0.556 \\ 0.608 \\ 0.392 \end{bmatrix}$$

Multipliziere ich diesen Vektor $P_{16,1}$ von links mit einer Matrix $A_{8,16}$, so entsteht eine 8×1-Matrix, d.h. ein Vektor mit 8 Zeilen. Dieser Vektor wird mit F(P) bezeichnet und stellt die metrisierte Zielvariable, also die Zielvariable für den modifizierten Regressionsansatz auf der Ebene der Subpopulationen dar. Ist $A_{8,16}$ gerade die folgende Matrix, wobei an den leergelassenen Stellen jeweils Nullen zu denken sind, so besteht F(P) gerade aus den Anteilswerten für die erste Ausprägung der ursprünglichen Zielvariablen, wie man leicht nachrechnet:

$$\begin{bmatrix} 1\ o & & & & & & & \\ & 1\ o & & & & & & \\ & & 1\ o & & & & & \\ & & & 1\ o & & & & \\ & & & & 1\ o & & & \\ & & & & & 1\ o & & \\ & & & & & & 1\ o & \\ & & & & & & & 1\ o \end{bmatrix}$$

Statt dieser sehr einfach beschaffenen Matrix, kann man aber auch jede andere Matrix A benutzen; wie KRITZER in seiner Programmbeschreibung meint, setzt nur die Phantasie des Benutzers hier Beschränkungen. Bleibt man beim Standardvorgehen, so braucht man mit diesen Matrizen nicht tatsächlich zu hantieren; vielmehr werden sie intern vom Programm erzeugt und im Ausdruck erscheint dann eine diesbezügliche Meldung.
Neben diesen einfachen linearen Modellen können auch weit kompliziertere behandelt werden; ein Beispiel haben wir mit dem log-linearen Ansatz ja auch schon kennengelernt. Auch dann kann man die metrisierte Zielvariable als Matrizenprodukt darstellen, und zwar in folgender Form:

$$F(P) = K\ (\ \ln\ (AP)\ )$$

Das Logarithmuszeichen vor der Matrix AP bedeutet, daß jeder einzelne Wert der Matrix zu logarithmieren ist. Für den diskutierten log-linearen Ansatz ist $A = E$, also gleich der Einheitsmatrix, und K hat blockdiagonale Gestalt - wie A beim additiven Modell, nur daß die Blöcke jetzt 1 -1 statt wie vorher 1 o lauten. Berücksichtigt man, daß $\ln(p) - \ln(q) = \ln(p/q)$ gilt, so kann man auch dies sofort nachprüfen. Für noch kompliziertere Operationen sei auf die Programmbeschreibung verwiesen.

6.2. Die Design-Matrix

Da in der sogenannten Design-Matrix die Werte für die unabhängigen Merkmale, wie sie in den Regressionsansatz eingehen, zusammengefaßt sind - einschließlich einer Spalte aus lauter Ein-

sen, die den konstanten Term bei herkömmlicher Schreibweise repräsentiert, gilt zunächst einmal alles, was wir bereits in Abschnitt 5 diskutiert haben. Zwar haben wir nun stets relativ wenige Fälle für die Regressionsrechnung im formalen Sinn, jedoch stehen für Inferenzschlüsse innerhalb des GSK-Ansatzes spezifische Überlegungen zur Verfügung, so daß wir uns um die sonst wichtige Voraussetzung der Normalität der Verteilung der Zielvariable nicht kümmern müssen; auch wird dem Problem der Streuungsgleichheit auf besondere Weise Rechnung getragen; vgl. hierzu insbesondere Abschnitt 6.6.
Wir führen also eine Regressionsrechnung mit relativ wenigen Fällen durch, jedoch wird den für den gewöhnlichen - metrischen - Fall erhobenen Warnungen vor solchen Regressionsrechnungen hier durch spezifische Inferenzüberlegungen Rechnung getragen. Dies sei an dieser Stelle ausdrücklich vermerkt, um eventuellen Mißverständnissen vorzubeugen.
Solange die Zielvariable dichotom ist, entspricht die Zahl der Fälle im modifizierten Regressionsansatz genau der Zahl der Subpopulationen. Gemäß den in Abschnitt 5.1 angestellten Überlegungen sollten dichotome unabhängige Merkmale +1/-1 kodiert werden, was auch die Standard-Option im NONMET-Programm ist.
Bei Verwendung dieser Standardoption wird die Design-Matrix intern vom Programm erzeugt, d.h. der Benutzer muß auch hier nicht explizit mit Matrizen hantieren. Das gleiche gilt für die ebenfalls übliche 1/o Kodierung (vgl. Abschnitt 5.3.).
Sind die unabhängigen Merkmale nicht dichotom, müssen sie also durch spezielle Dummy-Variablen im Regressionsansatz repräsentiert werden, so ist das in Abschnitt 5.2 diskutierte Verfahren wiederum die sogenannte 'default option' des NONMET-Programms, d.h. daß das Programm intern die Dummy-Variablen in dieser Form erzeugt, es sei denn der Benutzer gibt über Parameterkarten explizit eine andere Matrix vor.
Es ist sinnvoll - dies abweichend vom Vorgehen bei metrischer Regression - zunächst ein Modell zu betrachten, daß alle möglichen Interaktionseffekte enthält. Derartige Modelle nennt man 'saturiert', also auf deutsch gesättigt. Die Bezeichnung rührt

daher, daß die Zahl der Terme im Regressionsansatz dann - einschließlich des konstanten Terms - gerade gleich der Zahl der Fälle (Subpopulationen) ist. Das wiederum - so hatten wir uns früher anhand der allgemeinen Lösung überlegt - führt dazu, daß die Residuen allesamt verschwinden, also das Regressionsmodell den empirischen Befund perfekt beschreibt. Da man dann allerdings auch genauso viele Regressionskoeffizienten wie vorher schon Werte für die Zielvariable hat, ist man dem Ziel einer zusammenfassenden Beschreibung des empirischen Befundes noch kaum näher gekommen. Die Betrachtung eines saturierten Modells ist also lediglich eine informationsverlustfreie Umformung der Daten und stellt nur eine Zwischenetappe auf dem Weg zu einem guten oder gar 'bestem' Modell dar. Die Design-Matrix für diesen ersten Analyseschritt kann durch eine kurze Angabe auf einer Parameterkarte impliziert werden (vgl. dazu auch Abschnitt 6.5.).

Der modifizierte Regressionsansatz in der GSK-Methode ist im Sinne der Terminologie von Abschnitt 5 ein orthogonaler Ansatz, denn jede Ausprägungskombination der unabhängigen Merkmale kommt gleich oft vor; nämlich genau einmal, solange wir eine dichotome Zielvariable betrachten. Dies gilt jedoch nur solange, wie alle Subpopulationen auch tatsächlich Befragte enthalten. Ist eine Subpopulation jedoch leer, so kann für diese Subpopulation kein Anteilswert gefunden werden, weil die Division von o durch o keinen eindeutigen Wert ergibt.

In dem bislang betrachteten Beispiel (Tab. 6.1. bzw. 6.2.) umfaßt die kleinste Subpopulation, die der regelmäßigen Kirchgänger nichtkatholischer Religionszugehörigkeit mit einem Gewerkschaftsmitglied im Haushalt (Subpopulation Nr.2), zehn Befragte. Bezieht man nun weitere Merkmale in die Analyse mit ein, so spaltet sich diese Subpopulation noch weiter auf, und in unserem Datensatz befindet sich z.B. kein Beamter/Angestellter unter 4o Jahren mit dieser Eigenschaft. Eine sechsdimensionale Analyse unter Einbezug der unabhängigen Merkmale Schicht und Alter führt damit zu einer leeren Subpopulation.

Solche leeren Subpopulationen (Fälle mit nicht definierter me-

trisierter Zielvariable) werden aus dem Regressionsansatz weggelassen. Dies hat zwei Konsequenzen: Der Ansatz ist nicht mehr orthogonal, so daß die Deutung der Koeffizienten im saturierten Fall (vgl. Abschnitt 6.3.) nicht mehr im strengen Sinne gilt, und zum zweiten erhöht sich für die praktische Arbeit der Aufwand an Parameterkarten für das NONMET-Programm. Einzelheiten dazu in 'Section 6.14' der Programmbeschreibung. Da sich so die Fallzahl verringert, muß auch die Zahl der Terme im Regressionsansatz (= Zahl der Spalten der Design-Matrix) verringert werden. Enthält der Regressionsansatz nämlich mehr Terme als Fälle vorhanden sind, ist keine eindeutige Lösung mehr möglich. Die Design-Matrix darf also nie mehr Spalten als Zeilen haben. Somit kann man bei einem nicht-orthogonalen Ansatz auch nicht mehr von dem saturierten Modell sprechen, da nun verschiedene Möglichkeiten bestehen, die maximale Spaltenzahl auszuschöpfen.
Soweit die Dichotomisierungen oder allgemeiner die Gruppierungen der unabhängigen Merkmale nicht aus theoretischen Gründen unveränderbar erscheinen, empfiehlt es sich in solchen Fällen, durch eine veränderte Gruppierung doch zu einem orthogonalen Ansatz zu gelangen, in dem also alle Subpopulationen auch besetzt sind. Dies hat sowohl praktische Vorteile wie auch den, daß die Regressionskoeffizienten eine anschaulichere Interpretation haben.
Andererseits sind nicht nur unbesetzte, sondern auch sehr schwach besetzte Subpopulationen problematisch, weil die Inferenzbetrachtungen im GSK-Ansatz auf sogenannter 'large-sample' Theorie basieren, also für kleine Fallzahlen nicht angemessen sein mögen. Hier erhebt sich natürlich sofort die Frage, was in diesem Zusammenhang 'kleine' bzw. 'große' Fallzahlen sind. Obwohl dies für die Praxis ein außerordentlich bedeutsames Problem ist, sind handfeste Resultate hierzu Mangelware. So können wir in dieser Frage nur Faustregeln bieten. Man sollte anstreben, pro Subpopulation mindestens 2o-3o Fälle zu haben, wobei Abweichungen nach unten in wenigen Subpopulationen noch tolerierbar sind. Anders formuliert sollte man sein Design so

wählen, daß nicht mehr als N/4o - in unserem Datensatz also etwa 25 - Subpopulationen entstehen. Wenn wir uns daran erinnern, daß die Zahl der entstehenden Subpopulationen gleich dem Produkt aus der Zahl der jeweiligen Ausprägungen ist, so bedeutet das für unseren Datensatz, daß maximal drei trichotomisierte oder - schon mit Bedenken - fünf dichotomisierte unabhängige Merkmale betrachtet werden können; ebensogut natürlich auch Mischformen wie ein trichotomes Merkmal mit drei dichotomen. Diese Regel steckt zunächst einmal den Rahmen ab, innerhalb dessen man mit dem GSK-Ansatz sinnvoll operieren kann. Die Frage sehr kleiner bzw. verschwindener Besetzungen einzelner Subpopulationen ist hingegen noch für jeden konkreten Set von Merkmalen im einzelnen zu prüfen.
Schließlich bleibt noch zu diskutieren, welche Form die Design-Matrix annimmt, wenn die Zielvariable nicht mehr dichotom ist, sondern beispielsweise drei Ausprägungen aufweist; ein Fall, den wir am konkreten Beispiel noch behandeln werden. Jede Subpopulation ist dann doppelt vertreten; im allgemeinen Fall (k-1)mal. Man betrachtet in diesem Fall die Wirkungen der einzelnen unabhängigen Merkmale bzw. der sie repräsentierenden Dummy-Variablen getrennt auf den CDU-Anteil und den SPD-Anteil, d.h. die Hälfte der Dummy-Variablen (Spalten der Design-Matrix) bezieht sich auf die erste Ausprägung der Zielvariable, die andere Hälfte auf die zweite. Im saturierten Modell erfolgt diese Berechnung zunächst unabhängig voneinander. Mit anderen Worten, es ergibt sich in bezug auf den CDU-Anteil das gleiche Ergebnis wie zuvor bei der Betrachtung der dichotomisierten Zielvariable (andere Partei vs. CDU). Auf die Gestalt der Design-Matrix bezogen heißt dies, daß eine Dummy-Variable (Spalte) , die sich auf den CDU-Anteil bezieht bzw. den Einfluß hierauf messen soll, für die Fälle, deren Wert für die (metrisierte) Zielvariable ein SPD-Anteil ist, den Wert Null hat und ansonsten genau wie im Fall einer dichotomisierten definiert ist. Wir wollen diese spezifische Konstruktion der Zielvariablen an unserem Anwendungsbeispiel verdeutlichen und stellen zunächst die Kreuztabelle dar, die den Ausgangspunkt bildet:

Tab.6.3. Trichotomisierte Zielvariable (Aufspaltung von Tab.6.1)

Nr	G	K	R	SPD	CDU	and	
1	ja	regelmäßig	kath	9(.155)	46(.793)	3(.o52)	58
2	ja	regelmäßig	and	5(.5oo)	4(.4oo)	1(.1oo)	1o
3	ja	nicht reg	kath	62(.66o)	27(.287)	5(.o53)	94
4	ja	nicht reg	and	124(.7o1)	36(.2o3)	17(.o96)	177
5	nein	regelmäßig	kath	19(.134)	12o(.845)	3(.o21)	142
6	nein	regelmäßig	and	9(.265)	19(.559)	6(.176)	34
7	nein	nicht reg	kath	72(.381)	1o5(.556)	12(.o63)	189
8	nein	nicht reg	and	14o(.49o)	112(.392)	34(.119)	286

P ist also nun ein Vektor mit 24 Zeilen, den 24 Anteilswerten insgesamt, F(P) ein Vektor mit 16 Zeilen, der jeweils abwechselnd SPD- bzw. CDU-Anteil enthält. Die Design-Matrix hat damit folgende Gestalt, wobei wir die durch zeilenweise Multiplikation entstehenden Spalten, die zu den Interaktionstermen gehören, nicht explizit angeben; zunächst bei dichotomer Zielvariable:

Nr		G	K	R	
1	1	1	1	1	
2	1	1	1	-1	
3	1	1	-1	1	
4	1	1	-1	-1	
5	1	-1	1	1	
6	1	-1	1	-1	
7	1	-1	-1	1	
8	1	-1	-1	-1	....

Und bei trichotomisierter Zielvariable:

Nr			G<1	G<2	K<1	K<2	R<1	R<2	
1	1	o	1	o	1	o	1	o	
2	o	1	o	1	o	1	o	1	
3	1	o	1	o	1	o	-1	o	
4	o	1	o	1	o	1	o	-1	
5	1	o	1	o	-1	o	1	o	
6	o	1	o	1	o	-1	o	1	
7	1	o	1	o	-1	o	-1	o	
8	o	1	o	1	o	-1	o	-1	
9	1	o	-1	o	1	o	1	o	
1o	o	1	o	-1	o	1	o	1	
11	1	o	-1	o	1	o	-1	o	
12	o	1	o	-1	o	1	o	-1	
13	1	o	-1	o	-1	o	1	o	
14	o	1	o	-1	o	-1	o	1	
15	1	o	-1	o	-1	o	-1	o	
16	o	1	o	-1	o	-1	o	-1	....

Die Fälle mit den geraden Nummern haben bei unserer Anordnung des Vektors F(P) immer einen CDU-Anteil als Wert der Zielvariable, die mit ungerader Nummer stets einen SPD-Anteil. Bei den Dummy-Variablen gibt die Ziffer hinter dem '<'-Zeichen an, auf welche Sorte der Werte der Zielvariablen sich diese Variable bezieht. Man beachte, daß sich auch die konstante Spalte verdoppelt.
Es mag zunächst nicht einsichtig erscheinen, warum man eine derart komplizierte Design-Matrix betrachtet, zumal - wie wir gesagt haben, die Ergebnisse für den SPD- bzw. CDU-Anteil mit denen der Analyse für eine entsprechend dichotomisierte Zielvariable übereinstimmen. Der Grund liegt darin, daß diese Aussage nur im Falle des saturierten Modells gilt, während bei den einfacheren, unsaturierten Modellen - und nach einem solchen suchen wir ja - die Gruppierung der Zielvariable durchaus einen Einfluß hat. Eine nähere Begründung hierfür werden wir in Abschnitt 6.6. geben, wo wir die statistischen Grundlagen des GSK-Ansatzes behandeln.

6.3. Die Betrachtung von saturierten Modellen

Unter einem saturierten Modell verstehen wir - um es noch einmal zu wiederholen - einen Regressionsansatz, der genau soviele Terme (zu bestimmende Koeffizienten) enthält, wie Fälle vorhanden sind; und Fälle im modifizierten Regressionsansatz des GSK-Modells sind die durch die Ausprägungskombinationen der unabhängigen Merkmale definierten Subpopulationen. Sind alle Subpopulationen auch besetzt, so spricht man auch von einem vollständig faktoriellen Ansatz. Ein solcher Ansatz ist im Sinne unserer Überlegungen von Abschnitt 5 dann auch orthogonal und wir können die dort angestellten Überlegungen direkt auf die hier betrachtete Datenkonstellation übertragen.
Dabei müssen wir uns jedoch zunächst auf saturierte Modelle beschränken, da innerhalb des GSK-Ansatzes der Regressionsansatz nicht mit Hilfe des üblichen Kleinst-Quadrate-Kriteriums (OLS) gelöst wird, sondern zusätzlich eine Gewichtung eingeführt wird, die die bei der Metrisierung der Zielvariablen in

der Regel auftretende Ungleichheit der Streuung in den einzelnen Subpopulationen ausgleicht und so zu Schätzwerten für die Koeffizienten führt, die sich durch minimale Varianz dieser Schätzwerte auszeichnet. Diese Methode, die wir in Abschnitt 6.6. exakter darstellen werden, wird als Methode der gewichteten kleinsten Quadrate ('weighted least squares' - WLS) bezeichnet. Sie führt im allgemeinen zu anderen, nach statistischen Kriterien besseren Ergebnissen. Lediglich im Falle saturierter Modelle sind die Ergebnisse bei beiden Methoden identisch.
Im mathematisch strengen Sinn gilt also die Interpretation der Koeffizienten, die wir aus der Orthogonalität des Ansatzes analog zu den Überlegungen von Abschnitt 5 gewinnen, nur für das saturierte Modell, wenn wir die Regressionsgleichung mit Hilfe der WLS-Methode lösen. Strukturell gelten diese Interpretationen aber auch für unsaturierte Modelle, wenn man 'arithmetisches Mittel' durch 'geeignet gewichtetes Mittel' ersetzt. Doch betrachten wir zunächst das saturierte Modell.

6.3.1. Dichotome Merkmale: HARDERs DO-Modell

Solange alle betrachteten Merkmale dichotom sind, man die Anteilswerte als Metrisierung der Zielvariablen benutzt und mit der 1/-1 Kodierung arbeitet, also sämtliche 'default options' des NONMET-Programms benutzt, ergibt sich genau das von HARDER (1975) vorgeschlagene Dichotom-Orthogonale (DO-) Modell. Dieses Modell stellt also lediglich einen Spezialfall des GSK-Ansatzes dar und findet innerhalb dieses Ansatzes dann eine adäquate inferenzstatistische Behandlung.
Betrachten wir nun einmal konkret das Ergebnis im saturierten Ansatz für unser Anwendungsbeispiel (vgl. Tab.6.1.). Den konstanten Term im Regressionsansatz, den wir gewöhnlich mit b_o bezeichnen, haben wir hier schon mit 'MEAN' bezeichnet, da wir in Abschnitt 5.1. schon gezeigt hatten, daß dieser Koeffizient bei einem orthogonalen Ansatz - und der liegt hier vor - gerade das arithmetische Mittel für die Werte der Zielvariablen ist; in unserem Falle also das arithmetische Mittel der 8 Anteilwerte.

Tab.6.4. Ergebnisse im vierdimensionalen, rein dichotomen Modell
Zielvariable: Wahlentscheidung (andere Partei/CDU)

Regr.-Koeff. (Effekt)		
MEAN	o.4957	o.5o43
G	o.o834	-o.o834
K	-o.1449	o.1449
R	-o.1159	o.1159
GK	-o.o3o7	o.o3o7
GR	-o.oo33	o.oo33
KR	-o.o539	o.o539
GKR	-o.o234	o.o234

In der letzten Spalte haben wir die Koeffizienten für den Fall angegeben, daß man die Ausprägungen der Zielvariablen vertauscht, also 'CDU' als die erste Ausprägung betrachtet, weil uns dies die inhaltliche Interpretation erleichtert. Da man dies auch so interpretieren kann, daß man statt der metrisierten Zielvariable F(P) nun 1 - F(P) betrachtet, also eine lineare Transformation der Zielvariablen vornimmt, sind gemäß unseren allgemein gültigen Überlegungen von Abschnitt 2.3.4. alle zunächst berechneten Koeffizienten mit -1 zu multiplizieren und zusätzlich zu b_o das konstante Glied der Transformation - hier also 1 - hinzuzufügen.
Wenden wir nun die in Abschnitt 5.1. gewonnene Effekt-Interpretation der Regressionskoeffizienten auf das Beispiel an, so ist der Wert von zum Beispiel o.1159 für den zur Variable R gehörigen Koeffizienten so zu deuten, daß der durchschnittliche CDU-Anteil in den katholischen Subpopulationen um 11.6% über dem generellen Durchschnitt von 5o.4% für den CDU-Anteil liegt oder auch, daß die katholischen Subpopulationen gegenüber den jeweils vergleichbaren nichtkatholischen Subpopulationen im Schnitt einen um 23.2 Prozentpunkte höheren CDU-Anteil aufweisen. (Für diese Interpretation müssen wir beachten, daß 'katholisch' mit +1 kodiert worden ist, also ein positiver Konfessions-Effekt zu hohen CDU-Werten in katholischen Subpopulationen führt - vgl. auch Abschnitt 5.1.) Noch stärker erweist sich der Effekt des Merkmals Kirchgang; der CDU-Anteil in den Subpopulationen der Kirchgänger liegt im Schnitt 29 Prozentpunkte höher als in den Subpopulationen der Befragten,

die unregelmäßig oder gar nicht in die Kirche gehen. In die umgekehrte Richtung wirkt das dritte unabhängige Merkmal. Der CDU-Anteil ist für die Subpopulationen mit Befragten, die in einem Haushalt mit Gewerkschaftsmitgliedern leben, im Schnitt 8.3 Prozentpunkte unter dem 'grand mean'. Soweit die Interpretation der Haupteffekte.

Auch ohne zusätzliche inferenzstatistische Überlegungen ist in diesem Beispiel ersichtlich, daß diese Koeffizienten (Effekte) inhaltlich relevant sind. Schwieriger wird es schon zu beurteilen, ob die Interaktionseffekte ebenfalls für die substantielle Interpretation berücksichtigt werden sollten. Der zahlenmäßig größte dieser Effekte, der von Kirchgang und Religionszugehörigkeit beträgt o.o539. Ist das nach statistischen Kriterien nun ein bloßes Zufallsprodukt, oder ist es sehr unwahrscheinlich diesen Wert einer reinen Zufallsschwankung zuzuschreiben? Nun, für dieses Problem stehen innerhalb des GSK-Ansatzes inferenzstatistische Überlegungen zur Verfügung, auf die wir in Abschnitt 6.4.1. näher eingehen werden.

Beschäftigen wir uns für den Moment aber noch mit einem anderen Problem, nämlich der Frage wie der Einfluß der drei unabhängigen Merkmale insgesamt zu bewerten ist. Im Falle metrischer Regression steht uns hierfür ja der Determinationskoeffizient zur Verfügung. Wäre die Zielvariable metrisch, könnte ich also auf der Ebene der ursprünglichen Untersuchungseinheiten rechnen, so stünden 99o Fälle zur Verfügung, wäre also auch bei Betrachtung aller Interaktionswirkungen - also von insgesamt acht Koeffizienten - der Ansatz keineswegs saturiert, so daß man in üblicher Weise den Determinationskoeffizienten bestimmen könnte. Da wir im vollständig nicht-metrischen Fall aber zum Zwecke der Metrisierung der Zielvariablen auf die Subpopulationen als Fälle übergehen müssen, verfügen wir nur noch über 8 Fälle, ist der Ansatz bei Betrachtung aller Interaktionswirkungen also saturiert. Damit ist der Determinationskoeffizient dann zwangsläufig gleich Eins, ganz egal ob die betrachteten unabhängigen Merkmale irgendwie mit der Zielvariable zusammenhängen oder nicht. Der Determinations-

koeffizient ist somit als Maß für die Erklärungskraft der unabhängigen Merkmale insgesamt nicht brauchbar.
Innerhalb des GSK-Ansatzes wird leider keine alternative Lösung angeboten, was auf den Gesamtprozeß der Datenanalyse bei etwa einem Forschungsprojekt bezogen eine bedauerliche Lücke ist. Wir hatten ja schon diskutiert, daß die Fallzahl erhebliche Restriktionen hinsichtlich der simultanen Betrachtung von unabhängigen Merkmalen auferlegt. Gewöhnlich wird sich aber bei der theoretisch geleiteten Vorauswahl von möglichen Einflußfaktoren eine größere Zahl von unabhängigen Merkmalen ergeben, als man unter der Restriktion, die durch die Zahl der Befragten gesetzt wird, simultan betrachten kann. Also wird man nebeneinander mit unterschiedlichen Sets von unabhängigen Merkmalen in bezug auf die gleiche Zielvariable arbeiten und benötigt dann ein Maß, mit dem man die unterschiedliche Einflußstärke der einzelnen Sets beurteilen kann.
Eine solche Maßzahl können wir uns aber auf einfache Weise dadurch verschaffen, daß wir für die Kreuztabelle, die den Ausgangspunkt der NONMET-Analyse bildet, einen herkömmlichen zweidimensionalen Assoziationskoeffizienten zwischen der 'Super-Variablen' mit den Ausprägungskombinationen der unabhängigen Merkmale und der ursprünglichen Zielvariablen berechnet. Hierfür steht ein reiches Angebot an Koeffizienten bereit (vgl. BENNINGHAUS, 1974, S.94ff). Geeignet ist z.B. der von CRAMER vorgeschlagene Koeffizient V, der für nx2-Tafeln mit dem Phi-Koeffizienten identisch ist. In unserem Beispiel (Tab.6.1.) ergibt sich für V der Wert von o.428.
Solange ich nur dichotome Merkmale betrachte und in der Design-Matrix sämtliche Interaktionsterme berücksichtige, erhalte ich die angegebenen Regressionskoeffizienten auch durch eine gewöhnliche Regressionsrechnung über alle Fälle und unter schlichter Ignorierung der Tatsache, daß die Zielvariable kein metrisches Merkmal ist. Der sich aus diesem Ansatz formal ergebene Determinationskoeffizient, der aber konzeptionell sinnvoll nicht mehr als Anteil 'erklärter Varianz' interpretiert werden kann, ist dann gerade gleich dem Quadrat des Koeffizi-

enten V. Dieses Ergebnis ist die Verallgemeinerung des hinlänglich bekannten Sachverhalts, daß für Vierfeldertafeln der PEARSON-Koeffizient r und der Assoziationskoeffizient Phi übereinstimmen (vgl. zu diesem Zusammenhang von DO-Modell und gewöhnlicher Regression auch KÜCHLER, 1978b,c). Wir weisen auf diese Koinzidenz hier aus dem praktischen Grund hin, daß es somit möglich ist, auch das SPSS-Paket in seiner jetzigen Form (Version 7) für derartige Analysen zu benutzen.
Wie komme ich nun praktisch mit geringem Aufwand an diesen oder einen ähnlichen Koeffizienten? Im Prinzip natürlich mit Hilfe des SPSS-Pakets und der CROSSTABS-Prozedur für 'Super-Variable' und Zielvariable; da ohnehin die mehrdimensionale Häufigkeitsverteilung der NONMET-Analyse vorgegeben werden muß, also Rohdaten nicht direkt verarbeitet werden können, kann der V-Koeffizient mit minimalem Mehraufwand (STATISTICS-Karte) mitausgedruckt werden. Allerdings erscheint diese Vorgehensweise nicht optimal. Selbst wenn man bei der theoretischen Vorauswahl sehr restriktiv verfährt, was bei relativ gut untersuchten Problemstellungen - wie der hier betrachteten Frage nach der Wahlentscheidung - leichter fällt als bei neuen oder vernachlässigten Problemen, ergeben sich dennoch in bezug auf eine Zielvariable - inklusive verschiedener Gruppierungsversuche - schnell zehn oder zwölf unabhängige Variable, damit also eine Vielzahl von Möglichkeiten, Sets von unabhängigen Merkmalen zusammenzustellen. Damit wären also eine ganze Reihe von Häufigkeitstafeln zu erstellen und diese dann eine nach der anderen über Parameterkarten dem NONMET-Programm einzugeben. Eine sowohl zeitraubende wie auch (übertragungs)fehlerträchtige Prozedur.
Es empfiehlt sich vielmehr, der eigentlichen NONMET-Analyse ein Programm vorzuschalten, das direkt Rohdaten verarbeitet, mit geringem Aufwand an Parameterkarten eine Vielzahl von Konstellationen mit einem saturierten Ansatz untersucht und zugleich die Gesamterklärungskraft der unabhängigen Merkmale insgesamt - etwa über den Koeffizienten V - bestimmt. Diese Aufgaben erfüllt zum Beispiel KÜCHLERs DO-Programm, das vom Autor bezogen werden kann.

Mit Hilfe des DO-Programms war es in unserem Anwendungsbeispiel sehr schnell möglich, festzustellen, daß die drei Merkmale Kirchgang, Gewerkschaft und Religionszugehörigkeit gegenüber den übrigen Merkmalen, die wir aus theoretischen Überlegungen heraus ausgewählt hatten, einen sehr viel stärkeren Einfluß hatten. So erwies sich z.B. durchgängig der Einfluß des Geschlechts als unbeachtlich. Da rund 1ooo Fälle zur Verfügung standen, war es sinnvoll, von vornherein mit jeweils vier unabhängigen Merkmalen zu arbeiten, also jeweils 16 Subpopulationen zu betrachten. Als viertes Merkmal kamen unter dem Gesichtspunkt der Gesamterklärungskraft (Koeffizient V) insbesondere Schicht und Alter in Betracht. Für die Darstellung in diesem Skript haben wir dann das theoretisch interessantere Merkmal Schicht ausgewählt; gegen Alter als viertes Merkmal sprach darüber hinaus, daß sich - zumindest bei Dichotomisierung am Schnittpunkt 4o Jahre - einige sehr kleine Subgruppenbesetzungen ergeben, die, wie wir in Abschnitt 6.2 diskutiert haben, besondere Probleme aufwerfen.
Da das DO-Programm auch die auf diesen Spezialfall ausgerichteten Inferenzüberlegungen des GSK-Ansatzes berücksichtigt, ist auf diese Weise auch ein schneller Überblick zu gewinnen, bei welchen Sets welche Effekte zumindest nach statistischen Kriterien signifikant sind.
Im Rahmen einer größeren Datenauswertung erscheint es also aus arbeitsökonomischen Gründen angebracht, das NONMET-Programm erst in einer zweiten Phase einzusetzen, wenn abgeklärt ist, welcher Set von unabhängigen Merkmalen der 'beste' ist, sowohl was die Gesamterklärungskraft anbetrifft wie auch die Stabilität der Ergebnisse hinsichtlich Verschiebung von Schnittpunkten bei der Dichotomisierung. Die Stärke des NONMET-Programms liegt vielmehr darin, von einem als relevant erkannten saturiertem Modell zu einem möglichst einfachen und gut zu veranschaulichendem Modell zu kommen. Da das DO-Programm nur auf dichotome Merkmale zugeschnitten ist, kommt dem NONMET-Programm darüber hinaus die Aufgabe zu, Konstellationen mit feiner aufgegliederten Merkmalen zu untersuchen. Sofern es theoretische Gründe

nicht zwingend verbieten, sollte man in der ersten Phase möglichst mit dichotomisierten Merkmalen arbeiten, um die Zahl der unabhängigen Merkmale unter der Restriktion der Gesamtzahl von zulässigen Subpopulationen - nach unserer Faustregel N/4o - zu maximieren. In der zweiten Phase ist dann zu überprüfen, ob eine feinere Aufgliederung einzelner unabhängiger Merkmale zu substantiell anderen Einsichten führt.
An dieser Stelle ist wieder einmal ein Wort der Warnung angebracht. Das hier beschriebene und auch empfohlene Vorgehen sollte nicht mißverstanden und nicht mißbraucht werden als ein Suchen 'nach den Signifikanzsternchen auf höherer Ebene'. Es wäre illegitim, das Ergebnis eines längeren Suchprozesses am Ende als Test einer - ja dann im Nachhinein formulierten - Hypothese auszugeben. Da der beschriebene Prozeß der Datensichtung ('screening') zwar nicht ausschließlich, aber auch von Signifikanzüberlegungen gesteuert wird, ist immer in Rechnung zu stellen, daß im Sinne unserer Überlegungen von Abschnitt 3 ein 'seltenes Ereignis' eingetreten ist, sich also ein bestimmtes Merkmal gerade in der hier betrachteten Stichprobe als signifikant erweist, ohne daß dies aber generell der Fall ist. Hält man also generell statistisches Testen von Theorien oder Theoriestücken für sinnvoll - und dies ist eine Frage des wissenschaftstheoretischen Glaubensbekenntnisses - , dann sind auf die hier beschriebene Art gefundene Modelle mit einem zweiten unabhängigen Datensatz zu konfrontieren und auf diese Weise hinsichtlich ihrer Adäquatheit zu testen.
Nach diesen Hinweisen zur Organisation des Analyseprozesses insgesamt noch eine kurze Anmerkung zum HARDERschen DO-Modell. In dieser Konzeption erfolgt auch für unsaturierte Modelle die Schätzung nach der gewöhnlichen Kleinst-Quadrate-Methode (OLS). Wie man sich leicht anhand der allgemeinen Lösung eines Regressionsansatzes verdeutlicht, verändern sich in einem orthogonalen Ansatz die Koeffizienten nicht, wenn einzelne Spalten der Design-Matrix fortgelassen werden, und genau dies passiert beim Übergang zu einem unsaturierten Modell. Die Betrachtung von unsaturierten Modellen erfordert also in der HARDERschen

Konzeption keine neue Berechnung, sondern es werden lediglich einige der Koeffizienten ignoriert. Damit verbunden ist der Vorteil, daß die Effekte im DO-Modell stets im strengen Sinn der Effekt-Interpretation unterliegen. Die außerordentliche praktische und konzeptionelle Einfachheit, die zunächst verlockend erscheint, hat jedoch auch ihren Preis, indem in HARDERs (1975) ursprünglicher Konzeption keinerlei Inferenzüberlegungen enthalten sind, also keine Möglichkeit besteht, die Resultate gegenüber Zufallsschwankungen abzusichern (vgl. dazu auch KÜCHLER, 1976).

6.3.2. Polytome Merkmale

Der NONMET-Ansatz beinhaltet keinerlei theoretische Beschränkungen hinsichtlich der Zahl der Ausprägungen, die die einzelnen Merkmale haben dürfen. Aus den schon diskutierten Gründen dürfen jedoch die einzelnen Subpopulationen nicht zu schwach besetzt sein, so daß im allgemeinen nicht mehr als etwas N/4o Subpopulationen betrachtet werden können, wenn N die Zahl der Befragten oder allgemeiner die Zahl der Untersuchungseinheiten ist. Wegen dieser Restriktionen wird es in der Forschungspraxis relativ selten sein, daß legitimerweise Merkmale mit fünf, sechs oder noch mehr Ausprägungen betrachtet werden können. Wir beschränken unsere Diskussion daher im wesentlichen auf trichotomisierte Merkmale; eine Verallgemeinerung auf den beliebig polytomen Fall ist davon ausgehend aber leicht möglich.

Betrachten wir zunächst den Fall, daß die <u>Zielvariable</u> trichotom ist. Auf unser Anwendungsbeispiel (vgl. Tab.6.3.) bezogen unterscheiden wir also noch zusätzlich zwischen der Wahl der SPD und der Stimmabgabe für eine der kleinen Parteien. Wir haben in den Abschnitten 6.1. bzw. 6.2. schon diskutiert, wie bei dieser Datenkonstellation die metrisierte Zielvariable und wie die Design-Matrix beschaffen ist. Wir hatten auch schon festgestellt, daß für einen vollständig faktoriellen (orthogonalen) Ansatz im saturierten Modell folgt, daß die Regressionsschätzungen der beiden Anteilswerte (SPD-Anteil und CDU-Anteil) unabhängig voneinander erfolgen, also die Effekte auf den CDU-Anteil bei trichotomer Zielvariable die gleichen sind wie vorher bei dichotomer Zielvariable.

Tab.6.5. Ergebnisse bei trichotomer Zielvariable

Zielvariable: Wahlentscheidung (SPD/CDU/andere Partei)

	SPD-	Effekte	CDU-
MEAN	o.41o5		o.5o43
G	o.o933		-o.o834
K	-o.1471		o.1449
R	-o.o782		o.1159
GK	-o.o291		o.o3o7
GR	-o.o183		o.oo33
KR	-o.o4o8		o.o539
GKR	-o.o352		o.o234

Wir haben die Ergebnisse in anderer Anordnung dargestellt, als dies im NONMET-Ausdruck geschieht, wo alle Effekte untereinander ausgedruckt werden und nachgestellte Ziffern angeben, auf welchen Anteil der jeweilige Effekt sich bezieht. Dies nur als kleiner praktischer Hinweis am Rande.

Die Interpretation der Effekte erfolgt genauso, wie wir es im Falle einer dichotomen Zielvariable schon vorgeführt haben. Es tritt also keine zusätzliche Schwierigkeit auf. Implizit sind in diesen Ergebnissen auch schon die Effekte in bezug auf den Anteil, der auf andere Parteien entfällt, enthalten. Da die drei Anteilswerte SPD-Anteil (p_1), CDU-Anteil (p_2) und Anteil anderer Parteien (p_3) für jede Subpopulation den Wert Eins ergeben, erhalte ich also die Regressionskoeffizienten (Effekte) in bezug auf die 'anderen Parteien', wenn ich die jetzt betrachtete Zielvariable der Transformation $1 - p_1 - p_2$ unterwerfe. Damit erhalte ich die Effekte für den Anteil der anderen Parteien als Summe der zuvor bestimmten Effekte multipliziert mit -1 , wiederum ist dem MEAN noch der Wert 1 hinzuzufügen. Der formal stärker interessierte Leser versuche als Übung einmal, diese Transformation in Matrizennotation darzustellen.

Wie man durch zeilenweisen Vergleich anhand der obigen Tabelle leicht feststellt, sind die zum Anteil der anderen Parteien ge-

hörigen Effekte allesamt sehr gering; mit Ausnahme des Effekts der Religionszugehörigkeit, hier ergibt sich ein Wert von -o.o377. Das bedeutet inhaltlich, daß in den Subpopulationen der Katholiken der Anteil der Befragten, die kleine Parteien wählen, im Schnitt um ca. 7.5 Prozentpunkte (R<and = -2(-o.o782 + o.1159) unter diesem Anteil in den nicht-katholischen Subpopulationen liegt. Daß wir insgesamt betrachtet in bezug auf den Anteil anderer Parteien keine nennenswerten Effekte erhalten, ist inhaltlich nicht verwunderlich, wenn man bedenkt, daß in dieser Ausprägung die von der ursprünglichen Zielvariablen unterschiedenen FDP- und DKP-Wähler zusammengefaßt sind, so daß etwaige strukturelle Besonderheiten dieser beiden Wählergruppen sich gegenseitig eliminieren. Daß der Effekt der Religionszugehörigkeit gerade noch beachtlich erscheint, ist nach gängigen Vorstellungen über DKP- bzw. FDP-Wähler ebenfalls zu erwarten.

Wir haben diese Betrachtung der Effekte auf den dritten, nicht direkt in der Regressionslösung repräsentierten Anteil auch weniger ihrer inhaltichen Relevanz für unser Anwendungsbeispiel durchgeführt, sondern um generell zu zeigen, wie man zu dieser Lösung kommt; daß es also nicht notwendig ist, die NONMET-Analyse mit anders angeordneter Kreuztabelle noch einmal zu rechnen.

Wir wollen nun eine Konstellation betrachten, in der nicht die Zielvariable, sondern eine der unabhängigen Variablen nicht mehr dichotom ist (Tab.6.6.). Obwohl wir die generelle Faustregel eingehalten haben, nicht mehr als N/4o Subpopulationen - hier also rund 25 - zu betrachten, zeigt diese spezifische Datenkonstellation doch einige recht schwach besetzte Subpopulationen auf (Nr. 2,6,1o,17,18). Damit ist also ein Zweifel berechtigt, ob die Voraussetzungen für Inferenzbetrachtungen, die zum Auffinden eines 'besten' Modells dringend erforderlich sind, noch gegeben sind.

Andererseits haben sich die Merkmale G(ewerkschaft), K(irchgang) und R(eligionszugehörigkeit) als bedeutsam in ihrem Effekt auf die Zielvariable erwiesen, so daß man eine von diesen kaum aus dem Ansatz herauslassen kann, ohne Gefahr zu laufen, ein der Realität nicht voll gerechtwerdendes Ergebnis zu produzieren. Da diese Merkmale schon in dichotomisierter Form vorliegen, steht also auch der Ausweg einer stärkeren Gruppierung der Ausprägungen nicht zur Verfügung. Will man die theoretisch interessante Variable Schicht dennoch betrachten, so muß man die Gefahr, daß die Inferenzschlüsse nicht adäquat sind, in Kauf nehmen. Konkret gewendet heißt dies, daß man derartige Analysen schon durchführen sollte, wenn inhaltliche Gründe dies dringend nahelegen, daß man aber die Ergebnisse mit einigen Vorbehalten betrachten muß. Zeigt sich also etwa ein von bislang vorliegenden Ergebnissen stark abweichender Sachverhalt, so sollte man dies nicht umstandslos als Widerlegung früherer Ergebnisse bzw. grundlegenden Wandels der Verhältnisse deuten, sondern gleichberechtigt die Möglichkeit eines Methodenartefakts in Erwägung ziehen.

Tab.6.6. Fünfdimensionale Häufigkeitsverteilung

Nr	S	G	K	R	and.	CDU
1	Arb	ja	reg	kath	5	2o
2	Arb	ja	reg	and	2	o
3	Arb	ja	n r	kath	44	15
4	Arb	ja	n r	and	73	1o
5	Arb	nein	reg	kath	7	31
6	Arb	nein	reg	and	1	o
7	Arb	nein	n r	kath	35	28
8	Arb	nein	n r	and	62	19
9	A/B	ja	reg	kath	4	22
1o	A/B	ja	reg	and	1	3
11	A/B	ja	n r	kath	19	7
12	A/B	ja	n r	and	6o	21
13	A/B	nein	reg	kath	8	37
14	A/B	nein	reg	and	7	7
15	A/B	nein	n r	kath	27	43
16	A/B	nein	n r	and	67	43
17	and	ja	reg	kath	3	4
18	and	ja	reg	and	3	1
19	and	ja	n r	kath	4	5
2o	and	ja	n r	and	8	5
21	and	nein	reg	kath	7	52
22	and	nein	reg	and	7	12
23	and	nein	n r	kath	22	34
24	and	nein	n r	and	44	5o

Werfen wir nun sofort einen Blick auf die Ergebnisse und überlassen es dem Leser als Übungsaufgabe, die Design-Matrix für das saturierte Modell aufzustellen; alle notwendigen Informationen hierfür haben wir in Abschnitt 5.2 gegeben. Der besseren Interpretierbarkeit wegen stellen wir die Effekte gleich in bezug auf die zweite Ausprägung, den CDU-Anteil dar:

Tab. 6.7. Ergebnisse im fünfdimensionalen Modell mit trichotomem Schicht-Merkmal

MEAN	o.5o29	S1G	o.oo78	GK	o.o172	S2GR	-o.o453
S1	-o.1o25	S2G	o.o391	GR	-o.oo96	S1KR	o.o4o3
S2	o.o537	S1K	o.o23o	KR	o.o52o	S2KR	-o.o289
G	-o.o644	S2K	o.o591	S1GK	o.oo22	GKR	o.oo65
K	o.114o	S1R	o.o576	S2GK	o.o766	S1GKR	o.o177
R	o.12o6	S2R	-o.o392	S1GR	o.o148	S2GKR	-o.oo81

Analog zu den Ausführungen in Abschnitt 5.2 bedeutet nun der mit 'S1' bezeichnete Effekt, daß für die Arbeiter-Subpopulationen der CDU-Anteil um 1o.25 Prozentpunkte unter dem mittleren CDU-Anteil für alle Subpopulationen liegt, analog kann der Effekt 'S2' so interpretiert werden, daß der CDU-Anteil in den Angestellten/Beamten-Subpopulationen durchschnittlich um 5.37 Prozentpunkte über dem Generaldurchschnitt über alle Subpopulationen für den CDU-Anteil liegt. Auf eine inhaltliche Interpretation der Interaktionseffekte wollen wir an dieser Stelle verzichten, da wir Interaktionswirkungen beim Übergang zu unsaturierten Modellen durch spezifischere Design-Matrizen erfassen, die dann eine eingänglichere Interpretation zulassen.

Der nicht explizit im Modell vertretene Schichteffekt, der mit der dritten Ausprägung verbunden ist, ergibt sich wiederum als negativ genommene Summe der beiden übrigen (vgl. Abschnitt 5.2). In unserem Beispiel ist also der Effekt 'S3' gleich o.o488, d.h. in der sehr heterogenen Restkategorie (Rentner, Landwirte, Selbständige) ist also im Durchschnitt wieder ein überproportionaler CDU-Anteil anzutreffen.

Was also die inhaltliche Interpretation der Koeffizienten (Effekte) anbetrifft, ergeben sich also beim Übergang von dichotomen zu nicht-dichotomen Merkmalen keine prinzipiellen Schwierigkeiten; nur wächst die Zahl der zu betrachtenden Effekte

und damit wird die Situation unübersichtlicher. Wir werden nun diskutieren, wie man zu einfachen, aber noch immer dem empirischen Befund angemessenen Modellen kommt.
Zuvor sei jedoch noch auf einen wichtigen Unterschied zwischen der modifizierten Regressionsrechnung im GSK-Ansatz und der gewöhnlichen metrischen Regression hingewiesen. Vergleichen wir nämlich die Effekte von G,K und R in diesem fünfdimensionalen Modell mit den entsprechenden Effekten im zuvor betrachteten vierdimensionalen Modell (vgl. Tab.6.4. und 6.7.), so sehen wir, daß diese Effekte in ihrem Zahlenwert nicht übereinstimmen. Zwar sind die Abweichungen verhältnismäßig gering, bleiben also insbesondere die Vorzeichen der Effekte konstant, doch beträgt der Haupteffekt von beispielsweise G(ewerkschaft) in der fünfdimensionalen Analyse jetzt nur rund 3/4 des Wertes in der vierdimensionalen Analyse.
Derartige Veränderungen bei mehrdimensionaler Regression sind uns im metrischen Fall ja aus den Erörterungen in Abschnitt 2 zwar wohlvertraut, doch handelt es sich hier ja um einen orthogonalen Ansatz, wie wir ihn in Abschnitt 5 diskutiert haben. Im Falle einer metrischen Zielvariablen ist es aber das besondere Kennzeichen eines orthogonalen Ansatzes, daß das Weglassen einzelner Terme aus dem Regressionsansatz - hier also des Merkmals Schicht - die übrigen Regressionskoeffizienten nicht beeinflußt.
Da wir im GSK-Ansatz aber doch einen orthogonalen Ansatz betrachten, erscheint dies als ein Widerspruch! Um diesen scheinbaren Widerspruch aufzuklären, muß man sich noch einmal die Vorgehensweise beim GSK-Ansatz vor Augen halten. Die Einbeziehung eines neuen Merkmals bedeutet hier ja nicht nur, daß sich die Design-Matrix um einige Spalten (Dummy-Variable) erweitert, sondern zugleich, daß mehr Fälle (Subpopulationen) betrachtet werden. Die Abweichungen, auf die wir oben hingewiesen haben, kommen also dadurch zustande, daß die ursprünglich 8 Subpopulationen durch Einbeziehung des Merkmals Schicht allesamt noch einmal dreigeteilt werden. Und nur wenn diese Dreiteilung so erfolgt, daß alle 8 Subpopulationen von der Befragtenzahl her

genau gedrittelt werden, sind die Ergebnisse beider Ansätze identisch. Ließen wir hingegen aus dem zuletzt betrachteten fünfdimensionalen Ansatz das Merkmal Schicht aus der Design-Matrix fort, behielten aber die 24 Fälle (Subpopulationen) bei, betrachteten kurzum ein unsaturiertes Modell, so blieben für dieses Modell die Effekte von G,K und R unverändert - wenn wir die OLS-Methode anwenden, was wir aber innerhalb des GSK-Ansatzes nicht tun.
Es ist somit bei der Analyse von nicht-metrischen Daten immer wichtig anzugeben, auf welcher Ebene der Subpopulationen die Betrachtung erfolgt, sofern dies nicht vom Kontext her ganz klar ist. Dies ist ein weiterer Grund für unsere schon früher formulierte Empfehlung, die Analyse einer spezifischen Datenkonstellation immer mit dem saturierten Modell zu beginnen; damit werden Mißverständnisse bzw. Irrtümer hinsichtlich der Ebene, auf der die Regression gerechnet wird, vermieden.

6.4. Der Weg zum 'besten' Modell

Wir hatten im einleitenden Abschnitt schon allgemein formuliert, daß es das Ziel jeder multivariaten Analyse ist, den empirischen Befund einerseits so einfach wie möglich, andererseits aber auch so genau wie möglich darzustellen und daß diese beiden Prinzipien zunächst im Widerspruch zueinander stehen. Multivariate Analyse heißt also auch immer, einen Kompromiß zwischen diesen beiden Forderungen zu finden. Somit kann es als Endresultat eines Analyseprozeßes auch kein absolut gesehen bestes Modell geben, sondern nur ein 'bestes', das diesen Namen nur hinsichtlich ganz bestimmter, auf den einzelnen Anwendungsfall hin detaillierter Kriterien verdient. Diese Kriterien sind eine Mischung von formal-statistischen und inhaltlichen Anforderungen und beinhalten letztendlich auch die subjektive Sichtweise des Anwenders; sein Verständnis davon, was inhaltlich interessant oder auch weniger interessant ist.
Trotz dieser Einschränkungen kann man Richtlinien formulieren, wie man zu 'besten' Modellen kommt, die unabhängig von spezi-

fischen inhaltlichen Erwägungen im Einzelfall gültig sind; also zumindest relativ eindeutig festlegen, was kein gutes oder gar bestes Modell ist. Dennoch - dies sei noch einmal betont - ist Datenanalyse kein automatischer oder automatisierbarer Prozeß, den man in toto dem Computer überlassen kann, auch wenn zuweilen solche Anstrengungen unternommen werden (z.B. Automatische Interaktionsanalyse - AID, SONQUIST et al., 1971). Bei der Suche nach 'besten' Modellen werden wir uns im wesentlichen zweier formaler Hilfsmittel bedienen. Zum einen statistischer Inferenzüberlegungen - deren prinzipielle Problematik wir in Abschnitt 3 ausführlicher diskutiert haben, und zum anderen spezieller konstruierter Design-Matrizen, die eine besonders eingängliche Interpretation der berechneten Koeffizienten erlauben.

6.4.1. Inferenzbetrachtungen

Wir stellen diese Überlegungen zunächst nur in ihrer Verwendungsfunktion für den Anwender/Benutzer des Programms dar; die statistischen Grundlagen für diese Vorgehensweise werden wir in Abschnitt 6.6 behandeln.
Wie schon kurz angedeutet, brauchen wir im Rahmen des GSK-Ansatzes keine Überlegungen hinsichtlich der Normalverteilung der (metrisierten) Zielvariable noch der Streuungsgleichheit anzustellen. Die einzige Voraussetzung, die erfüllt sein muß, ist die, daß die Untersuchungseinheiten in den einzelnen Subpopulationen - in unserem Beispiel also die Befragten - als unabhängige Stichproben betrachtet werden können. Dies bedeutet, daß die Werte, die die Zielvariable für eine Subpopulation annimmt, im Prinzip unabhängig von den Werten sind, die sie für eine zweite annimmt. Abhängige Stichproben erhalte ich zum Beispiel, wenn ich Ehepaare untersuche und dann nach Geschlecht differenziere. Die so entstehende Subpopulation der Frauen ist nicht unabhängig von der der Männer. Betrachte ich zum Beispiel als Zielvariable der Anzahl der Kinder, so muß in diesem Forschungsdesign der Anteil der Kinderlosen bei den Frauen gleich dem Anteil der Kinderlosen bei den Männern sein

- sieht man von eventuellen Kindern aus früheren Ehen oder unehelichen Kindern einmal ab. Die Frage der Abhängigkeit von Stichproben ist also eine Frage des Forschungsdesigns und hat nichts damit zu tun, ob die zur Bildung der Subpopulationen benutzten unabhängigen Merkmale korreliert sind oder nicht. Die Annahme, daß die Subpopulationen unabhängige Stichproben darstellen, ist also in der Regel realistisch. Schwierigkeiten treten am ehesten bei quasi-experimentellen oder experimentellen Ansätzen auf, wie sie etwa in der Evaluierungsforschung (vgl. etwa WEISS, 1974) Verwendung finden. Im Gegensatz zum metrischen Fall kann man also die Voraussetzungen, auf denen die inferenzstatistischen Überlegungen beruhen, in der überwiegenden Mehrzahl der Anwendungssituationen also ruhigen Gewissens als gegeben ansehen.
Eine zweite Voraussetzung für die Inferenzbetrachtung besteht darin, daß in der Kreuztabelle, die den Ausgangspunkt der NONMET-Analyse bildet, keine nichtbesetzten Zellen - nicht nur keine unbesetzten Subpopulationen - auftreten dürfen. Treten Nullzellen auf, so ersetzt das Programm automatisch diese Nullzellen durch Wert 1/r, wenn r die Anzahl der Ausprägungen der Zielvariable ist. Bei dichotomer Zielvariable werden die o-Häufigkeiten also gerade durch o.5 ersetzt. Solange die Subpopulation relativ stark besetzt ist, wird dadurch der Anteilswert - also die metrisierte Zielvariable - nur geringfügig verändert. Ist die Subpopulation jedoch nur gering besetzt - etwa die Subpopulation Nr.6 in unserem fünfdimensionalen Beispiel (vgl. Tab.6.6.) mit gerade einem Befragten - so ist die Veränderung des Anteils beträchtlich. Im Beispiel verändert er sich von 1/(1+o) = 1 auf 1/(1+o.5) = o.67. Hieran sieht man gut, warum sehr kleine Subpopulationen möglichst zu vermeiden sind. Für die Betrachtung nur des saturierten Modells wäre es nicht unbedingt nötig, diese Ersetzung vorzunehmen, und sie wird auch im DO-Programm nicht vorgenommen, so daß sich bei derartigen Konstellationen gewisse Abweichungen zwischen den Ergebnissen aus dem DO- bzw. dem NONMET-Programm ergeben. In der Regel sind diese Abweichungen aber substantiell unerheb-

lich. Mit der Annahme der Unabhängigkeit der Subpopulationen wie der Korrektur für Nullzellen lassen sich nun folgende Inferenzbetrachtungen anstellen. Zum einen kann man - zunächst im saturierten, später in unsaturierten Modellen - Tests auf den Beitrag einzelner Effekte durchführen. Oder anders formuliert die Nullhypothese testen, daß ein bestimmter Effekt in 'Wahrheit' Null ist. Diese Tests entsprechen in ihrer Funktion also den F-Tests für die einzelnen Regressionskoeffizienten im metrischen Fall. Im GSK-Ansatz kann man nun zeigen, daß die Quadrate der einzelnen Effekte jeweils geteilt durch ihre (Stichproben-)Varianz der CHI-Quadrat-Verteilung mit einem Freiheitsgrad genügen. Das NONMET-Programm druckt neben dem Wert des Effekts auf Wunsch auch seine Varianz, den Quotienten aus dem Quadrat des Effekts und seiner Varianz (in einer CHI SQUARE überschriebenen Spalte) sowie den zugehörigen Wahrscheinlichkeitswert aus. Um diese Tests praktisch durchzuführen, muß ich also lediglich in der mit 'P' überschriebenen Spalte nach den Werten suchen, die kleiner sind als o.o5; wenn ich ein Signifikanzniveau von 5% betrachten will. Man sieht, das Programm ist außerordentlich benutzerfreundlich.
Diese Tests sind auch bei sehr kompliziert konstruierten Zielvariablen und den phantasiereichsten Design-Matrizen möglich, die dahinterstehenden formal-statistischen Überlegungen sind also alles andere als trivial, doch läßt sich für den Fall eines saturierten Modells und dichotomer Zielvariable der Argumentationsgang noch relativ gut nachvollziehen. Wir wollen diese Argumentation hier vorführen, um weiter verständlich zu machen, daß kleine Subpopulationen besondere Probleme mit sich bringen.
In jeder Subpopulation hat die - dichotome - Zielvariable ja eine Zweipunktverteilung. Daraus folgt, daß der Anteilswert p_i binomialverteilt ist (vgl. SAHNER, 1971, S.89) und die Stichprobenvarianz $p_i(1-p_i)/n_i$ hat. Unter der Annahme, daß die einzelnen Subpopulationen unabhängig sind, sind die Anteilswerte p_i - als Zufallsvariable betrachtet - stochastisch unabhängig. Somit ist die Varianz einer Summe dieser p_i gleich

der Summe der Einzelvarianzen. Nach unseren Überlegungen, die wir in Abschnitt 5 angestellt haben, sind aber die verschiedenen Effekte jeweils nur Summen von p_i , wobei einige der p_i jeweils negativ sind. Ein negativ genommener Anteilswert $-p_i$ hat aber die gleiche Varianz wie p_i , da die Varianz von $-p_i$ die Varianz von p_i multipliziert mit $(-1)^2$, also 1, ist. Damit haben alle Effekte die gleiche Varianz, nämlich:

$$\sum_i p_i(1-p_i)/n_i$$

Näherungsweise kann die Binomialverteilung bekanntlich durch die Normalverteilung beschrieben werden; näherungsweise ist also jedes p_i normalverteilt, damit sind aber auch die Effekte näherungsweise normalverteilt.

Die Approximation durch die Normalverteilung ist dabei um so besser, je dichter p_i am Wert o.5 liegt und je größer die Besetzungszahl der Subpopulation n_i ist. Wieder gibt es in jedem Lehrbuch gewisse Faustregeln, wann man eine solche Approximation als gut genug betrachten darf. So verlangt etwa SAHNER (1971, S.91), daß die Fallzahl nicht kleiner sein darf als 25; aber man findet auch andere Faustregeln. Genau in dieser Betrachtung aber ist der Grund zu sehen, weshalb wir empfohlen haben, möglichst Subpopulationen zu betrachten, die 2o bis 3o Fälle umfassen. Da wir jedoch nicht primär an einer Normalapproximation der Verteilung eines p_i interessiert sind, sondern an einer Normalapproximation für die Verteilung der Effekte, können wir hinsichtlich der Subpopulationsbesetzungen toleranter sein und in Kauf nehmen, daß einige der Verteilungen der p_i nur schlecht durch die Normalverteilung approximiert werden. Ein tiefliegender Satz der Formalstatistik besagt nämlich, daß jede Summe von Zufallsvariablen unter einigen weiteren - für unsere Belange nicht relevanten Bedingungen - normalverteilt ist, wenn die Zahl der Summanden groß genug ist. Wobei wir zwar wieder bei der nicht präzise zu beantwortenden Frage sind, was 'groß genug' denn konkret in Zahlen ausgedrückt heißt, aber immerhin eine Rechtfertigung aus diesem Satz dafür herleiten können, bei in Relation zur Gesamtzahl der Subpopulationen wenigen dieser Subpopulationen von der Forderung nach 2o-3o Befragten abzusehen, ohne einigermaßen gesicherten statistischen Boden verlassen zu müssen.

Teste ich nun die Nullhypothese, daß ein Koeffizient Null ist, so ist nach den vorangegangenen Überlegungen der Effekt geteilt durch seine Standardabweichung standardnormalverteilt; das Quadrat dieser Größe mithin Chi-Quadrat verteilt. Man sieht,daß für den von uns betrachteten Spezialfall des allgemeinen GSK-Ansatzes diese Inferenzüberlegung nicht sonderlich schwierig ist und mit den Kenntnissen aus einer Grundveranstaltung Statistik nachvollzogen werden können sollte.

Das DO-Programm, das wir für die erste Phase der Auswertung empfohlen haben, ist nicht ganz so benutzerfreundlich wie das NONMET-Programm, hier werden lediglich die standardisierten Koeffizienten ausgedruckt, die der Benutzer noch selbst mit der Standardnormalverteilung vergleichen muß; allerdings genügt es auch hier, den sogenannten kritischen Wert für das gewählte Signifikanzniveau zu kennen, also etwa 1.96 für das 5%-Niveau. Alle darüberliegenden Werte sind statistisch signifikant, die darunterliegenden können vernachlässigt werden.

Für die praktische Analysearbeit empfiehlt sich folgende Strategie. Man berechnet zunächst das saturierte Modell inklusive der Tests für die einzelnen Koeffizienten. Im nächsten Schritt vernachlässigt man die Effekte, die keinen signifikanten Beitrag zum saturierten Modell leisten, läßt die Design-Matrix aber ansonsten unverändert, d.h. man läßt lediglich die Spalten (Dummy-Variablen) fort, deren zugehörige Effekte nicht signifikant waren. Für diesen nunmehr unsaturierten Ansatz führt man wiederum die Regressionsrechnung durch. Wie schon angedeutet, verändern dabei alle Effekte ihren Wert, obwohl es sich um einen orthogonalen Ansatz handelt, da im GSK-Ansatz die Regressionsschätzung nach der WLS-Methode erfolgt, die im unsaturierten Modell nun auch faktisch wirksam wird. In der Regel werden sich die zurückbehaltenen Koeffizienten auch im

unsaturierten Modell als signifikant erweisen. Dies muß jedoch nicht notwendig der Fall sein und hängt davon ab, wie ungleich die Subpopulationen besetzt sind, wie stark sich also die Gewichtung faktisch auswirkt.
Wichtiger ist bei einem unsaturierten Modell jedoch zunächst eine andere Überlegung, nämlich die, ob der Regressionsansatz den empirischen Befund überhaupt noch - trotz Vereinfachung - angemessen beschreibt. Ganz analog zum metrischen Fall wird auch hier die Quadratsumme der Residuen betrachtet. Abweichend vom metrischen Fall wird diese Größe aber nun direkt zu einem Test benutzt. Und zwar betrachtet man nun keinen Signifikanztest wie im metrischen Fall mehr, sondern einen Anpassungstest. Dabei kehrt sich die Logik des Vorgehens in gewisser Weise um, indem man nun die Hypothese betrachtet, daß die Quadratsumme der Residuen Null ist; mit anderen Worten, daß das Regressionsmodell dem empirischen Befund perfekt angepaßt ist. Auch hier kann man zeigen, daß die Quadratsumme der Residuen einer Chi-Quadrat-Verteilung mit n-k Freiheitsgraden genügt, wobei k die Zahl der Effekte im Modell einschließlich des means - also gleich der Spaltenzahl der Design-Matrix - ist. Hier wird jedoch keine Annahme über die Normalität benötigt, um zu diesem im Ergebnis sehr ähnlichen Befund zu kommen (vgl. noch einmal Abschnitt 4.2).
Mit Hilfe der Chi-Quadrat-Verteilung kann man nun also die Hypothese testen, daß die Quadratsumme der Residuen Null ist, indem man die sich aus den empirischen Daten ergebene Kennziffer mit der tabellierten Chi-Quadrat-Verteilung vergleicht und feststellt, wie wahrscheinlich es ist, einen solchen oder noch größeren Wert zu erhalten. Ist diese Wahrscheinlichkeit kleiner als zum Beispiel o.o5, dann wäre die Nullhypothese, daß das Modell perfekt paßt, zurückzuweisen.
Formal sieht das aus wie ein üblicher Signifikanztest, nur sind wir in diesem Fall gar nicht daran interessiert, ein signifikantes Resultat zu erhalten, weil dies bedeutet, daß wir unser Regressionsmodell aufgeben müssen! Das genau ist die logische Umkehrung zum F-Test im metrischen Fall auf die Güte

des Gesamtmodells; dort besagt die Nullhypothese, daß das Regressionsmodell völlig unbeachtlich ist - alle Regressionskoeffizienten Null sind. Ein signifikantes Ergebnis dort bedeutet also gerade, daß unser Regressionsmodell 'gut' ist.
Im GSK-Ansatz müssen wir also versuchen zu vermeiden, bei diesem Test signifikante Ergebnisse zu erhalten, da dies bedeutet, daß das betrachtete Modell dem empirischen Befund nicht ausreichend angepaßt ist. Andererseits wäre es auch falsch zu fordern, daß wir versuchen sollten, möglichst hohe Wahrscheinlichkeits-(P-) Werte für ein unsaturiertes Modell zu erhalten, denn unter diesem Kriterium wäre das saturierte Modell das beste, dort ist die Quadratsumme der Residuen nämlich tatsächlich Null.
Also lautet die erste Suchregel: Finde ein unsaturiertes Modell, das möglichst einfach ist, wo der P-Wert für die Quadratsumme der Residuen nahe an das gewählte Signifikanzniveau heranrückt (um die Einfachheit des Modells zu maximieren), ohne daß aber dieser P-Wert das gesetzte Signifikanzniveau unterschreitet (weil dann mit großer Sicherheit das Modell den empirischen Befund nicht mehr zureichend widerspiegelt).
Diese Regel reicht aber nicht aus, da die Anpassung eines Modells an den empirischen Befund von sehr unterschiedlicher Güte sein kann und mit der ersten Regel nur verhindert wird, daß ganz 'schlechte' Modelle in der Konkurrenz bleiben. Also folgt die zweite Suchregel: Lasse keinen Effekt unbeachtet, der im Einzeltest einen signifikanten Beitrag erbracht hat.
Konkreter: Der dem zuletzt betrachteten Modell zugefügt einen signifikanten Beitrag erbringt (wegen der WLS-Methode kann es bedeutsam sein, relativ zu welchen anderen noch im Modell enthaltenen Modellen der Test durchgeführt wird).
Selbst wenn man beide Regeln befolgt, kommt man nicht unbedingt zu einem eindeutigen Ergebnis, wie wir anhand unserer Daten noch demonstrieren werden, so daß zu diesen formal-statistischen Kriterien inhaltliche treten, welche speziellen Effekte man für die abschließende Interpretation berücksichtigt. Auch darf man die zweite Regel nicht in dem Sinne ver-

stehen, daß auf jeder Stufe des Suchprozesses wirklich umfassend überprüft werden muß, ob nicht jeder nur denkbare Effekt doch noch signifikant ist. Berücksichtigt man nämlich die Möglichkeit, konditionale Effekte zu berechnen - worauf wir im nächsten Abschnitt eingehen werden -, so ergäbe sich eine ungeheure Anzahl von denkbaren Prüfungen, deren Ertrag in keinem vernünftigen Verhältnis zum Arbeitsaufwand stünde. Die zweite Regel ist primär in dem Sinne auszulegen, daß nicht notwendig ein Modell, dessen zugehöriger P-Wert dicht am Signifikanzniveau liegt, schon den besten Kompromiß zwischen Einfachheit und Detailliertheit darstellt.

Es ist an der Zeit, diese theoretischen Erörterungen und allgemeinen Hinweise für die Analysepraxis durch die Betrachtung unserer Daten zu konkretisieren. Wir haben in Abschnitt 6.3.1. schon dargestellt, daß uns die vorbereitende Analyse mit Hilfe des DO-Programms - also durchweg dichotomisierten Merkmalen - zu den folgenden vier unabhängigen Merkmalen geführt hat: S(chicht), G(ewerkschaft), K(irchgang) und R(eligionszugehörigkeit). Zielvariable ist wieder die Wahlentscheidung, wobei wir zwischen allen übrigen Parteien und der CDU unterscheiden. Die gemeinsame Häufigkeitstabelle, die den Ausgangspunkt der Analyse darstellt, ist in Tab.6.6. enthalten; in bezug auf das Merkmal Schicht sind die Ausprägungen 'Arb' und 'and' jedoch noch zusammenzufassen, also insgesamt nur 16 Subpopulationen zu berücksichtigen.

Tab. 6.8. Ergebnisse (signifikante Effekte) fünfdimensionale Analyse mit dichotomen Merkmalen

MEAN	o.4881	o.oooo
G	o.o754	o.oo12
K	-o.1495	o.oooo
R	-o.1o97	o.oooo
GS	o.o5o1	o.o314
KR	-o.o475	o.o414
GKS	o.o515	o.o268
GSR	-o.o486	o.o366
S	o.o446	o.o552
GK	-o.o423	o.o692

In der ersten Spalte von Tab.6.8. ist dabei jeweils der Effekt selbst, daneben der zahlenmäßige Wert, schließlich ganz rechts

der Wahrscheinlichkeitswert oder kurz P-Wert angegeben. Der Haupteffekt des Merkmals Schicht liegt knapp über dem kritischen Wert, ebenso der Interaktionseffekt von Gewerkschaft und Kirchgang. In solchen Fällen empfiehlt es sich, im nächsten Schritt das Modell zunächst dadurch zu vereinfachen, daß man alle höheren Interaktionseffekte herausläßt, ohne jedoch aus den Augen zu verlieren, daß in dieser Konstellation Interaktionseffekte höherer Ordnung von Bedeutung sein können.
Im 'first-order'-Modell erweisen sich folgende Effekte als signifikant:

MEAN	o.4884	o.oooo
G	o.o672	o.ooo1
K	-o.1435	o.oooo
R	-o.1144	o.oooo
GK	-o.o359	o.o358
KR	-o.o47o	o.o238
S	o.o243	o.1396
GS	o.o21o	o.1631

CHI^2 = 8.1o , df=5 , P=o.15o6

Gegenüber dem saturierten Modell haben sich einige kräftige Verschiebungen ergeben. Dies rührt vor allem daher, daß bei dem nun unsaturierten Modell die Gewichtung wirksam wird. So ist der Haupteffekt des Merkmals Schicht jetzt eindeutig nicht signifikant, der vorher nicht-signifikante Interaktionseffekt GK ist nun signifikant, während für den Effekt GS das umgekehrte gilt.
Insgesamt ist dieses Modell als passend zu betrachten, da die Quadratsumme der Residuen 8.1o bei 5 Freiheitsgraden beträgt und somit zu einem P-Wert von o.156 führt (diese Werte druckt das Programm automatisch aus). In diesem Fall sind 5 Freiheitsgrade zu betrachten, weil insgesamt 16 Fälle (Subpopulationen) betrachtet werden und 11 Effekte (MEAN, 4 Haupteffekte und 6 Interaktionseffekte) geschätzt werden.
Der nächste Schritt besteht nun darin zu untersuchen, ob ein Modell mit allein den sechs oben angegebenen Effekten den empirischen Befund noch zureichend beschreibt. Dieses Modell erbringt einen Wert für CHI^2 von 12.67 bei nun allerdings 1o Freiheitsgraden und damit sogar einen höheren P-Wert von o.2428 (vgl. auch Tab. 6.9.).

Damit haben wir bereits ein hinreichend einfaches Modell gefunden, das wir gemäß unserer Suchregel 2 auch nicht mehr vereinfachen sollten, indem wir Terme aus dem Ansatz fortlassen. Vielmehr werden wir jetzt daran gehen, die zu Tage getretenen Interaktionswirkungen in einer Weise zu erfassen, die es erlaubt, diese Wirkungen anschaulicherer zu beschreiben.

6.4.2. Konstruktion spezifischer Design-Matrizen

Wir haben in Abschnitt 5.1. schon gezeigt, daß man - im saturierten Fall oder allgemeiner bei Verwendung der OLS-Methode bei orthogonalen Ansätzen, einen Interaktionseffekt zweier Merkmale so deuten kann, daß er die Differenz zwischen dem gewöhnlichen Haupteffekt des einen Merkmals und einem 'konditionalen' Haupteffekt des gleichen Merkmals mißt, wobei die 'Kondition' darin besteht, daß nur die Subpopulationen betrachtet werden, in denen das andere Merkmal die Ausprägung '1' hat. Noch einmal konkreter am Beispiel: Der Interaktionseffekt von Religionszugehörigkeit und Kirchgang ist gleich der Differenz zwischen dem Haupteffekt der Religionszugehörigkeit nur auf Grundlage der Subpopulationen der Kirchgänger berechnet (konditionaler Haupteffekt) und dem gewöhnlichen Haupteffekt der Religionszugehörigkeit. Also kann diese Interaktions*wirkung* auch so erfaßt werden, daß ich in der Design-Matrix eine Dummy-Variable für den konditionalen Haupteffekt anstelle der Dummy-Variable für den Interaktionseffekt berücksichtige. Für die Subpopulationen der Kirchgänger stimmen diese beiden Dummy-Variablen überein, während die neue Dummy-Variable für die restlichen Subpopulationen den Wert Null hat. Man rechnet leicht nach, daß in der OLS-Lösung des Regressionsansatzes sich tatsächlich der oben beschriebene konditionale Haupteffekt ergibt. Im NONMET-Programm werden solche konditionalen Effekte mit R<K1 bzw. G<K1 bezeichnet. Genau so gut könnten wir die konditionalen Effekte K<R1 oder K<R2 bzw. K<G1 betrachten. In welcher Weise man die ursprünglichen Interaktionseffekte 'auflöst' ist formal gesehen gleichgültig, wird also rein nach inhaltlichen Gesichtspunkten der 'Griffigkeit' der

dann möglichen Interpretation entschieden. Wiederum gilt diese Interpretation im strengen Sinne nur für die Schätzung nach der OLS-Methode, sind also bei der hier verwendeten WLS-Methode Begriffe wie 'im Schnitt' oder 'Durchschnitt' immer als in spezifischer Weise gewichtete Mittelwerte zu verstehen.
Löst man eine Interaktion erster Ordnung auf diese Weise - also mit Hilfe von konditionalen Haupteffekten - auf, so bleibt die Güte der Anpassung des Modells an den empirischen Befund unverändert, jedoch verändern sich die Werte für die einzelnen Effekte.

Tab. 6.9. Modell: G,K,R,G<K1,R<K1

MEAN	0.4939	0.0000	0.4939	
G	0.1111	0.0000	0.7203	
K	-0.1455	0.0000	-0.1455	
R	-0.0673	0.0001	-0.1172	
G<K1	-0.0782	0.0165	-0.0391	GK
R<K1	-0.0999	0.0158	-0.0499	KR

$CHI^2 = 12.67$, df=10, P=0.2428

Wir haben diesmal die Effekte ohne Umrechnung dargestellt, sie beziehen sich also auf die erste Ausprägung der Zielvariable (vgl. Tab.6.6.), also den Anteil der anderen Parteien. Will man die Effekte in bezug auf den CDU-Anteil interpretieren, so ist gerade das Vorzeichen umzukehren bzw. beim Mean die Differenz zu 1 zu bilden. Damit sind wir fast am Ende der Analyse dieser Kreuztabelle; nur fast, denn wir hatten beim saturierten Modell gesehen, daß zwei Interaktionseffekte dritter Ordnung signifikant waren. Gemäß unserer Regel 2 bleibt also noch zu überprüfen, ob wir in unserem Modell nicht noch zusätzlich eine komplexere Interaktionswirkung zu berücksichtigen haben. Dazu könnten wir nun nacheinander die zu den beiden Interaktionstermen GKS und GSR gehörigen Dummy-Variablen wieder in die Design-Matrix aufnehmen. Alternativ können wir aber auch versuchen, die vermutete Interaktionswirkung gleich über einen - nun mehrfach - konditionalen Haupteffekt zu erfassen. Dabei ist jedoch anzumerken, daß bei der Auflösung solcher komplexerer Interaktionseffekte die Güte der Anpassung nicht unverän-

dert bleibt; wenn also der Versuch negativ ausgeht, der konditionale Haupteffekt also keinen signifikanten Beitrag erbringt, der ursprüngliche Interaktionseffekt trotzdem signifikant sein kann und vielleicht nur in anderer Weise aufgelöst werden muß. Wir erweitern das Modell um folgenden Effekt: S<G1<K1<R2, also den Effekt von Schicht, aber lediglich auf die Subpopulationen bezogen, die sich aus nichtkatholischen Kirchgängern mit einem Gewerkschaftsmitglied im Haushalt zusammensetzen.

Dieses Modell ergibt einen Wert von CHI^2 von 7.oo bei 9 Freiheitsgraden, also P=o.6373. Damit wird also nun eine sehr gute Anpassung erreicht und der neu hinzugekommene Effekt ist mit einem P-Wert von o.o173 signifikant. Ein solches Modell können wir mit einiger Berechtigung nun ein bestes Modell nennen.

Tab. 6.1o. Effekte im 'besten Modell'

MEAN	o.4843	o.oooo
G	o.1111	o.oooo
K	-o.1552	o.oooo
R	-o.o673	o.ooo1
G<K1	-o.o853	o.oo92
R<K1	-o.o841	o.o449
S<G1<K1<R2	o.3o36	o.o173

Zusammenfassende substantielle Interpretation: Zunächst einmal ist der CDU-Anteil in den Subpopulationen der Kirchgänger im Schnitt um 31 Prozentpunkte höher als in den übrigen, während in bezug auf die Religionszugehörigkeit der CDU-Anteil in den katholischen Subpopulationen im Schnitt nur rund 13 Prozentpunkte über dem der nichtkatholischen liegt. Weiterhin ist ein durchgängiger Einfluß der Mitgliedschaft in einer Gewerkschaft festzustellen, in den Gruppen der Befragten, in deren Haushalt mindestens ein Gewerkschaftsmitglied lebt, ist der CDU-Anteil durchschnittlich um 22 Prozentpunkte niedriger als in den anderen Gruppen. Dagegen ist ein durchgängiger Einfluß des Merkmals Schicht nicht festzustellen. Für die Kirchgänger unter den Befragten sind weitere Effekte festzustellen; so liegt für diese Befragten der CDU-Anteil bei den Gewerkschaftsmitgliedern um weitere 17 Prozentpunkte über (!) dem entsprechenden Anteil für Nicht-Mitglieder, ebenso liegt bei

den Katholiken der CDU-Anteil im Schnitt um weitere 17 Prozent über dem CDU-Anteil bei Nicht-Katholiken.
Schließlich ist noch ein sehr spezifischer Einfluß der Schicht festzustellen. Betrachtet man nur die nichtkatholischen Kirchgänger unter den Befragten, die selbst in der Gewerkschaft sind bzw. die mit einem Gewerkschaftsmitglied zusammen leben, so liegt dort der CDU-Anteil bei der Gruppe der Angestellten und Beamten um weitere 6o Prozentpunkte über dem der anderen Gruppen.
Diese zusammenfassende verbale Beschreibung des Ergebnisses der Regressionsrechnung erhalten wir ganz analog zu den Überlegungen, die wir in Abschnitt 5.1 angestellt haben. In unserem Beispiel müssen wir lediglich darauf achten, daß man die Vorzeichen umkehrt, wenn man die Interpretation auf den CDU-Anteil beziehen will (der bei unserer Anordnung gerade die zweite Ausprägung der Zielvariable war). Da wir Interaktionswirkungen immer als konditionale Effekte erfassen können, gilt auch für diese Effekte die Überlegungen, die wir für die Haupteffekte angestellt hatten. Erinnert sei schließlich noch einmal daran, daß ein Haupteffekt entweder als Differenz von durchschnittlichem CDU-Anteil in spezifischen Subpopulationen - etwa der der Kirchgänger - zum generellen Durchschnitt (grand mean) des CDU-Anteils interpretiert werden kann *oder* - das gilt jedoch nur im dichotomen Fall - als die Hälfte der Differenz des durchschnittlichen CDU-Anteils von katholischen bzw. nicht-katholischen Subpopulationen. Diese zweite Möglichkeit haben wir uns bei unserer obigen Zusammenfassung zunutze gemacht.
Schließlich noch ein praktischer Hinweis. Der Leser mag sich wundern, warum wir gerade den konditionalen Effekt S<G1<K1<R2 betrachtet haben, warum zum Beispiel nicht ebenso gut K<S2<G1<R1 oder etwas ähnliches. Nun, es lag aus theoretischen Gründen nahe, die vermuteten Interaktionen GKS und GSR - die wir zunächst im saturierten Modell festgestellt hatten - in bezug auf das Merkmal Schicht aufzulösen, also einen konditionalen Effekt in bezug auf Schicht zu konstruieren. Aber selbst

dann wären noch eine ganze Reihe von solchen Effekten denkbar. Es ist plausibel, daß man versucht, unter diesen nun denjenigen auszuwählen, der statistisch gesehen der beste ist, also die Anpassung des Modells maximiert. Und dazu braucht man nun nicht in einem 'trial-and-error' Verfahren sämtliche Möglichkeiten durchzuprobieren, sondern betrachtet im Modell mit den beiden einfach konditionalen Effekten, zu dem wir gelangt waren, die Residuen, die vom Programm mit ausgedruckt werden. Hieran konnten wir feststellen, daß gerade in den Subpopulationen Nr.2 und Nr.1o noch relativ große Residuen vorhanden sind. Betrachten wir noch einmal das von uns gewählte Arrangement der Daten - vgl. Tabelle 6.6; wobei man sich allerdings die Subpopulationen 17 bis 24 als jeweils mit den Subpopulationen 1 bis 8 vereinigt zu denken hat - so handelt es sich bei den Subpopulationen 2 und 1o gerade um die nichtkatholischen, regelmäßig die Kirche besuchenden Befragten, in deren Haushalt ein Gewerkschftsmitglied lebt. Und genau dies haben wir als 'Kondition' für den Schichteffekt benutzt!
Man kann an diesem Beispiel also sehr gut sehen, daß man unsaturierte Modelle sozusagen maßschneidern kann. In unserem Beispiel sind inhaltliche Überlegungen hierbei (Effekt in bezug auf Schicht betrachten) und statistische Überlegungen (Inspektion der Residuen zur Maximierung der Anpassung) voll verträglich. Das mag nicht immer so sein, deshalb unsere dringende Empfehlung, nicht einseitig nach der Anpassung des Modells zu maximieren, sondern vorrangig die theoretischen Überlegungen zu berücksichtigen, jedenfalls solange dies nach statistischen Kriterien akzeptabel ist, also die betrachteten Effekte einen signifikanten Beitrag liefern.
Wir haben also ein bestes Modell gefunden, wir haben eine intuitiv nachvollziehbare Interpretation dafür gegeben und können uns nun befriedigt nach getaner Arbeit zurücklehnen? Nicht ganz; denn mit bislang vorliegenden Ergebnissen (etwa PAPPI, 1973), steht unser Resultat nur partiell im Einklang. Haben wir wirklich mit diesem Ergebnis schon alle Leute widerlegt, die dem Merkmal Schicht einen wesentlichen Einfluß auf die

Wahlentscheidung zuschreiben? Sicher nicht! Denn gerade bei einem Merkmal wie Schicht ist eine Dichotomisierung aus theoretischen Gründen sehr problematisch. Unser bestes Modell ist nur als Zwischenergebnis zu verstehen, wir müssen darum nun untersuchen, zu welchem Ergebnis die NONMET-Analyse führt, wenn ich das Merkmal Schicht weniger krude behandele und wenigstens zusätzlich die Arbeiter von Selbständigen, Landwirten etc. unterscheide. Die Ausgangskonstellation für diesen Fall haben wir schon in Tabelle 6.6 dargestellt. Noch einmal sei daran erinnert, daß eine noch feinere Aufgliederung des Merkmals Schicht zwar theoretisch wünschenswert wäre, aber nur möglich wird, wenn wir eines der übrigen unabhängigen Merkmale aus unserem Ansatz entfernen. Das aber ist ebenfalls problematisch, da alle diese Merkmale erwiesenermaßen einen statistisch signifikanten und auch inhaltlich relevanten Einfluß auf die Zielvariable, die Wahlentscheidung, haben. Schon die zusätzliche Trichotomisierung des Merkmals Schicht führt zu einer Konstellation (Besetzung der Subpopulationen), die nur mit einigen Vorbehalten einer NONMET-Analyse unterzogen werden kann. Der einzige Ausweg aus diesem Dilemma besteht darin, die Zahl der Befragten zu erhöhen. Hätte man statt rund 1ooo etwa 2ooo Fälle, so könnten nach unserer Faustregel etwa 2ooo/4o=5o Subpopulationen betrachtet werden. Dann könnte man sowohl für das Merkmal Schicht vier Ausprägungen berücksichtigen, wie auch das Merkmal Gewerkschaft trichotomisieren, also diejenigen, die selbst Mitglied der Gewerkschaft sind zusätzlich von denen unterscheiden, die nur mit einem Gewerkschaftsmitglied im gleichen Haushalt leben; was aus inhaltlichen Gründen sehr vorteilhaft erscheint. Dann wären 48=4x3x2x2 Subpopulationen zu betrachten, wobei natürlich noch im einzelnen zu überprüfen wäre, ob die Subpopulationsbesetzungen in diesem konkreten Fall ausreichend sind. Leider ist eine solche Erhöhung der Fallzahl im Nachhinein nur in den seltensten Fällen möglich; wird jedoch eine Erhebung erst geplant, so tut man gut daran, sich schon in diesem Stadium der hier angestellten Überlegungen zu erinnern. Leider wird es in der Praxis oft versäumt, den Erhebungsplan auf die in Aussicht genommenen Analyseverfahren abzustimmen, schlimmer noch wird blind und gläubig darauf vertraut, daß mit irgendeinem Computerprogramm auch genügend Ausdrucke erzeugt werden können, die für sich allein ja imponierend genug sind. Dies als Warnung des Datenanalytikers an die 'reinen Substanzwissenschaftler'

In bezug auf die hier betrachtete Mannheimer Wahlstudie können jedoch zusätzliche Daten beschafft werden. Wir hatten schon darauf hingewiesen, daß es sich bei dieser Untersuchung um eine Panel-Studie in drei Wellen handelt; und in der ersten Welle sind noch über 2ooo Personen befragt worden. Die Datenbasis für die unabhängigen Merkmale könnte also auf die gewünschte Fallzahl erweitert werden, nur würde dies zugleich auch einen Wechsel der Zielvariable bedeuten, da die erste Welle bereitsin der ersten Jahreshälfte durchgeführt worden ist, also zu dieser Zeit lediglich die Wahlabsicht für den Herbst erhoben werden konnte. Zu einem so frühen Zeitpunkt sind aber sowohl viele Leute noch unentschieden - mit der Folge vieler 'missing values' für die Zielvariable, wie es auch aus theoretischen Gründen recht zweifelhaft erscheint, ob dieses Merkmal ein wirklich verläßlicher Indikator für die faktische Wahlentscheidung einige Monate später ist. Trotzdem ist es sicher interessant, einmal derartige Vergleichsrechnungen durchzuführen und dem Leser sei dies zu Übungszwecken empfohlen.

Wir werden uns in diesem Skript hingegen auf die NONMET-Analyse des in Tabelle 6.6 dargestellten empirischen Befundes beschränken. Aus Raumgründen werden wir nur die wichtigsten Werte zahlenmäßig angeben; sollte dem Leser das NONMET-Programm schon zugänglich sein, so ist es sicher nützlich, diese Analyse einmal selbst zu rechnen und den vollständigen Ausdruck durchzuarbeiten.
Das saturierte Modell zeigt im Falle der trichotomisierten Schicht nun einen signifikanten Einfluß von S1, d.h. der CDU-Anteil für die Arbeiter-Subpopulationen ist signifikant verschieden vom generellen Durchschnitt für den CDU-Anteil; da-

mit erhalten wir nun also einen signifikanten Haupteffekt von Schicht - wie es gemäß vorangegangener Untersuchungen auch zu erwarten gewesen ist. Weiter zeigt sich, daß der Interaktionseffekt S2GK, nicht aber der Interaktionseffekt S1GK signifikant ist. Dieses Ergebnis legt nahe, nun sofort ein zum besten Modell bei dichotomer Betrachtung analoges, aber in Anbetracht der mitgeteilten Befunde leicht modifiziertes Modell zu betrachten, nämlich: S1,G,K,R,G<K1,R<K1,S2<G1<K1<R2. Dieses Modell zeigt sehr gute Anpassung (CHI^2 gleich 14.85 bei 16 Freiheitsgraden, damit P=o.536o), aber der dreifach konditionale Effekt erweist sich als nicht signifikant (P=o.o527). Da dieser Wert sehr knapp an der Grenze liegt, ist nicht eindeutig entscheidbar, ob man diesen Effekt nicht vielleicht dennoch für die Interpretation berücksichtigen sollte. In Anbetracht der Tatsache, daß ohnehin einige der Subpopulationen schwach besetzt waren und gerade dieser Effekt im wesentlichen auf den Werten der (metrisierten) Zielvariable für die Subpopulationen 2,1o und 18, die extrem schwach besetzt sind, beruht, sollte man ihn wohl eher vernachlässigen, obwohl die Anpassung für das um diesen Effekt verminderte Modell deutlich schlechter ist (CHI^2=18.6o bei df=17, also P=o.3521).
Die verbale Interpretation des nun gefundenen besten Modells verläuft ganz genau wie vorher im dichotomen Fall, nur daß man für den S1-Effekt jetzt den durchschnittlichen CDU-Anteil für die Arbeiter-Subpopulationen jetzt mit dem Generaldurchschnitt vergleichen muß. Wir geben die <u>Effekte für dieses beste Modell</u> an:

MEAN	o.4814		
S1	o.o921	R	-o.o729
G	o.o874	G<K1	-o.o86o
K	-o.1387	R<K1	-o.o973

Wie man diesen Werten beispielsweise entnimmt, ist der Arbeiter-Effekt größer als der Effekt der Religionszugehörigkeit. Wir haben also ein Ergebnis erhalten, daß sich substantiell beträchtlich von der dichotomen Betrachtungsweise unterscheidet, wo ein Schichteinfluß zunächst nicht festzustellen war. Es ist allerdings denkbar, daß bei einer Dichotomisierung von etwa Arbeiter versus übrige Ausprägungen auch in der dichotomen Betrachtung ein Schicht-Effekt festzustellen gewesen wäre. Unser Beispiel sollte jedoch einprägsam demonstrieren, daß die Art der Dichotomisierung einen relevanten Einfluß auf das Ergebnis haben kann, und verständlich machen, warum es außerordentlich wichtig ist, in der ersten Phase der Datenanalyse mit verschiedenen Dichotomisierungen zu arbeiten. Nur so kann der Gefahr begegnet werden, wesentliche Effekte zu übersehen. Und unser Beispiel demonstriert auch, wie wichtig es ist, schon vorliegende Ergebnisse aus anderen Untersuchungen gründlich zu rezipieren, da dies den Blick dafür schärft, an welchen Stellen interessante Ergebnisse zu erwarten sind.

Zum Abschluß wollen wir nun noch die Konstellation mit trichotomisierter Zielvariable untersuchen, in der die SPD von den kleinen Parteien getrennt dargestellt wird. Wiederum betrachten wir die schon bekannten unabhängigen Merkmale Schicht, Gewerkschaft, Kirchgang und Religionszugehörigkeit, und zwar in dichotomisierter Form. Es wird sich zeigen, daß auch schon durch die feinere Aufgliederung der Zielvariablen ein Effekt des Merkmals Schicht deutlich wird. Da eine solche Aufgliederung der Zielvariablen die Zahl der Subpopulationen nicht erhöht, also keine Probleme in bezug auf die Zahl der zur Verfügung stehenden Untersuchungseinheiten schafft, ist ganz allgemein zu empfehlen, nach Abschluß der ersten Sichtungsphase die Ausprägung der Zielvariable nicht unnötig zu gruppieren, also alle theoretisch sinnvollen Differenzierungen auch bestehen zu lassen. In unserem Beispiel hatte die ursprüngliche Zielvariable sechs Ausprägungen, die man ohne datenanalytisch-theoretische Schwierigkeiten auch bestehen lassen könnte, nur führt das in der praktischen Arbeit eben auch zu einer erheblichen Vergrößerung der Design-Matrix, da zwar die Subpopulationen selbst nicht aufgespaltet werden, ihre Zahl also konstant bleibt, jedoch im modifizierten Regressionsansatz jede Subpopulation jetzt (k-1)mal als Fall berücksichtigt wird. Das wiederum bedeutet computermäßig größeren Speicherplatzbedarf und längere Rechenzeiten, ganz abgesehen vom ebenfalls

aufgeblähten Ausdruck. Also sind die Ausprägungen doch soweit zu gruppieren, daß alle nicht unmittelbar theoretisch wichtigen Unterscheidungen vernachlässigt werden. Somit haben wir für das Anwendungsbeispiel alle kleineren Parteien zu einer Restkategorie zusammengefaßt.
Aus Raumgründen verzichten wir auf die Darstellung der Ausgangstabelle mit den empirischen Häufigkeiten. Einen ungefähren Anhaltspunkt gibt Tabelle 6.3, wo freilich noch nicht nach der Schicht differenziert ist. Wie schon bemerkt, entsprechen beim <u>saturierten</u> Modell die Effekte auf den CDU-Anteil numerisch exakt den Effekten bei dichotomisierter Zielvariablen, so daß wir zunächst nur die Effekte auf den SPD-Anteil zu betrachten haben. Hier zeigt sich nun ein signifikanter Effekt des Merkmals Schicht, während keiner der Interaktionseffekte signifikant ist. Da im saturierten Modell die Gewichtung aber noch nicht wirksam wird, läßt dies noch nicht den Schluß zu, daß in bezug auf den SPD-Anteil generell Interaktionseffekte vernachlässigt werden können. Als nächsten Schritt betrachten wir deshalb das zum besten Modell bei rein dichotomer Betrachtungsweise parallele Modell, freilich um den Schicht-Effekt ergänzt. Dieses Modell paßt widerum gut (CHI^2=16.oo bei df=16, also P=o.4531) und bis auf drei Effekte sind die übrigen signifikant. Nicht signifikant sind der Haupteffekt von Schicht auf den CDU-Anteil, sowie in bezug auf den SPD-Anteil der konditionale Effekt R<K1 wie der dreifach konditionale Schichteffekt. Da dieser konpliziertere Effekt auch für den CDU-Anteil nur knapp unter dem kritischen Wert zum 5%-Signifikanzniveau liegt, erscheint es nicht unangemessen, diesen Effekt ganz zu vernachlässigen und also folgendes Modell zu betrachten: S<1,G,K,R,G<K1,R<K1< 2 . Sofern den Effekten Ziffern nachgestellt sind, bezeichnen diese die Ausprägung der Zielvariable, auf die sich der Effekt bezieht; somit steht '1' für SPD-Anteil und '2' für CDU-Anteil. Fehlt eine Ziffer, so sollen die Effekte parallel für beide Ausprägungen der Zielvariable berechnet werden. Auch dieses Modell weist noch ausreichende Anpassung auf (CHI^2=24.29 bei df=2o, also P=o.2299) und alle Ef-

fekte erweisen sich als signifikant. Die Effekte im einzelnen:

	für SPD-	für CDU-	Anteil
MEAN	o.3799	o.52o9	
S	o.o228	--	
G	o.123o	-o.11o3	
K	-o.1719	o.1521	
R	-o.o552	o.o785	
G<K1	-o.o956	o.o749	
R<K1	--	o.o577	

Nur auf die CDU bezogen hat also die Analyse mit trichotomer Zielvariable in etwa das gleiche Ergebnis erbracht wie bei dichotomer Zielvariable (vgl. Tab. 6.1o), was bei unsaturierten Modellen angesichts der Verwendung der WLS-Methode keine mathematische Notwendigkeit ist - wie wir schon mehrfach betont haben. Durch die feinere Aufgliederung der Zielvariablen ist aber doch deutlich geworden, daß das Merkmal Schicht selbst in seiner - theoretisch sehr unbefriedigenden - dichotomisierten Form einen Einfluß auf die Verteilung der Zielvariable Wahlentscheidung hat. Mit diesen Beispielen wollen wir die Diskussion über den Weg zu einem besten Modell abschließen und dem Leser empfehlen, nun an für ihn spezifisch interessanten Datensätzen selbst beste Modelle aufzuspüren. Zu diesem Zweck wollen wir im folgenden Abschnitt noch einige Hinweise zur Benutzung des NONMET-Programms geben.

6.5. Hinweise zur Benutzung des NONMET-Programms

Bevor man ein Programm benutzen kann, muß es auch vorhanden sein, und darum wollen wir zunächst auf die Bezugsquelle hinweisen. NONMET II ist von Herbert L. KRITZER geschrieben worden und ist über ihn gegen eine einmalige Lizenzgebühr von ca. DM 3oo,- erhältlich (Anschrift: Univ of Wisconsin, Dept. of Political Science, Madison, Wis. 537o6, USA). Das Programm ist ursprünglich für IBM-Anlagen entwickelt worden, doch stehen nunmehr auch Adaptionen für andere Anlagen zur Verfügung; die in diesem Skript diskutierten Analysen wurden beispielsweise auf der UNIVAC 11o8 des HRZ Frankfurt gerechnet. Nähere Auskünfte über den aktuellen Stand der erhältlichen Adaptionen

erteilt der Autor des Programms. NONMET benötigt weit weniger Speicherplatz als beispielsweise das SPSS-Paket und ist damit auch für den Einsatz auf kleineren Anlagen geeignet. Das Programm arbeitet nach unseren Erfahrungen sehr schnell, der Bedarf an CPU-Zeit ist - was mancherorts aus Kostengründen wichtig sein mag - sehr gering.
Das Programm operiert wahlweise auch interaktiv, was die Arbeit mit diesem Programm ganz außerordentlich erleichtert. Der Weg zu einem besten Modell wird - nach einer gewissen Einarbeitungszeit - fast geradlinig, wenn man nach jedem Schritt die Ergebnisse analysiert und das nächste Modell in Kenntnis dieser Ergebnisse formuliert. Genau dies ist bei interaktiver Arbeit möglich, während man vermutlich doch drei bis vier Batch-Läufe braucht, bis man das beste Modell gefunden und abgesichert hat. Zudem lernt man den Umgang mit dem Programm in interaktiver Arbeitsweise erheblich schneller, da man durch Eingabe von 'HELP' vom Programm erläutert bekommt, was jeweils zu tun ist. Leider bieten nicht alle Rechenzentren derartige Arbeitsmöglichkeiten, zumindest nicht allen Benutzern in ausreichendem zeitlichem Umfang, so daß wir unsere weiteren Erörterungen auf die Arbeitsweise im Batch-Betrieb beschränken; die Parametereingaben im interaktiven Betrieb sind jedoch von kleinen Abweichungen abgesehen die gleichen.
Als Beispiel wollen wir die Parameterkarten für die fünfdimensionale Analyse mit trichotomisierter Schicht angeben und daran die Bedeutung der einzelnen Angaben erklären:

```
TITLE   beliebiger Text
NP=24,NR=2/
5 2o 2 o 44 ........
............  22 34 44 5o
FACTORS=S G K R;LEVELS=S(3);MODEL=SAT/
SINGLE
REANALYSIS
MAIN=S1,G,K,R,G<K1,R<K1,S2<G1<K1<R2/
SINGLE
REANALYSIS
MAIN=G,K,R;NACT=KR,GKR/
END
```

Die erste Parameterkarte beginnt also mit den 5 Buchstaben 'TITLE', auf den Rest der Karte kann man einen beliebigen Text schreiben, der dann als Überschrift im Ausdruck erscheint. Auf der zweiten Karte ist die Zahl der Subpopulationen (NP=) anzugeben, wie die Zahl der Ausprägungen der Zielvariablen (NR=), dahinter muß ein Schrägstrich folgen. Will man statt des additiven ein log-lineares Modell betrachten, so ist vor dem '/' noch anzugeben ',A=LOGIT'. Auf den nächsten Karten folgen in freiem Format die Häufigkeiten für die betrachtete Kreuztabelle, insgesamt also NPxNR - hier also 24x2=48 - Zahlen. Sodann werden die unabhängigen Merkmale benannt durch jeweils einen Buchstaben; sinnvollerweise benutzt man den Anfangsbuchstaben des jeweiligen Merkmals - jedoch nicht den gleichen Buchstaben zweimal. Dabei ist auf die Reihenfolge zu achten; die Reihenfolge der unabhängigen Merkmale muß dem Aufbau der Kreuztabelle entsprechen (vgl. Tabelle 6.6). Sofern Merkmale mehr als zwei Ausprägungen haben ist dies hinter der Angabe 'LEVELS= ' in der Form zu vermerken, daß man die unabhängige Variable angibt und die Zahl der Ausprägungen in Klammern anfügt. Sind alle unabhängigen Merkmale dichotom, kann diese Spezifizierung ganz entfallen. Schließlich wird durch die Angabe 'MODEL=SAT' veranlaßt, daß zunächst das saturierte Modell betrachtet wird - wie wir dies empfehlen. Läßt man diese Angabe weg, so wird das Modell mit nur den Haupteffekten betrachtet. Ist das saturierte Modell schon in einem vorangegangenen Lauf berechnet worden, ist es natürlich sinnvoller, die Angabe wegzulassen, um die Papierausgabe nicht unnötig groß werden zu lassen.

Die Angabe 'SINGLE' auf der folgenden Karte bewirkt, daß Tests auf den Beitrag jedes einzelnen Effekts durchgeführt werden. Diese Angabe ist bei der in diesem Skript diskutierten Anwendung des GSK-Ansatzes immer sinnvoll.
Danach hat man die Wahl, die gleiche Kreuztabelle mit einer anderen Design-Matrix zu analysieren ('REANALYSIS'), die Programmausführung zu beenden ('END') oder zu einer weiteren Kreuztabelle überzugehen ('TITLE' und das eben diskutierte von

vorn). Bleiben wir bei der REANALYSIS-Alternative. Dieser Karte folgend wird nun der zu betrachtende Ansatz, genauer die zugehörige Design-Matrix beschrieben. Dabei wird die gleiche Schreibweise benutzt, die wir in den vorangegangenen Abschnitten eingeführt haben. Vor den Haupteffekten - gewöhnlichen wie konditionalen - ist das Kodewort 'MAIN= ' anzugeben, vor Interaktionseffekten das Kodewort 'NACT= '. Die Modellspezifikation ist mit einem Schrägstrich abzuschließen.

Mehr braucht man für den Anfang von den Parameterkarten nicht zu wissen, es sei denn, daß die Datenkonstellation nicht vollständig faktoriell ist, daß also mindestens eine der denkbaren Subpopulationen nicht besetzt ist und somit aus dem modifizierten Ansatz herausgelassen werden muß. In diesem Fall sind nach den Häufigkeiten weitere Angaben notwendig; vgl. hierzu aber die Original-Programmbeschreibung (Section 6.14).

Es ist möglich, die Paramterkarten in einer verkürzten Form einzugeben, aber darauf wollen wir nicht eingehen, da es zunächst einmal darum geht, den potentiellen Anwender überhaupt in die Lage zu versetzen, mit dem Programm umzugehen. Soweit die Eingabe; nun noch einige kurze Bemerkungen zur Ausgabe.

Die Standardoption beschert bereits einen so reichen Ausdruck, daß es sinnvoll erscheint, diese Flut etwas zu beschneiden und auf der 'Hauptparameterkarte', die der Titelkarte folgt, noch die Angabe ',OUT=3' zu machen. Damit wird der Teil des Ausdrucks unterdrückt, mit dem der durchschnittliche sozialwissenschaftliche Benutzer ohnehin nichts anfangen kann. Bei 'OUT=3' erhält man folgende Informationen ausgedruckt:

- eingegebene Häufigkeitsverteilung (Kreuztabelle)
- zeilenweise prozentuierte Kreuztabelle
- metrisierte Zielvariable F(P)
- vom Programm intern erzeugte Design-Matrix
- CHI-Quadrat-Wert für die Anpassung des Gesamtmodells
- geschätzte Parameter (Effekte)
- noch einmal die Zielvariable 'F(P) PREVIOUS'
- die Predictorwerte 'F(P) PREDICTED FROM FITTED MODEL'
- die Residuen
- CHI-Quadrat und zugehörige P-Werte für die einzelnen Effekte

Die ausgedruckte Kreuztabelle ist unbedingt auf etwaige Übertragungsfehler beim Erstellen der Parameterkarten zu überprüfen,ebenso sollte man die ausgedruckte Design-Matrix genau ansehen und feststellen, ob dies die Matrix ist, die man im Sinne hatte. Hier ist eine Warnung am Platze. Obwohl das Programm gründlich getestet wurde, ist bei einem derart komplexen Programm nie auszuschließen, daß nicht doch noch 'bugs' vorhanden sind.

Über die Bedeutung der restlichen Werte haben wir in den vorangegangenen Abschnitten ausführlich gesprochen, so daß sich weitere Hinweise erübrigen, bis auf einen rein technischen. Eine Reihe von Werten (Effekte, Werte der Zielvariablen) werden in sogenannter Exponentialdarstellung ausgegeben, d.h. immer als Dezimalzahl und einem Exponenten am Ende, der angibt, mit welcher Zehnerpotenz diese Dezimalzahl zu multiplizieren ist, um den eigentlichen Wert zu erhalten; zum Beispiel: .9427-o1 (bei manchen Anlagen auch .9427D-o1) bedeutet in üblicher Schreibweise o.o9427 ; o.9427 ist nämlich mit $1o^{-1}$=1/1o zu multiplizieren, d.h. durch 1o zu dividieren. Diese Exponentialdarstellung ist deswegen vorteilhaft, weil auf diese Weise alle Größen mit gleicher Anzahl 'geltender Ziffern' dargestellt werden können. Diese Darstellung ist am Anfang etwas verwirrend; man neigt leicht dazu, den Exponenten am Ende zu übersehen und zum Beispiel .9427-o1 als größer anzusehen als etwa .1382+oo . Aber dies ist reine Gewöhnungssache.

6.6. Statistische Grundlagen des GSK-Ansatzes

Wir wollen nun die statistischen Grundlagen des GSK-Ansatzes darstellen, soweit dies ohne extensiven Rekurs auf die Formalstatistik möglich ist. Jedoch läßt es sich dabei nicht vermeiden mit Begriffen wie Zufallsvariable, Erwartungswert oder Kovarianz zu operieren; Begriffe, die in amerikanischen Statistiklehrbüchern für Sozialwissenschaftler (etwa HAYS, 1973) ganz selbstverständlich benutzt werden. Wer seine diesbezüglichen Kenntnisse anhand eines deutschsprachigen Lehrbuchs erweitern oder auffrischen möchte, sei auf die Darstellung von

KREYSZIG (1975) verwiesen.
Der Erwartungswert einer Zufallsvariablen ist das mit den jeweiligen Wahrscheinlichkeiten gewichtete Mittel aus den möglichen Werten, in gewisser Weise also das Pendant zum arithmetischen Mittel einer empirischen Datenreihe. Unter der Kovarianz zweier Zufallsvariablen y_1 und y_2 versteht man den Erwartungswert des Produktes dieser beiden Variablen jeweils vermindert um den Erwartungswert, also:

$$Cov(y_1,y_2) = E(\ (y_1-E(y_1))\ (y_2-E(y_2))\ )$$

Ist $y_1=y_2$, so nennt man $Cov(y_1,y_1)$ üblicherweise auch $Var(y_1)$.
In ganz analoger Weise ist der Begriff Kovarianz auch für empirische Daten zweier Merkmale definiert; 'Erwartungswert' ist dann lediglich durch 'arithmetisches Mittel' zu ersetzen.
Betrachten wir nun einen Vektor von Zufallsvariablen $Y_{n,1}$ - und wir können uns den Vektor der abhängigen Variablen in einem Regressionsansatz als Realisation (konkrete Annahme von Werten) eines solchen Vektors von Zufallsvariablen vorstellen - dann sei mit E(Y) der entsprechende Vektor der Erwartungswerte bezeichnet und mit $V(Y)_{n,n}$ die Matrix mit den Kovarianzen.
Für Erwartungswert und Kovarianz gelten folgende Regeln, die man anhand der getroffenen Definition leicht nachvollziehen kann:

(a) $E(ay_1+by_2) \quad = a\ E(y_1) + b\ E(y_2)$

(b) $Cov(y_1+y_2,y_3) = Cov\ y_1,y_3) + Cov(y_2,y_3)$

(c) $Cov(ay_1,y_2) \quad = a\ Cov(y_1,y_2)$

Hierbei sind a und b beliebige konstante Zahlen. Betrachtet man allgemeiner eine lineare Transformation eines Vektors von Zufallsvariablen - in Matrizenschreibweise Z=AY - so gilt:

$$E(Z) = A \cdot E(Y) \quad \text{und} \quad V(Z) = A \cdot V(Y) \cdot A' \qquad (6.1)$$

Diese Regeln folgen sofort aus den zuvor angegebenen, wenn man sich die Definition für die Multiplikation von Matrizen in Erinnerung ruft und damit die allgemeinen Elemente dieser Matrizen explizit darstellt. Für das weitere benötigen wir diese letzte Regel, nicht aber den Weg, wie sie zustande kommt, so daß man gegebenenfalls diese Regel auch zunächst einmal als richtig hinnehmen kann. Ein Spezialfall ist noch wichtig: Ist nämlich $E(Y)=0$ - sind also alle Erwartungswerte Null - so gilt $V(Y) = E(YY')$; was ebenfalls sofort aus den angegebenen Definitionen folgt.

Nach dieser Vorbereitung können wir uns nun dem Regressionsansatz selbst widmen. Es ist vielfach üblich, den Regressionsansatz um die explizite Angabe eines Fehlerterms zu ergänzen, wenn man inferenzstatistische Überlegungen anstellt; es ist sogar nicht einmal übertrieben zu sagen, daß es unüblich ist, ihn wegzulassen, wie wir dies bisher in diesem Skript getan haben. Damit bekommt der Regressionsansatz dann folgende Gestalt, wobei die Verwendung der griechischen Buchstaben darauf verweisen soll, daß dies die - unbekannten - Parameter der Grundgesamtheit sind, die wir mit Hilfe der empirischen Daten schätzen wollen:

$$Y = X\beta + \varepsilon$$

Den Fehlertermen ε_i entsprechen im empirischen Befund die Residuen, für die wir die Bezeichnung Y_X^R eingeführt hatten. Nach (2.11) ist unter Anwendung des Kleinst-Quadrate-Kriteriums (OLS) die Lösung dieses Ansatzes gegeben durch:

$$b = (X'X)^{-1}X'Y = AY \quad \text{mit} \quad A = (X'X)^{-1}X'$$

Somit können wir sofort die Kovarianzmatrix für den Vektor b angeben - wobei wir (6.1) benutzen:

$$V(b) = (X'X)^{-1}X' \; V(Y) \; X(X'X)^{-1} \qquad (6.2)$$

Dazu müssen wir freilich die Kovarianz des Vektors Y kennen. Hierzu macht man nun die Annahmen, die wir zum Teil schon in Abschnitt 4 diskutiert haben. Man nimmt also an, daß die Fehlerterme für die einzelnen Ausprägungskombinationen der unabhängigen Merkmale - das sind bei nicht-metrischen unabhängigen Merkmalen gerade die nun wohlvertrauten Subpopulationen - jeweils den Erwartungswert Null haben, ihre Varianz in jeder

Subpopulation gleich einem festen Wert σ^2 ist und Fehlerterme unterschiedlicher Subpopulationen nicht korreliert sind. Diese Annahmen kann man in Matrixnotation kurz zusammenfassen:

$$E(\varepsilon) = 0 \quad \text{und} \quad V(\varepsilon) = E\sigma^2 \qquad (6.3)$$

In der zweiten Formel bezeichnet 'E' die Einheitsmatrix, in der ersten den Erwartungswert-Operator. Dies sollte aber nicht zu Mißverständnissen führen.

Und da weiter die Ausprägungen der unabhängigen Merkmale als jeweils feste Werte betrachtet werden, gilt $V(Y) = V(\varepsilon)$. Setzt man nun diesen Wert für die Kovarianzmatrix in die Formel für die Kovarianzmatrix der Regressionskoeffizienten ein, so vereinfacht sich dieser Ausdruck beträchtlich:

$$V(b) = (X'X)^{-1}X' \; E \; X(X'X)^{-1}\sigma^2 = (X'X)^{-1}\sigma^2 \qquad (6.4)$$

Die Standardannahmen bei der Regression - Streuungsgleichheit und Unkorreliertheit der Fehler - sichern also, daß die Kovarianzmatrix für die Schätzwerte eine besonders einfache Gestalt bekommt. Darüber hinaus kann man zeigen, daß mit dieser Methode (OLS) die besten Schätzwerte gewonnen werden, die sich als Linearkombination der Y-Werte darstellen lassen; beste Schätzwerte in dem Sinne, daß die Varianz der einzelnen b_i insgesamt minimiert wird.

Diese Eigenschaft bedeutet anschaulich formuliert, daß im Schnitt bei diesem Verfahren und unter den genannten Voraussetzungen die so erhaltenen Schätzwerte am dichtesten an den wahren Werten liegen, daß man also bei anderen denkbaren Methoden immer schlechtere Ergebnisse erhält. Hiermit erhält also das OLS-Kriterium seine eigentliche Rechtfertigung.

Will man die Kovarianzmatrix V(b) faktisch berechnen, so muß allerdings noch der Wert σ^2 bekannt sein, der aber in der Regel ebenfalls unbekannt ist - als ein 'wahrer' Wert der Grundgesamtheit. Man schätzt diesen Wert jedoch durch die Varianz aus den empirischen Werten der abhängigen Variablen.

Nochmal sei betont, daß die OLS-Methode nur unter der Voraussetzung von Streuungsgleichheit und Unkorreliertheit der Fehlerterme die im oben spezifierten Sinne 'beste' Methode ist.

Die Voraussetzung der Streuungsgleichheit ist aber zum Beispiel im modifizierten Regressionsansatz bei der GSK-Methode im allgemeinen nicht erfüllt, denn dies würde bedeuten - vgl. Abschnitt 6.4.1 für den dichotomen Fall - daß die Anteilswerte in allen Subpopulationen die gleichen wären; genauer gleich einem festen Wert p bzw. dessen Differenz zu 1 wären. Derartige Konstellationen treten aber sowohl in der Praxis kaum auf, noch wären sie inhaltlich von Interesse; wenn alle Anteilswerte gleich sind, bedeutet dies doch, daß die unabhängigen Merkmale überhaupt keinen Einfluß auf die Zielvariable haben!

Betrachten wir also das zum GSK-Ansatz gehörige modifizierte Regressionsmodell, wobei wir die (metrisierte) Zielvariable in Übereinstimmung mit dem NONMET-Programm mit F(P) oder kurz mit F bezeichnen:

$$F = X\beta + \varepsilon \quad \text{mit} \quad V(F) = V \neq E\sigma^2 \qquad (6.5)$$

Würden wir hierauf nun die OLS-Methode anwenden, so erhielten wir eine Lösung, die nicht optimal ist, deren Schätzwerte also im Schnitt zu weit von den wahren Werten entfernt liegen. Die Lösungsidee besteht vielmehr darin, diesen Ansatz in einer Weise zu gewichten, daß die Streuungsgleichheit doch noch hergestellt wird und diesen gewichteten Ansatz dann in herkömmlicher Weise zu lösen. Die Bedingung der Unkorreliertheit der Fehlerterme wird dabei durch die schon eingeführte Annahme der Unabhängigkeit der Subpopulationen gewährleistet.

Wie sieht diese Gewichtung nun im einzelnen aus? Dazu muß man sich überlegen, daß Kovarianzmatrizen generell symmetrisch und 'positiv-semidefinit' sind. Symmetrisch bedeutet, daß $V'=V$ gilt, was nach der Definition von Kovarianz klar ist; positiv-semidefinit bedeutet, daß für jeden beliebigen Spaltenvektor $a \neq o$ gilt, daß $a'Va$ - man überzeuge sich, daß dieses Matrizenprodukt eine 1x1-Matrix, also eine gewöhnliche Zahl ist - eine nicht-negative Zahl ergibt. Für solche Matrizen kann man nun wieder generell zeigen, daß es zu ihnen eine weitere Matrix P mit folgenden Eigenschaften gibt:

$$P = P' \quad \text{und} \quad PP = PP' = V$$

(Für 'Eingeweihte' sei gesagt, daß $P = KL^{1/2}K'$ mit L die Diagonalmatrix der Eigenwerte und K einer Matrix von Eigenvektoren; vgl. auch van de GEER, 1971.) Ist die Matrix V invertierbar, hat sie 'vollen Rang', dann existiert auch P^{-1}.
Die Matrix P^{-1} wird nun zur Gewichtung des ursprünglichen Ansatzes benutzt:

$$P^{-1}F = P^{-1}X\beta + P^{-1}\varepsilon$$
$$Z = Q\beta + f$$

Dieser gewichtete Ansatz erfüllt nun die gewünschten Bedingungen: Es ist $E(f) = E(P^{-1}\varepsilon) = P^{-1}E(\varepsilon) = 0$ und damit $V(f)=E(ff')$.
$E(ff') = E(P^{-1}\varepsilon\varepsilon'(P^{-1})') = P^{-1}\,E(\varepsilon\varepsilon')\,P^{-1} = P^{-1}VP^{-1} = E$.
Die Lösung dieses Ansatzes ist:

$$b = (Q'Q)^{-1}Q'Z = (X'P^{-1}P^{-1}X)^{-1}X'P^{-1}P^{-1}F$$
$$= (X'V^{-1}X)^{-1}X'V^{-1}F \qquad (6.6)$$

Analog ergibt sich die Kovarianzmatrix für die Schätzwerte

$$V(b) = (Q'Q)^{-1} = (X'P^{-1}P^{-1}X)^{-1} = (X'V^{-1}X)^{-1} \qquad (6.7)$$

Dabei ist zu beachten, daß σ^2 hier durch die erfolgte Gewichtung gleich Eins ist, also weggelassen werden kann. Wie man sieht, spielt für die WLS-Methode die Matrix V, also die Kovarianzmatrix der metrisierten Zielvariable, eine entscheidende Rolle, so daß wir die Gestalt dieser Matrix noch näher betrachten werden. Zuvor jedoch die weiteren Überlegungen bei diesem Verfahren.
Wir haben bei unseren Erörterungen mehrfach betont, daß die Gewichtung erst bei unsaturierten Modellen zum Tragen kommt, während für saturierte Modelle OLS- und WLS-Methode zu den gleichen Ergebnissen führen. Dies kann man nun leicht einsehen. Bei einem saturierten Ansatz hat die Design-Matrix nämlich gleichviel Spalten wie Zeilen - es werden genau soviele Koeffizienten berechnet, wie es Fälle gibt - so daß die Matrix X allein schon invertierbar ist; vorausgesetzt der Regressionsansatz ist überhaupt lösbar. Damit gilt $(X'V^{-1}X)^{-1} = X^{-1}V(X')^{-1}$ nach unseren Rechenregeln für Matrizen, also ergibt sich eingesetzt in (6.6) $b = X^{-1}F$. Auf den gleichen Ausdruck redu-

ziert sich aber auch die Standardlösung unter der Voraussetzung, daß X^{-1} existiert.
Parallel zu den Überlegungen in Abschnitt 2.3.2 ergibt sich für den gewichteten Ansatz weiter:

$$SS(\hat{Z}) = (Qb)'Qb = b'Q'Qb = b'X'P^{-1}P^{-1}Xb = b'(X'V^{-1}X)b$$
$$= b'(V(b))^{-1}b$$
$$SS(Z_Q^R) = Z'Z - SS(\hat{Z}) = F'V^{-1}F - b'X'V^{-1}Xb = F'V^{-1}F - b'(V(b))^{-1}b$$

Von dieser letzten Größe - der Quadratsumme der Residuen - haben WALD (1943), NEYMAN (1949) und BHAPKAR (1966) gezeigt, daß sie näherungsweise der Chi-Quadrat-Verteilung unterliegt. Die Zahl der Freiheitsgrade ist dabei die Anzahl der Fälle im modifizierten Ansatz vermindert um den 'Rang' der Design-Matrix X, der in den hier diskutierten Fällen der Zahl der Effekte (Spaltenzahl von X) entspricht. In dieses Ergebnis geht eine Annahme der Art, daß die (metrisierte) Zielvariable normalverteilt ist, nicht ein, wohl aber, daß die Multinominalverteilungen - bei dichotomer Zielvariable Binominalverteilungen - im ganzen durch eine mehrdimensionale Normalverteilung approximiert werden können. Daher rühren auch die Beschränkungen hinsichtlich der Besetzung der Subpopulationen, die wir für den dichotomen Spezialfall ja schon eingehender diskutiert hatten.
Will man nur Teile des Modells testen - etwa den Beitrag einzelner Koeffizienten, wie wir dies ausführlich diskutiert haben, so läßt sich die entsprechende Nullhypothese in Matrix-Notation stets als Cb=O schreiben. Für den uns am meisten interessierenden Fall ist C dabei eine 1xm-Matrix (m die Spaltenzahl der Designmatrix X), in der eine 1 und sonst nur Nullen stehen.
Als Testgröße dient der zu Cb gehörige Teil der Quadratsumme der Residuen, den man wie folgt angeben kann:

$$H = (Cb)'(\ V(Cb)\ )^{-1}Cb = b'C'(\ C\ V(b)\ C'\ )^{-1}Cb$$
$$= b'C'(\ C(X'V^{-1}X)^{-1}C'\ )^{-1}Cb$$

Dieser sehr kompliziert aussehende Ausdruck reduziert sich für den Fall, daß der Beitrag nur eines einzelnen Effekts getestet werden soll, auf die Größe $b_i^2/\mathrm{Var}(b_i)$. Als kleine Übung für den Umgang mit Matrizen sei dies zum Nachrechnen empfohlen. Auch diese Größe ist wiederum näherungsweise Chi-Quadrat verteilt, und zwar mit d Freiheitsgraden, wenn d der Rang von C ist - was im allgemeinen mit der Zahl der Zeilen von C bzw. der Zahl der simultan in den Test eingehenden Effekte gleichzusetzen ist.

Damit bleibt nur noch zu diskutieren, wie die zentral in alle Überlegungen eingehende Kovarianzmatrix V(F) zu bestimmen ist. Dazu betrachtet man zunächst die Kovarianzmatrix des Vektors aller Anteilswerte (prozentuierte Häufigkeitstabelle), den wir mit P bezeichnet haben - nicht mit der eben betrachteten Matrix P zu verwechseln!

Diese Kovarianzmatrix hat blockdiagonale Gestalt wegen der Annahme, daß die einzelnen Subpopulationen unabhängig sind. Die einzelnen Blöcke ihrerseits sind dann Kovarianzmatrizen zu den Anteilen $p_1, p_2, \ldots, p_r$ in den jeweiligen Subpopulationen. Unter der Annahme einer Multinominalverteilung in den einzelnen Subpopulationen haben diese 'Blöcke' dann folgendes Aussehen:

$$1/n \begin{bmatrix} p_1(1-p_1) & -p_1p_2 & \cdots\cdots\cdots & -p_1p_r \\ -p_2p_1 & p_2(1-p_2) & -p_2p_3 \;.. & -p_2p_r \\ & & & \\ & & & \\ -p_rp_1 & \cdots\cdots & \cdots\cdots & p_r(1-p_r) \end{bmatrix}$$

Für lineare Funktionen von P als metrisierter Zielvariablen - etwa die von uns vornehmlich betrachteten Anteilswerte für die ersten (r-1) Ausprägungen - also F(P) = AP gilt nach (6.1) $V(F) = A \cdot V(P) \cdot A'$.

Hier ist also die Kovarianzmatrix für F ganz unproblematisch zu erhalten. Für kompliziertere Metrisierungen wie etwa die log-odds oder noch komplexere Funktionen (vgl. hierzu auch FORTHOFER/KOCH, 1973) kann die Kovarianzmatrix für F zumindest näherungsweise bestimmt werden (BISHOP at al., 1975, S.486 ff).

Es gilt dann $V(F) = H \cdot V(P) \cdot H'$, wobei H die Matrix der partiellen Ableitungen von F an der Stelle P ist. Für den hier am ehesten interessierenden Fall der log-odds gilt $H = K\, D_a^{-1} A$, mit $F = K\ln(AP)$ und D_a einer Diagonalmatrix mit den Elementen von AP in der Hauptdiagonale. Bei dichotomer Zielvariable ergibt sich dabei folgende Kovarianzmatrix für F:

$$V(F) = \begin{bmatrix} 1/n_1p_1q_1 & & & \\ & 1/n_2p_2q_2 & & \\ & & \ddots & \\ & & & 1/n_sp_sq_s \end{bmatrix}$$

Während sie beim linearen Ansatz so aussieht:

$$V(F) = \begin{bmatrix} p_1q_1/n_1 & & & \\ & p_2q_2/n_2 & & \\ & & \ddots & \\ & & & p_sq_s/n_s \end{bmatrix}$$

Allgemein muß V(F) 'vollen Rang' haben, damit $V(F)^{-1}$ existiert. Damit dies gewährleistet ist, werden in der Ausgangstafel Nullen durch den Wert 1/r ersetzt, was wir schon diskutiert hatten.

7. GOODMANs 'General Model'

Das von Leo A. GOODMAN in einer Reihe von Aufsätzen (insbesondere 1972a, 1972b, 1973b und 1975) vorgeschlagene Analyseverfahren für nicht-metrische Daten steht in vieler Hinsicht in direkter Konkurrenz zum GSK-Ansatz, was die Voraussetzungen an die Datenkonstellation wie auch die inhaltliche Problemstellung anbetrifft. Wie wir auch an anderer Stelle dargelegt haben (KÜCHLER, 1978a), geben wir dem GSK-Ansatz und seiner programmtechnischen Umsetzung in Form von NONMET eindeutig den Vorzug. Allerdings gibt es auch Problemstellungen, die mit dem GSK-Ansatz nicht oder nicht so gut behandelt werden können, so daß wir auch im GOODMAN-Ansatz ein wesentliches Hilfsmittel für den praktisch arbeitenden Sozialforscher sehen.
Der log-lineare Ansatz - wie er von GOODMAN, aber parallel auch von anderen (etwa HABERMAN, 1974) vertreten wird - hat etwa in der Analyse von Mobilitätstafeln Verwendung gefunden; hier jedoch wäre unseres Erachtens eine Verwendung des GSK-Ansatzes ebenso gut möglich.
Typische Anwendungssituationen für den GOODMAN-Ansatz sind eher dadurch gekennzeichnet, daß aus theoretischen Gründen die Festlegung einer der betrachteten Variablen als Zielvariabler nicht in Betracht kommt bzw. daß man simultan ein Beziehungsgeflecht von Merkmalen - wie etwa in der metrischen Pfadanalyse - untersuchen möchte. Auf diesen letzten Punkt werden wir deshalb unsere Diskussion des GOODMAN-Ansatzes auch konzentrieren. Der insgesamt stärker an diesem Ansatz interessierte Leser sei daher zusätzlich auf die - allerdings recht schwer verdaulichen - Originalarbeiten GOODMANs verwiesen, die mittlerweile auch in einem Sammelband zusammengefaßt sind (1978), sowie die anwendungsorientierten Lehrbücher von H.T. REYNOLDS (1977a) und S. FIENBERG (1977). Trotz unserer Schwerpunktsetzung muß der GOODMAN-Ansatz von Grund auf entwickelt werden; sozusagen zur Motivationsstärkung wollen wir deshalb zunächst die inhaltliche Problemstellung skizzieren, die wir über unsere NONMET-Analyse hinaus verfolgen und mit Hilfe des

GOODMAN-Ansatzes lösen wollen. Wir betrachten die gleiche Datenkonstellation wie im vorigen Abschnitt. Dort hatten wir Gewerkschaftsmitgliedschaft, Kirchgang, Religionszugehörigkeit und - mit Einschränkungen - Schicht als wesentliche Bestimmungsfaktoren für die individuelle Wahlentscheidung herausarbeiten können. Wir haben zwar Aussagen machen können über die relative Einflußstärke der einzelnen unabhängigen Merkmale, aber die Zusammenhänge zwischen diesen unabhängigen Merkmalen konnten wir dabei nicht gleichzeitig betrachten.
Nun liegt es von dem, was man aus anderen Untersuchungen wie der alltäglichen Erfahrung weiß, nahe, bestimmte Zusammenhänge unter den unabhängigen Merkmalen zu vermuten; etwa derart, daß regelmäßiger Kirchgang von der Religionszugehörigkeit beeinflußt wird oder daß die Schicht einen Einfluß auf die gewerkschaftliche Organisierung hat. Ein solches Beziehungsgeflecht, das man auf der Grundlage vorhandenen Wissens hypothetisch formuliert, kann man sehr gut in einem Pfeildiagramm veranschaulichen (Abb. 7.1), wobei wir wieder die in Abschnitt 6 eingeführten Abkürzungen für die einzelnen Merkmale benutzen.

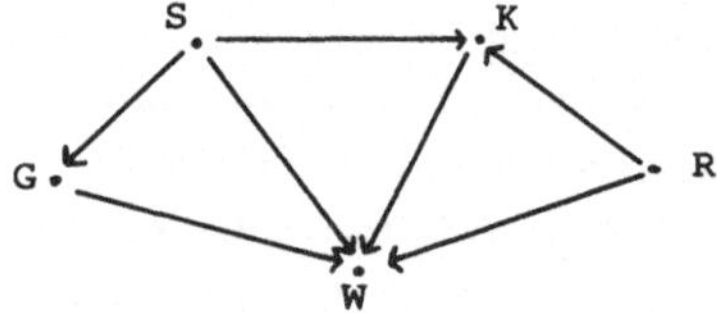

Abb. 7.1. Hypothetisches Beziehungsgeflecht von Merkmalen

Obwohl unsere Merkmale nicht-metrischen Niveaus sind, also eine übliche Pfadanalyse nicht durchgeführt werden kann, ermöglicht es nun der GOODMAN-Ansatz, einen Test auf die Übereinstimmung dieses Modells mit den empirischen Daten durchzuführen; eine Möglichkeit, die der GSK-Ansatz nicht bietet. Allerdings ist es angezeigt, schon an dieser Stelle übertriebene Hoffnungen zu dämpfen. Obwohl GOODMAN selbst (1973a,b) diese Art von Analyse als 'Causal Analysis' bezeichnet, sind die Parallelen zur Kausalanalyse im metrischen Fall (dazu insbesondere WEEDE, 1977) doch begrenzt; leicht übertreibend könnte man sagen, auf die graphische Darstellung in Form von Pfeildiagrammen begrenzt. Praktische Nutzen hat diese 'Pfad'-Analyse eigentlich nur für dichotome, nicht aber beliebig polytome Daten, da die ermittelten 'Pfadkoeffizienten' dann keine gewöhnlichen Zahlen, sondern ganze Matrizen sind. Zum zweiten wird die Pfeildiagrammdarstellung auch sehr unübersichtlich, wenn Interaktionseffekte zu berücksichtigen sind. Eine Kritik an GOODMANs allzu optimistischer Propagierung dieser Methode hat REYNOLDS (1977b) vorgelegt. Dennoch bietet diese spezifische Wendung des allgemeinen Ansatzes zumindest für dichotome Merkmale unter Umständen recht interessante Einsichten, auch wenn den ermittelten 'Pfadkoeffizienten' eine halbwegs plausible inhaltliche Bedeutung abgeht und sie nur größenmäßig verglichen werden können.

Wir werden aus diesen Gründen alle fünf Merkmale wieder in dichotomisierter Form betrachten; dabei werden wir allerdings beim Merkmal Schicht diesmal die Arbeiter dem Rest gegenüberstellen, da unsere NONMET-Analysen erwarten lassen, daß auf diese Weise eher ein Einfluß eines dichotomen Merkmals Schicht auf die Wahlentscheidung feststellbar wird. Schließlich sei darauf verwiesen, daß zu diesem Ansatz ein Programm mit dem Namen ECTA (Everyman's Contingency Table Analyzer) vorliegt, das in Standard FORTRAN geschrieben ist, und nach allen Erfahrungen überall problemlos implementiert werden kann. Weitere programmtechnische Hinweise in Abschnitt 7.5.

7.1. Allgemeine Grundzüge des GOODMAN-Ansatzes

7.1.1. Dualismus von direkten Effektschätzungen und Modell-Tests

Der GOODMAN-Ansatz besteht aus zwei parallelen Strängen, die zwar in vielfältiger Weise verbunden sind, zwischen denen aber auch bei der Suche nach einem besten Modell Unverträglichkeiten auftreten können. Der eine Strang des Ansatzes be-

steht im Schätzen von Effekten aus einem modifizierten Regressionsansatz. Die Vorgehensweise hier ist dem GSK-Ansatz ganz analog, d.h. es werden wiederum Subpopulationen betrachtet, die durch die Ausprägungskombinationen der unabhängigen Merkmale abgegrenzt sind, und auf der Ebene der Subpopulationen wird dann eine metrisierte Zielvariable betrachtet. (Wir behandeln zunächst den asymmetrischen Fall; auf die Unterschiede bei symmetrischer Betrachtung kommen wir in Abschnitt 7.1.2 zu sprechen.) Im Gegensatz zum GSK-Ansatz werden hier jedoch durchgängig die log-odds als Metrisierung (vgl. Abschnitt 6.1) gewählt. Die Regressionsschätzung selbst erfolgt dann nach der üblichen OLS-Methode. Für saturierte Modelle ergeben sich damit - bei asymmetrischer Betrachtung, also einer festgewählten Zielvariable - im GOODMAN- bzw. GSK-Ansatz identische Resultate, sofern man auch dort die log-odds als Metrisierung wählt (Parametereingabe an das NONMET-Programm: A=LOGIT). Wie wir gesehen haben, stellen saturierte Modelle lediglich eine kanonische Umformung der empirischen Daten dar; die ursprünglichen Daten können aus den berechneten Koeffizienten wieder vollständig zurückgewonnen werden. Abweichungen ergeben sich jedoch bei der Behandlung unsaturierter Modelle.
Hier nun setzt der zweite Strang des GOODMAN-Ansatzes an. Ist ein bestimmtes unsaturiertes Modell spezifiziert - durch etwa die Konstruktion der zugehörigen Design-Matrix - so werden im GOODMAN-Modell zunächst Häufigkeiten errechnet, die unter der Annahme der Richtigkeit des Modells zu erwarten wären. Wiederum klingt etwas kompliziert, was der Grundidee nach wohlvertraut, um nicht zu sagen ein alter Hut, ist. Will man in einer gewöhnlichen zweidimensionalen Kreuztabelle feststellen, ob die beiden betrachteten Merkmale unabhängig voneinander sind, so berechnet man zunächst - auf Grundlage dieser Hypothese, dieses Modells - die theoretisch in diesem Falle zu erwartenden Häufigkeiten oder die 'Indifferenztafel' (BENNINGHAUS, 1974, S.1oo ff). Diese Berechnung ist relativ einfach: Man erhält die gesuchten Häufigkeiten, indem man die zugehörigen Randsummen multipliziert und durch die Gesamtzahl der Fälle

teilt. Und der nächste Schritt besteht darin, diese Indifferenztafel - die theoretisch nach dem Modell zu erwartenden Häufigkeiten - mit der Tafel der empirischen Werte zu vergleichen und das Ausmaß der Abweichungen durch eine zusammenfassende Kennziffer, die K. PEARSON eingeführt hat und die wie die tabellierte Wahrscheinlichkeitsverteilung Chi-Quadrat heißt, zu beschreiben. Da diese Kennziffer näherungsweise der gleichnamigen tabellierten Verteilung genügt, kann man weiter auch einen Test darauf aufbauen. Wird die Prüfgröße zu groß, sinkt also die Wahrscheinlichkeit, daß solcher oder noch größerer Wert auftritt, unter das vorgegebene Signifikanzniveau, ist die Ausgangshypothese, daß die beiden Merkmale unabhängig sind, zurückzuweisen.

Nichts anderes geschieht im Prinzip im zweiten Strang des GOODMAN-Ansatzes. Nach Spezifizierung eines unsaturierten Modells werden zunächst die theoretisch nach diesem Modell zu erwartenden Häufigkeiten berechnet und sodann ein Chi-Quadrat-Test üblicher Art durchgeführt. Im Detail ist das ganze natürlich schon erheblich schwieriger, und auf diese Details werden wir in Abschnitt 7.2 eingehen.

Statt mit Hilfe dieser theoretischen Häufigkeiten einen Chi-Quadrat-Test durchzuführen, kann man auch wieder zum ersten Strang, dem Schätzen von Effekten zurückkehren. Und zwar geht man nun nicht mehr von den empirischen Häufigkeiten aus, sondern setzt die theoretisch unter dem Modell zu erwartenden Häufigkeiten an ihre Stelle; berechnet also neue log-odds auf Grundlage dieser theoretischen Häufigkeiten. Mit dieser neuen Zielvariable wird der modifizierte Regressionsansatz dann nach der OLS-Methode gelöst.

Während also im GSK-Ansatz stets empirische Häufigkeiten verwendet werden und bei identischer Design-Matrix der Regressionsansatz nach der WLS-Methode gelöst wird, werden im GOODMAN-Ansatz die empirischen Häufigkeiten gewissermaßen 'bereinigt', dann der Regressionsansatz aber nach der OLS-Methode gelöst. Ein weiterer Unterschied besteht darin, daß beim GOODMAN-Ansatz erhebliche Beschränkungen hinsichtlich der Design-

Matrix bestehen (vgl. auch Abschnitt 7.2.2); es ist nur eine bestimmte Klasse von Modellen überhaupt zulässig. Weiterhin besteht - zumindest beim verfügbaren ECTA-Programm - eine Einschränkung hinsichtlich der Wahl der Kodierung. Dichotome Merkmale können nur in +1/-1 Kodierung bearbeitet werden, die Spezifikation von konditionalen Effekten ist also nicht möglich. Für polytome Merkmale besteht diese programmtechnische Einschränkung zwar nicht, die Spezifizierung derartiger Design-Matrizen ist jedoch außerordentlich aufwendig und verbietet sich somit von selbst.

Noch einmal zum Dualismus im GOODMAN-Ansatz. Ein Test auf die Güte des Gesamtmodells ist nur im zweiten Strang möglich, wegen der Verwendung der OLS-Methode stehen für die Regressionslösung keine Inferenzmethoden zur Verfügung, da die üblichen Voraussetzungen - Streuungsgleichheit und Normalität - jedenfalls nicht erfüllt sind. Jedoch können in der Regressionslösung die Beiträge der einzelnen Effekte inferenzstatistisch behandelt werden, insbesondere also Standardabweichungen angegeben werden. Ein Theorem von LINDLEY (1964) sichert darüber hinaus, daß die Effekte näherungsweise normalverteilt sind. Somit können für diese Effekte auch Konfidenzintervalle bestimmt werden sowie Hypothesen der Form, daß ein bestimmter Effekt Null ist, getestet werden.

Ein der Funktion nach gleicher Test auf den Beitrag eines spezifischen Effekts ist auch im zweiten Strang möglich, wie wir in Abschnitt 7.2.3 sehen werden. Und genau an dieser Stelle ist unter Umständen eine Unverträglichkeit der beiden Stränge festzustellen. Nach dem Test im zweiten Strang mag ein Effekt beachtlich sein, nach dem Test im ersten Strang sich aber als nicht signifikant erweisen. Wir werden das später am Beispiel noch demonstrieren.

Abgesehen von diesen Unstimmigkeiten ist diese Zweigleisigkeit des Ansatzes nicht gerade dazu angetan, den Einstieg zu erleichtern. Aber für unsere Problemstellung - Test eines Pfeildiagramms - müssen wir leider auf beiden Gleisen fahren.

7.1.2. Symmetrische und asymmetrische Betrachtung

Ein großer Vorzug - und auch die Vorzüge sollen hervorgehoben werden - des GOODMAN-Ansatzes besteht darin, daß es vorab nicht notwendig ist, schon festzulegen, welches der betrachteten Merkmale als Zielvariable fungieren soll. In unserem Anwendungsbeispiel war dies zwar recht unproblematisch, aber dies ist in der Forschungspraxis nicht unbedingt der Regelfall.

Bei symmetrischer Betrachtung, bei der also nicht zwischen unabhängigen und abhängigen Merkmalen unterschieden wird, wird im GOODMAN-Ansatz nun so verfahren, daß man Subpopulationen bildet, die hinsichtlich aller Merkmale homogen sind. Waren - auf unser Anwendungsbeispiel bezogen - im GSK-Ansatz noch CDU-, SPD- und Wähler anderer Parteien in der gleichen Subpopulation zusammengefaßt, solange es z.B. nur alles katholische, regelmäßig zur Kirche gehende Arbeiter waren, die mit einem Gewerkschaftsmitglied zusammenleben, so werden jetzt diese Subpopulationen nochmals hinsichtlich der Wahlentscheidung unterteilt. Bei fünf dichotomen Merkmalen entstehen somit $2^5 = 32$ Subpopulationen. Als Zielvariable wird dann der Vektor der logarithmierten Häufigkeiten betrachtet; wobei es sich für unsaturierte Modelle immer um die theoretisch zu erwartenden Häufigkeiten handelt. Wir wollen dieses Vorgehen an einem Beispiel verdeutlichen; aus Platzgründen behandeln wir jedoch zunächst nur drei Merkmale: K(irchgang), R(eligionszugehörigkeit) und W(ahlentscheidung).

Tab. 7.1. Dreidimensionale Häufigkeitsverteilung

Nr	K	R	W	f_i	$\ln(f_i)$
1	1	1	1	34	3.52
2	1	1	-1	166	5.11
3	1	-1	1	21	3.o4
4	1	-1	-1	23	3.13
5	-1	1	1	151	5.o1
6	-1	1	-1	132	4.88
7	-1	-1	1	315	5.75
8	-1	-1	-1	148	4.99

Die Kodierungen sind die gleichen wie in Abschnitt 6, für W(ahlentscheidung) bedeutet '-1' CDU und '+1' andere Parteien. Damit können wir den (saturierten) Regressionsansatz folgendermaßen schreiben:

$$\ln(f_i) = l_o + l^K K(i) + l^R R(i) + l^W W(i) + l^{KR} KR(i) + l^{KW} KW(i) + l^{RW} RW(i) + l^{KRW} KRW(i) \qquad (7.1)$$

Mit Bedacht haben wir eine etwas andere Notation als üblich gewählt. Die Regressionskoeffizienten haben wir statt wie gewöhnlich mit 'b' nun mit 'l' bezeichnet, um an die GOODMAN benutzte Bezeichnung λ (Lambda) anzuknüpfen. Die hochgestellten Buchstaben bezeichnen direkt, um welchen Effekt es sich handelt, und schließlich haben wir auf die Matrixschreibweise verzichtet und den Ansatz 'fallweise' geschrieben. Für den Fall (Subpopulation) Nr.5 ist beispielsweise K(i) = -1 , RW(i)= 1x1=1 , usw; die Werte können jeweils der Tabelle direkt entnommen bzw. leicht daraus berechnet werden. In Tabelle 7.2 haben wir die Ausgangskonstellation in der vom GSK-Ansatz her gewohnten Weise dargestellt, also die Merkmale asymmetrisch betrachtet. Wir wollen nun untersuchen, welcher Zusammenhang zwischen symmetrischer und asymmetrischer Betrachtungsweise, genauer den Lösungen dieser beiden Regressionsansätze besteht.

Tab. 7.2. Asymmetrische Betrachtung dreier Merkmale

Nr	K	R	and	CDU	f_{i1}/f_{i2}	$\ln(f_{i1}/f_{i2})$
1	1	1	34	166	o.2o	-1.58
2	1	-1	21	23	o.91	-o.o9
3	-1	1	151	132	1.14	o.13
4	-1	-1	315	148	2.13	o.76

Im asymmetrischen Fall lautet der Regressionsansatz nun:

$$\ln(f_{i1}/f_{i2}) = c_o + c^K K(i) + c^R R(i) + c^{KR} KR(i) \qquad (7.2)$$

Wiederum in Anlehnung an die GOODMANsche Notation - γ (Gamma) - haben wir die Koeffizienten hier mit c bezeichnet. Der asymmetrische Ansatz hat - wie man sieht - nur die Hälfte der Fälle des symmetrischen Ansatzes. Den Zusammenhang zwischen diesen beiden Ansätzen kann man nun schnell einsehen. Man betrachte nämlich einmal die Gleichungen im symmetrischen Fall für die beiden ersten Subpopulationen - also i=1 und i=2 - und setze die entsprechenden Werte für die Merkmale ein. Es ergibt sich:

$$\ln(f_1) = l_o + l^K + l^R + l^W + l^{KR} + l^{KW} + l^{RW} + l^{KRW}$$

$$\ln(f_2) = l_o + l^K + l^R - l^W + l^{KR} - l^{KW} - l^{RW} - l^{KRW}$$

$$\ln(f_1)-\ln(f_2) = \ln(f_1/f_2) = 2l^W + 2l^{KW} + 2l^{RW} + 2l^{KRW} \quad \text{bzw.}$$

$$\ln(f_{11}/f_{12}) = 2l^W + 2l^{KW}{}_{K(1)} \quad 2l^{RW}{}_{R(1)} + 2l^{KRW}{}_{KR(1)} \quad ,$$

wenn man bedenkt, daß f_1 aus Tab. 7.1 gleich f_{11} von Tab. 7.2 und f_2 gleich f_{12} ist.

Somit ergibt sich genau die Gleichung für die erste Subpopulation des asymmetrischen Ansatzes. Man kann analog fortfahren und so zeigen, daß durch die Subtraktion von je zwei Gleichungen des symmetrischen Ansatzes der zugehörige asymmetrische entsteht. Damit folgen aber für die Regressionskoeffizienten folgende Beziehungen:

$$c_o = 2l^W \ , \ c^K = 2l^{KW} \ , \ c^R = 2l^{RW} \ \text{ und } \ c^{KR} = 2l^{KRW} \qquad (7.3)$$

Vom symmetrischen Ansatz ausgehend hätten wir natürlich auch einen Ansatz betrachten können, in dem zum Beispiel der Kirchgang die abhängige Variable gewesen wäre. Auf diese Weise hätten wir für die Koeffizienten für die Zielvariable K(irchgang), die wir einmal mit d bezeichnen wollen, ein analoges Resultat erhalten:

$$d_o = 2l^K \ , \ d^R = 2l^{KR} \ , \ d^W = 2l^{KW} \ , \ d^{RW} = 2l^{KRW} \quad .$$

Es gilt also allgemein folgende Beziehung zwischen den Koeffizienten bei symmetrischer bzw. asymmetrischer Betrachtung:

> Der Effekt bei asymmetrischer Betrachtung in bezug auf eine Zielvariable Z ist gleich dem Doppelten des um Z erweiterten Effekts bei symmetrischer Betrachtung.

Somit kann aus der Lösung im symmetrischen Fall sofort die Lösung für einen beliebigen asymmetrischen Fall gewonnen werden. Das ECTA-Programm betrachtet deshalb prinzipiell auch nur symmetrische Ansätze; die einfache Umrechnung für den asymmetrischen Fall bleibt dem Benutzer überlassen.
Die obige Beziehung gilt jedoch zunächst nur für dichotome Zielvariablen. Hat die Zielvariable jedoch r Ausprägungen, so kann man - wie wir aus der Diskussion des GSK-Ansatzes wissen - r-1 unabhängige Anteilswerte bzw. hier unabhängige log-odds betrachten; zum Beispiel $\ln(f_1/f_2), \ln(f_2/f_3), \ldots, \ln(f_{r-1}/f_r)$. Nehmen wir wieder an, daß W die Zielvariable ist und der Effekt von R auf $\ln(f_1/f_2)$ bestimmt werden soll, dann gilt

$$c^R = l^{W1R} - l^{W2R} ,$$

wobei wir an die GSK-Notation anknüpfen. Die übrigen Formeln ändern sich analog. In dieser Formulierung ist auch der dichotome Fall enthalten; wie in Abschnitt 5.2 gezeigt, gilt dann $l^{W2R} + l^{W1R} = 0$, somit folgt die vorher gewonnene Beziehung. Es genügt also stets, den symmetrischen Ansatz zu berechnen; wichtig ist nur, bei der Umrechnung die Erhöhung in der Ordnung des Effekts - Einbezug der Zielvariable - nicht zu übersehen.

7.1.3. Substantielle Interpretation der Effekte

Will man die Effekte innerhalb des GOODMAN-Ansatzes substantiell interpretieren, so steht dafür natürlich wieder die allgemeine, an der Regressionsgleichung orientierte Betrachtungsweise zur Verfügung. So kann man etwa den Haupteffekt des Kirchgangs auf die Wahlentscheidung mit Hilfe von (7.2) so interpretieren, daß die Hälfte des Effekts c^K gerade die Änderung hinsichtlich des natürlichen Logarithmus des Verhältnisses von CDU- und anderen Wählern angibt, wenn ich nur die Ausprägung von Kirchgang verändere - also etwa von Kirchgängern zu Gottesdienstmuffeln übergehe - aber die übrigen Merkmale konstant bleiben.

Diese Interpretation ist völlig korrekt, nur ist zu befürchten, daß die meisten Leute mit einer solchen Aussage nur recht wenig anfangen können. Wir wollen dehalb versuchen, zumindest den Bezug auf den Logarithmus zu eliminieren. Das ist auch leicht möglich, wenn man sich einer alten Schulweisheit erinnert, die da lautet: 'Wer den Logarithmus kennt, weiß es ist ein Exponent!'. Betrachtet man nämlich die sogenannte Eulersche Zahl e = 2.718281828... , so gilt $e^{\ln(x)} = x$ für jede beliebige Zahl x . Wenden wir dies auf (7.1) an, so ergibt sich unter Beachtung der üblichen Rechenregeln für Potenzen:

$$e^{\ln(f_i)} = e^{(l_o + l^K K(i) + \ldots\ldots + l^{KRW} KRW(i))}$$

$$f_i = e^{l_o} \cdot e^{l^K K(i)} \ldots\ldots\ldots e^{l^{KRW} KRW(i)}$$

$$f_i = e^{l_o} (e^{l^K})^{K(i)} \ldots\ldots\ldots (e^{l^{KRW}})^{KRW(i)}$$

$$f_i = t_o (t^K)^{K(i)} \ldots\ldots\ldots (t^{KRW})^{KRW(i)} \qquad (7.4)$$

An dieser Umformung wird deutlich, warum man statt von einem log-linearen Ansatz auch von einem multiplikativen Ansatz spricht. Die Effekte dieses multiplikativen Ansatzes - in GOODMANscher Terminologie die τ (Tau) Effekte - stehen in umkehrbar eindeutiger Beziehung zu den Effekten des log-linearen Ansatzes; die Zahl e potenziert mit dem Lambda-Effekt ergibt den Tau-Effekt, und der natürliche Logarithmus des Tau-Effekts ergibt den entsprechenden Lambda-Effekt. Diese Beziehung können wir nun benutzen, um zu einer 'logarithmusfreien' Interpretation der Effekte im GOODMAN-Ansatz zu kommen.

Dazu erinnern wir uns zunächst der Interpretation für Regressionskoeffizienten, die wir im orthogonalen Ansatz - und auch der modifizierte Regressionsansatz bei GOODMAN ist ein solcher - ganz allgemein gewonnen hatten (vgl. Abschnitt 5.1). Danach ist der Haupteffekt von K in (7.1), also l^K, gleich der Differenz des arithmetischen Mittels der Zielvariablen -

hier also der logarithmierten Häufigkeiten - für die Subpopulationen der Kirchgänger und dem arithmetischen Mittel der Werte der Zielvariablen über alle Subpopulationen. In Formeln:

$$l^K = 1/4 \sum_{i=1}^{4} \ln(f_i) \quad - \quad 1/8 \sum_{i=1}^{8} \ln(f_i)$$

Damit folgt für den korrespondierenden Tau-Effekt:

$$e^{l^K} = t^K = \frac{\sqrt[4]{f_1 f_2 f_3 f_4}}{\sqrt[8]{f_1 f_2 f_3 f_4 f_5 f_6 f_7 f_8}} \quad ,$$

wenn man wiederum die üblichen Rechenregeln für Potenzen beachtet. Somit können wir relativ zum multiplikativen Ansatz den Haupteffekt von K auch deuten als das Verhältnis des geometrischen Mittels der Häufigkeiten der Kirchgänger-Subpopulationen zum geometrischen Mittel über alle Häufigkeiten. Noch immer wenig befriedigend; formen wir deswegen weiter um:

$$(t^K)^8 = \frac{(f_1 f_2 f_3 f_4)^2}{f_1 f_2 f_3 f_4 f_5 f_6 f_7 f_8} = \frac{f_1 f_2 f_3 f_4}{f_5 f_6 f_7 f_8} = \frac{f_1}{f_5} \cdot \frac{f_2}{f_6} \cdot \frac{f_3}{f_7} \cdot \frac{f_4}{f_8}$$

Somit ist die achte Potenz des Tau-Koeffizienten gerade das Produkt aus den 'odds' der Häufigkeiten, wenn ich jeweils zwei Subpopulationen vergleiche, die sich nur hinsichtlich des Kirchgangs unterscheiden; man beachte die Anordnung in Tabelle 7.1 . Diese Interpretation ist nun zwar allgemein verständlich, nur erscheint diese Größe auch nicht sonderlich aussagekräftig. Man muß jedoch bedenken, daß einem Haupteffekt bei asymmetrischer Betrachtung auf die Zielvariable W der Interaktionseffekt von K und W bei symmetrischer Betrachtung entspricht. Für den Effekt l^{KW} gilt aber eine analoge Betrachtung; er ist wiederum die Differenz zweier arithmetischer Mittel für die Werte der Zielvariable, einmal erstreckt über die Subpopulationen, für die KW=1 gilt, zum anderen erstreckt über alle Subpopulationen. Mit den gleichen Umformungen wie eben erhalten wir:

$$(t^{KW})^8 = \frac{f_1 f_3 f_6 f_8}{f_2 f_4 f_5 f_7} = \frac{f_1 f_6}{f_2 f_5} \cdot \frac{f_3 f_8}{f_4 f_7}$$

Wie man anhand von Tabelle 7.2 sofort sieht, bilden f_1, f_2, f_5, f_6 eine Vierfeldertafel für K und W eingeschränkt auf die Fälle, für die R=1 gilt. Analog bilden f_3, f_4, f_7, f_8 die konditionale Vierfeldertafel von K und W für die nicht-katholischen Befragten (R=-1). Der Quotient aus den Produkten der in den Diagonalen stehenden Häufigkeiten wird auch 'odds-ratio' genannt. Er stellt ein - wenn auch nicht normiertes - Assoziationsmaß dar. Der 'odds-ratio' ist genau dann Eins, wenn der Phi-Koeffizient oder YULEs Q - also übliche Assoziationsmaße (vgl. BENNINGHAUS, 1974, S.1o8 bzw. S.118) - Null sind.

Somit haben wir folgende Interpretation des Haupteffekts von K bei asymmetrischer Betrachtung in bezug auf die Zielvariable W gewonnen: Die achte Potenz des (multiplikativen) Haupteffekts von K ist gleich dem Produkt der odds-ratios für die nach dem Merkmal R aufgespaltenen Vierfeldertafeln von K und W.

Damit haben wir zwar einen Bezug zur klassischen Kreuztabellenanalyse (vgl. BENNINGHAUS, 1974, Kap.8) herstellen können, aber eine besonders griffige Interpretation der GOODMAN-Koeffizienten ist auch dies nicht. Will man mit diesem Ansatz arbeiten, so muß man die Ansprüche an die Anschaulichkeit der berechneten Effekte eben stark zurückschrauben.

7.2. Das Testen von unsaturierten Modellen

7.2.1. Hierarchische Modelle

Wir haben schon dargelegt, daß im GOODMAN-Ansatz bei unsaturierten Modellen zunächst die unter dieser Modellannahme theoretisch zu erwartenden Häufigkeiten berechnet werden. Für manche Modelle ist dieses Problem sehr einfach zu lösen, für andere erweist sich dies jedoch als außerordentlich schwierig. So schwierig, daß es unter Umständen beim heutigen Kenntnisstand nicht möglich ist, zu einer befriedigenden Lösung zu kommen. Daher werden im GOODMAN-Ansatz zusätzliche Bedingungen an die Modelle gestellt; die Klasse der zulässigen Modelle also beschränkt. Während im GSK-Ansatz nur die 'Phantasie des Anwenders' Schranken für die Konstruktion der Design-Matrix - und damit des Modells - setzt, gibt es im GOODMAN-Ansatz eine auch für die Praxis recht bedeutsame Beschränkung auf sogenannte hierarchische Modelle.

Ein Modell heißt <u>hierarchisch</u>, wenn zu jedem nicht im Modell vertretenen Effekt auch kein auf diesem Effekt aufbauender Effekt höherer Ordnung im Modell vertreten ist. Wenn ich also zum Beispiel den Haupteffekt von S nicht im Modell berücksichtige, dann darf der Ansatz auch keinen Interaktionseffekt, der S mit einschließt, mehr enthalten; also keinen Effekt der Form SGR oder SK usw. Anders formuliert: Mit jedem Interaktionseffekt höherer Ordnung, den ich im Modell berücksichtige, muß ich nach der Hierarchiebedingung auch alle darunterliegenden Effekte berücksichtigen. Ist also zum Beispiel GSR im Modell enthalten, so müssen auch G,S,R,GS,GR und SR explizit vertreten sein. Sind die Merkmale nicht dichotom, sondern beliebig polytom, so müssen alle Effekte eines Typs gleichbehandelt werden; ist zum Beispiel S1 im Modell vertreten, so muß auch S2,S3 etc. in den Ansatz aufgenommen werden. Somit müssen wegen der Hierarchiebedingungen oft eine Reihe von Effekten in den Ansatz aufgenommen werden, die keinen nennenswerten Beitrag liefern. Neben der mangelnden Anschaulichkeit der Effekte ist dies ein zweiter wesentlicher Grund, den GSK-Ansatz zu bevorzugen, soweit dies möglich ist. Es sei dabei noch einmal daran erinnert, daß auch im GSK-Ansatz mit den log-odds gearbeitet werden kann. Selbst wenn man also den loglinearen Ansatz dem additiven vorzieht, empfiehlt sich in der Regel eine Analyse mit dem NONMET-Programm.

Zur Prüfung der Frage, ob ein bestimmtes Modell der Hierarchiebedingung genügt, und für eine möglichst kurze Charakterisierung des Modells (vgl. dazu auch den folgenden Abschnitt) als Parametereingabe für das ECTA-Programm, empfiehlt es sich, einen sogenannten Baum der Marginalverteilungen zu betrachten. Gehe ich zum Beispiel von einer fünfdimensionalen Verteilung aus - wie in unserem Anwendungsbeispiel mit S,G,K,R und W - dann kann ich daraus auf unterschiedliche Weise 'Marginalverteilungen' bilden dadurch, daß ich die Aufgliederung nach einem oder mehreren der betrachteten Merkmale wieder rückgängig mache. So kann ich zum Beispiel die in Tabelle 7.1 dargestellte dreidimensionale Häufigkeitsverteilung von K,R und W als dreidimensionale Marginalverteilung der - bislang nicht explizit angegebenen - fünfdimensionalen Tafel auffassen. Eine Marginalverteilung ist in einer anderen 'enthalten', wenn sie durch Ignorierung der Aufgliederung eines oder mehrerer Merkmale aus dieser gewonnen werden kann. Wir könnten beispielsweise aus der Tabelle 7.1 leicht die zweidimensionale Häufigkeitsverteilung von K und R gewinnen; dazu brauchten wir nur, jeweils zwei untereinanderstehenden Häufigkeiten zu addieren. Die verschiedenen möglichen Marginalverteilungen entsprechen dabei genau den verschiedenen möglichen Interaktionstermen - man beachte, daß im ECTA-Ansatz konditionale Effekte in der Regel nicht betrachtet werden. Somit stellt ein Baum von Marginalverteilungen gleichzeitig auch einen Baum der möglichen Interaktionsterme dar. Betrachten wir einen solchen Baum (Abb. 7.2), so können wir die Hierarchie-Bedingung sehr plastisch formulieren. Mit jedem Effekt, der im Ansatz vertreten ist, müssen auch alle Effekte vertreten sein, die unter diesem Effekt stehen und mit einem 'Ast' verbunden sind. Für die praktische Arbeit ist es - insbesondere am Anfang - außerordentlich nützlich, einen derartigen Baum zur Verfügung zu haben, wie wir gleich noch deutlicher sehen werden. Werden polytome Merkmale betrachtet, empfiehlt es sich, diesen Baum noch jeweils um die Angabe zu ergänzen, wieviele Effekte des jeweiligen Typs möglich sind, genauer wieviele Effekte dieses Typs unabhängig voneinander sind. Diese Zahl erhält man bekanntlich dadurch, daß man die Zahl der Ausprägungen für jedes Merkmal um 1 vermindert und dann das Produkt aus den verminderten Ausprägungsanzahlen bildet. Im rein dichotomen Fall

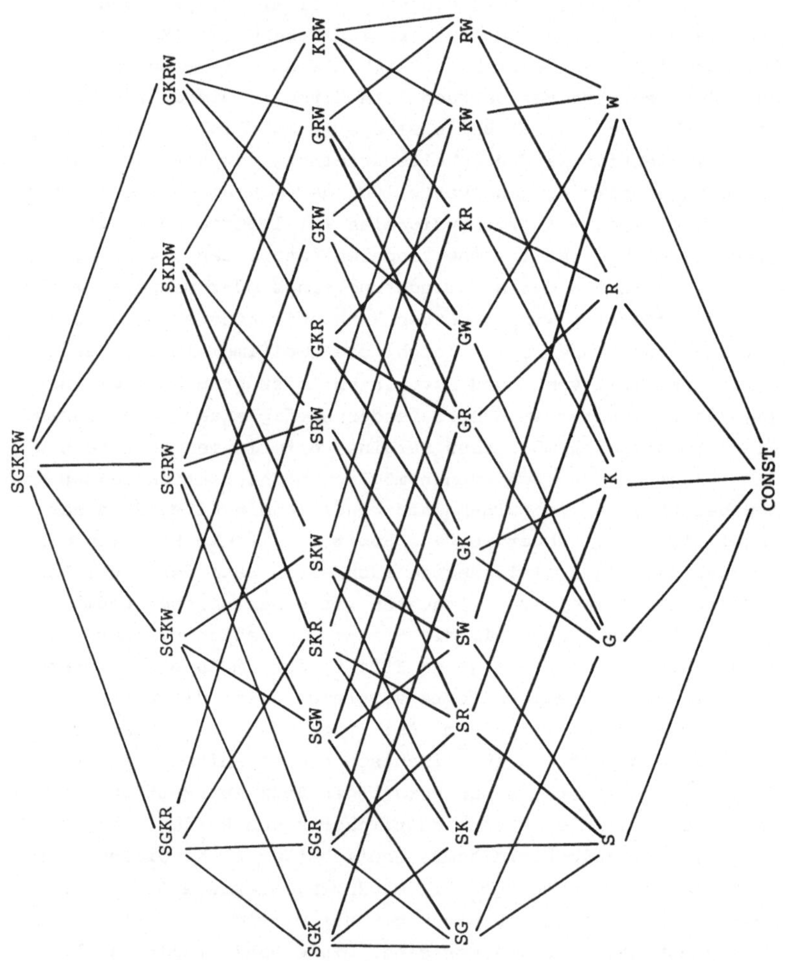

Abb. 7.2. Baumdarstellung der Marginalverteilungen einer fünfdimensionalen Verteilung

ergibt sich somit stets eine Eins, die wir in unserer Darstellung der Einfachheit halber weggelassen haben.

7.2.2. Das Maximum-Likelihood (ML-) Prinzip

Das sogenannte Maximum-Likelihood-Prinzip ist ein sehr allgemeines Schätzprinzip, das in der Formalstatistik eine wichtige Rolle spielt. Wir wollen dieses Prinzip für den GOODMAN-Ansatz kurz erläutern. Die Grundannahme ist hier, wie beim GSK-Ansatz, daß die empirische Häufigkeitsverteilung, die den Ausgangspunkt der Analyse bildet, einer Multinominalverteilung (vgl. etwa KRIZ, 1973) folgt:

$$P(f_i \; ; N, F_i) = \frac{N!}{\Pi f_i!} \prod (F_i/N)^{f_i} \qquad (7.5)$$

Das bedeutet, daß die Wahrscheinlichkeit für das Auftreten der einzelnen empirischen Werte f_i in der Stichprobe durch die angegebene Formel bestimmt ist, wobei die wahren Werte der Grundgesamtheit mit F_i bezeichnet werden und N die Gesamtzahl der Fälle ist. Das Π-Zeichen bedeutet dabei eine Produktbildung über alle Fälle (Subpopulationen).

Die wahren Werte der Grundgesamtheit sind natürlich nicht bekannt - sonst brauchte man ja auch keine Inferenzüberlegungen. Man betrachtet deshalb (7.5) auch in der Weise, daß man die empirischen Werte als fix ansieht und die Gleichung als Funktion der F_i versteht. Sodann bestimmt man das Maximum dieser Funktion in Abhängigkeit von den F_i. Die sich bei diesem Verfahren ergebenen Werte für F_i werden dann als Maximum-Likelihood-Schätzwerte F_i bezeichnet. Die Bestimmung dieses Maximums vereinfacht sich, wenn man die ganze Gleichung zunächst logarithmiert:

$$L(F_i) = \ln(N!/\prod f_i!) - N \ln(N) + \sum_i f_i \ln(F_i) \qquad (7.6)$$

Diese Funktion nennt man auch die Likelihood-Funktion. Da die beiden ersten Summanden nicht von den F_i abhängen, genügt es für die Maximumbestimmung den letzten Summanden zu betrachten. Durch die Spezifizierung eines bestimmten Modells werden dabei

den F_i zusätzliche Restriktionen auferlegt; die mathematische Lösung ist also nicht einfach, doch sollen uns diese Probleme hier nicht beschäftigten.
Betrachtet man das saturierte Modell, so besteht die einzige zusätzliche Bedingung an die Lösung der Maximum-Aufgabe darin, daß gelten soll $\sum F_i = N$. Man kann zeigen, daß in diesem Fall sich gerade die empirisch ermittelten Häufigkeiten als ML-Schätzwerte ergeben. Somit können wir nun also uneingeschränkt formulieren, daß im GOODMAN-Ansatz immer von den ML-Häufigkeiten ausgegangen wird.
Für unsaturierte Modelle sind die ML-Lösungen selbst unter der Beschränkung auf hierarchische Modelle weitaus schwieriger zu bestimmen; zum Teil lassen sich sogar keine geschlossenen Formelausdrücke angeben. Jedoch ist es mit Hilfe eines Näherungsverfahrens möglich, für jedes hierarchische Modell zu einer ML-Lösung zu kommen. Wir wollen uns mit diesen Einzelheiten hier nicht befassen und verweisen den daran interessierten Leser auf die sehr gründliche Darstellung bei BISHOP et al. (1975, Kap.3). Für das Verständnis der generellen Logik der Verfahrensweise genügt es, einige wesentliche Eigenschaften dieser ML-Lösung zur Kenntnis zu nehmen:

(1) Die ML-Schätzwerte können allein aus den Marginalverteilungen berechnet werden, deren zugehörige Effekte explizit im Modell vertreten sind.

(2) Die auf Grundlage der ML-Häufigkeiten errechneten Marginalverteilungen stimmen mit den empirischen überein, sofern die korrespondierenden Effekte im Modell vertreten sind.

(3) Berechnet man mit den ML-Häufigkeiten - denen ein bestimmtes unsaturiertes Modell zugrunde liegt - doch einen saturierten Ansatz, so ergibt sich für alle im unsaturierten Modell nicht berücksichtigten Effekte der Wert Null.

Eigenschaft (3) zeigt, daß es sinnvoll ist, davon zu sprechen, daß im GOODMAN-Ansatz die empirischen Häufigkeiten 'bereinigt' werden. Lasse ich nämlich in einem unsaturierten Modell einen Effekt fort, so bedeutet dies ja, daß ich annehme, daß dieser Effekt in Wahrheit Null ist, eine zahlenmäßige Abweichung von

Null also lediglich zufälligen Schwankungen zuzuschreiben ist. Mit den entsprechenden ML-Häufigkeiten werden diese Effekte dann auch rechnerisch zu Null.
Aus den Eigenschaften (1) und (2) folgt, daß man unsaturierte Modelle im Rahmen des GOODMAN-Ansatzes auch äquivalent durch die angepaßten Marginalverteilungen beschreiben kann. Betrachte ich wieder den Baum (Abb.7.2) so fallen die Effekte/Marginalverteilungen für jedes unsaturierte Modell in genau zwei Klassen; zum einen in die Klasse der Null gesetzten - nicht mehr im modifizierten Regressionsansatz berücksichtigten - Effekte und zum anderen in die Klasse der angepaßten Marginalverteilungen, also der Marginalverteilungen, die beim Übergang zu den ML-Werten unverändert bleiben. Da - notwendigerweise - mit jeder Marginalverteilung, die angepaßt wird, auch jede darin enthaltene Marginalverteilung angepaßt wird, ergibt sich so eine weitere Möglichkeit, hierarchische Modelle zu beschreiben. Man gibt dazu lediglich die maximalen angepaßten (anzupassenden) Marginalverteilungen an.
Ein Beispiel soll dies verdeutlichen.Mein unsaturiertes Modell soll so beschaffen sein, daß alle Interaktionseffekte erster und zweiter Ordnung sowie die Interaktionseffekte dritter Ordnung GRW,KRW und SKR berücksichtigt werden. (Man bedenke hierbei, daß sich bei symmetrischer Betrachtung die Ordnung der Effekte immer um 1 gegenüber asymmetrischer Betrachtung erhöht). Dieses Modell kann ich kürzer nun so beschreiben, daß

(a) die Effekte SGK,SGR,SGW,SKW,SRW,GKR,GKW gleich Null gesetzt werden (woraus aufgrund der Hierarchiebedingung folgt, daß auch SGKR, SGKW, SGRW, SKRW, GKRW und SGKRW Null sind) oder

(b) die Marginalverteilungen SKR, GRW, KRW, SG, SW und GK angepaßt werden (womit automatisch dann auch SK, SR, GR, GW, KR, KW, RW, S, G, K, R und W angepaßt werden).

Da Version (b) etwas weniger Schreibarbeit mit sich bringt, ist dies auch die Form, in der man dem ECTA-Programm gegenüber ein gewünschtes Modell spezifiziert. (Dort werden die Variablen allerdings fortlaufend mit Ziffern 1,2,3,4 und 5

bezeichnet.) Man wird bei der praktischen Arbeit schnell merken, daß ein passender Baum ein wesentliches Hilfsmittel ist, um Fehler bei der Spezifikation von unsaturierten Modellen zu vermeiden. Weiterhin läßt sich mit Hilfe des Baumes auch sehr leicht die Zahl der Freiheitsgrade (vgl. Abschnitt 7.2.3) für ein unsaturiertes Modell bestimmen. Die Zahl der Freiheitsgrade ist nämlich einfach gleich der Zahl der Null gesetzten Effekte.

7.2.3. Der Weg zum besten Modell

Die Güte der Anpassung eines unsaturierten Modells kann nun leicht durch den Vergleich von theoretisch zu erwartenden und empirischen Häufigkeiten mit Hilfe der Chi-Quadrat-Statistik getestet werden. Neben dem vertrauten PEARSONschen Chi-Quadrat (vgl. BENNINGHAUS, 1974, S.1oo) existiert für solche Zwecke ein zweites Maß, das Likelihood-Ratio-Chi-Quadrat genannt wird. Dieses Maß ist wie folgt definiert:

$$CHI^2_{LR} = 2 \sum f_i \ln(f_i/F_i)$$

Auch dieses Maß genügt näherungsweise der tabellierten CHI^2-Verteilung. Die Überlegungen im GOODMAN-Ansatz stützen sich aus formalstatistischen Erwägungen auf dieses zweite Maß, das intuitiv allerdings weniger plausibel ist; so ist nicht einmal unmittelbar einsichtig, daß CHI^2_{LR} immer eine positive Zahl ist. Da beide Maßzahlen jedoch durch die gleiche Wahrscheinlichkeitsverteilung näherungsweise beschrieben werden können, liegen die Werte dieser beiden Maßzahlen auf die gleichen Daten bezogen meist nicht weit voneinander entfernt. Es kann jedoch passieren, daß das gewöhnliche CHI^2 ein signifikantes Ergebnis erbringt, nicht aber das Likelohood-Ratio CHI^2. Im folgenden meinen wir jedoch mit CHI^2 immer diese zweite Maßzahl. Das ECTA-Programm druckt den zu CHI^2 gehörigen Wahrscheinlichkeitswert mit aus, so daß die Güte der Anpassung in technisch einfacher Weise getestet werden kann. Analog zum GSK-Ansatz gilt auch hier, daß signifikante Werte bedeuten, daß das betrachtete unsaturierte Modell nicht paßt, also versucht man auch hier, das Modell soweit zu vereinfachen, daß man zwar nahe an die Signifikanzgrenze herankommt, sie aber nicht unterschreitet.

Ebenfalls in Analogie zum GSK-Ansatz ist bei diesem Vereinfachungsprozeß darauf zu achten, daß kein signifikanter Effekt im endgültigen, dem 'besten' Modell unberücksichtigt bleibt. Wir haben schon darauf hingewiesen, daß im GOODMAN-Ansatz Tests auf den Beitrag einzelner Effekte sowohl im Rahmen des modifizierten Regressionsansatzes möglich sind als auch im jetzt diskutierten zweiten 'Strang' der Berechnung von ML-Häufigkeiten und darauf basierender Anpassungstests.

Will ich - um auf das zuvor betrachtete Beispiel zurückzukommen - den Beitrag des Effekts SKR testen, nachdem sich das Modell im ganzen als dem empirischen Befund angepaßt erwiesen hat, so kann dies dadurch geschehen, daß ich nun das genau um diesen Effekt reduzierte unsaturierte Modell betrachte. Bezeichnen wir das erste Modell mit H und das reduzierte mit H', so kann man zeigen - für Einzelheiten sei wiederum auf BISHOP et al. (1975) verwiesen - daß wir mit Hilfe der Differenz der beiden CHI^2-Werte, die näherungsweise wiederum CHI^2-verteilt ist (df=1), den Beitrag des fraglichen Effekts testen können. Als Prüfgröße dient also $CHI^2(H') - CHI^2(H)$.

Dieses Vorgehen läßt sich auf die simultane Betrachtung des Beitrags mehrerer Effekte zusammen verallgemeinern. Wiederum betrachtet man die Differenz der CHI^2-Werte von ursprünglichem und reduziertem Modell, hat nun aber allgemein die Differenz der jeweils zugehörigen Freiheitsgrade als Zahl der Freiheitsgrade für diesen Test zu berücksichtigen.

Es ist nun möglich - und wir zeigen dies anhand konkreter Daten in Abschnitt 7.3.2 - daß sich bei diesem Vorgehen ein Effekt als signifikant erweist, der aufgrund der Ergebnisse der Regressionsrechnung nicht als signifikant erscheint. Dies stellt die schon konstatierte Unstimmigkeit innerhalb des GOODMAN-Ansatzes dar.

Will man innerhalb des zweiten Stranges einen Test auf den

Beitrag eines Effekts praktisch durchführen, so ist also ein reduziertes Modell - Hilfe der Angabe anzupassender Marginalverteilungen - zu spezifizieren. Hierbei schleichen sich sehr schnell Fehler ein, wenn man nicht den Baum der Marginalverteilungen zuhilfe nimmt. Ließe man nämlich aus der Spezifizierung des oben betrachteten Modells einfach die Angabe SKR weg - weil das Modell ja gerade um diesen Effekt reduziert werden soll - so erhielte man nicht etwa das gewünschte Modell, sondern eines, das zugleich um die Effekte SK und SR reduziert wäre. Mithin lautet die Spezifizierung des genau um den Effekt SKR reduzierten Modells: SG, SK, SR, SW, GK, GRW, KRW. Da selbst geübteren Benutzern zuweilen noch derartige Fehler unterlaufen, sei dem Neuling dringend angeraten, sich immer erst einen auf seine Datenkonstellation passenden Baum zu konstruieren, auch wenn dies etwas aufwendig erscheint.

Im Prinzip gilt alles, was wir hinsichtlich der Suche nach einem besten Modell beim GSK-Ansatz gesagt haben, auch hier, so daß wir aus Platzgründen auf Wiederholungen verzichten.

7.3. Strukturgleichungen und 'Pfad'-Analyse

Wir haben nun den GOODMAN-Ansatz so weit diskutiert, daß wir uns spezielleren Anwendungen widmen können. Exemplarisch werden wir im folgenden Abschnitt die in der Einleitung zum Abschnitt 7 näher beschriebene Problemstellung untersuchen (vgl. das Strukturdiagramm in Abb. 7.1).

7.3.1. Überprüfung theoretisch postulierter Pfaddiagramme

Ausgangspunkt für eine solche Betrachtung ist in jedem Fall ein Strukturdiagramm wie wir es in Abb. 7.1 dargestellt haben. Ein solches Diagramm kann man zunächst in eine Folge von Strukturgleichungen übersetzen, und zwar stellt man für jedes Merkmal, das als Zielvariable auftritt - auf das ein Pfeil zugeht - eine Gleichung auf. In unserem Beispiel haben wir also drei Gleichungen aufzustellen, nämlich für die Variablen

W, G und K. Nach unseren theoretischen Überlegungen werden die Merkmale S(chicht) und R(eligionszugehörigkeit) nicht von den übrigen beeinflußt, so daß sie in diesem Kontext nicht als Zielvariable betrachtet werden. Dies jedoch ist eine wahrhaft theoretische Entscheidung, die der Anwender zu treffen hat und die ihm kein Computer abnehmen kann. Da es sich bei dem Merkmal Schicht um eine Selbsteinordnung der Befragten handelt, wäre es unter Umständen auch denkbar, eine symmetrische Beziehung - also einen Doppelpfeil - zwischen G(ewerkschaft) und S(chicht) anzunehmen. Dies würde jedoch eher naheliegen, wenn zum Beispiel die vorgegebenen Ausprägungen eine Wahlmöglichkeit zwischen vielleicht 'Arbeiter' und 'Mittelschicht' geboten hätten; dann hätte man annehmen können, daß sich Gewerkschaftsmitglieder eher zum Status 'Arbeiter' bekennen, obwohl man über eine solche Hypothese inhaltlich sicher streiten könnte.

So wie wir unser Modell spezifiziert haben, handelt es sich um ein sogenanntes rekursives Modell, das heißt es werden weder gegenseitige Beeinflussungen angenommen noch sind Schleifen - also indirekte Rückwirkungen - vorhanden. Anderenfalls spricht man von nicht-rekursiven Modellen. Gewöhnlich kommt man von theoretischen Überlegungen her eher zu nicht-rekursiven Modellen, die aber in der metrischen Pfadanalyse sehr viel schwieriger zu behandeln sind als rekursive Modelle. Im GOODMAN-Ansatz ist es eher umgekehrt; hier sind nicht-rekursive Modelle einfacher zu behandeln. Der Grund dafür liegt darin, daß man etwa in unserem Beispiel Kirchgang als den Merkmalen Schicht und Religionszugehörigkeit zeitlich nachgeordnet betrachten kann, ebenso ist die Wahlentscheidung allen drei Merkmalen zeitlich betrachtet nachgeordnet. Somit sollten die 'Pfade' zwischen R und K wie zwischen G und K ohne Rekurs auf die Variable W geschätzt werden, wie man dies im metrischen Fall ja auch tut. Im nicht-metrischen Fall bedeutet aber die Nichtbetrachtung von W gleichzeitig auch eine Verminderung der Fall- (Subpopulations-)zahl. Somit wird es schwierig, die verschiedenen Koeffizienten, die man auf diese Weise berech-

nen könnte, überhaupt miteinander zu vergleichen. Zwar hat GOODMAN ein solches Vorgehen vorgeschlagen (insbes. 1973a,b), aber diese Verfahrensweise ist auch heftig kritisiert worden (REYNOLDS, 1977b) - wie wir schon bemerkt hatten.
Wir wollen uns deshalb an frühere Ausführungen GOODMANs (1972a) halten und alle Koeffizienten auf der Grundlage der fünfdimensionalen Ausgangsverteilung bestimmen. Stellen wir zunächst die erwähnten Strukturgleichungen auf:

$$W = 2l^{W} + 2l^{WR}R + 2l^{WK}K + 2l^{WG}G + 2l^{WS}S$$
$$K = 2l^{K} + 2l^{KR}R + 2l^{KS}S$$
$$G = 2l^{G} + 2l^{GS}S$$

Für W, K und G sind als Zielvariablen später natürlich die entsprechenden log-odds - also die Metrisierungen einzusetzen; hier soll zunächst nur die Struktur des Beziehungsgeflechts verdeutlicht werden. Weiter haben wir gleich die Koeffizienten für die symmetrische Betrachtung unter Beachtung von (7.3) benutzt. Die drei aufgestellten Strukturgleichungen - die lediglich eine algebraische Umsetzung der Pfeildiagramm-Darstellung sind - implizieren somit folgendes unsaturiertes Modell:

H: $l^{KG} = l^{GR} = o$ sowie alle Effekte höherer Ordnung, in denen W, G oder K enthalten sind, gleich Null

Dies entnimmt man daraus, daß die entsprechenden Terme in den drei angegebenen Strukturgleichungen fehlen. Dabei ist zu beachten, daß $l^{KW} = l^{WK}$, $l^{WG} = l^{GW}$ etc. gilt; obwohl also l^{KW} aufgrund der Strukturgleichung für K gleich Null zu setzen wäre, wird er im korrespondierenden symmetrischen Modell nicht gleich Null gesetzt, da er in der Strukturgleichung für W auftritt. Es zeigt sich hier ein weiterer Unterschied zur metrischen Pfadanalyse und einer Betrachtung von unstandardisierten Koeffizienten dort.
Beschreiben wir nun mit Hilfe des Baumes (Abb.7.2) dieses Modell äquivalent durch anzupassende Marginalverteilungen, so stellen wir zunächst fest, daß keine dreidimensionale Margi-

nalverteilung anzupassen ist, da jeder drei- oder höherdimensionale Effekt notwendig W, G oder K enthält, somit alle diese Effekte Null sind. Somit folgt:

H: SG, SK, SR, SW, GW, KR, KW und RW sind anzupassen

Man beachte, daß nach der GOODMAN-Logik SR anzupassen ist, obwohl weder S noch R als Zielvariable betrachtet werden, also keine explizite Aussage über ihren Zusammenhang gemacht wird. Wir haben damit das Pfeildiagramm, von dem wir ausgegangen sind, in ein hierarchisches Modell überführen können. Für dieses Modell können wir nun in besprochener Weise ML-Häufigkeiten berechnen. Mit diesen Häufigkeiten können wir dann zum einen die Güte der Anpassung dieses Modells an den empirischen Befund mit Hilfe der Prüfgröße Likelihood-Ratio CHI^2 testen wie auch einen modifizierten Regressionsansatz lösen, um die 'Pfadkoeffizienten' numerisch zu bestimmen, vorausgesetzt, daß das postulierte Modell ausreichend Anpassung aufweist.
Für die von uns betrachteten Daten ergibt sich ein Wert für CHI^2 von 22.87 bei 18 Freiheitsgraden, damit ein P-Wert von o.196. Dieser Wert liegt deutlich über dem üblichen Niveau von o.o5 , somit kann dieses Modell also als ausreichend angepaßt betrachet werden. Die Zahl der Freiheitsgrade ergibt sich - dies noch einmal zur Verdeutlichung - dadurch, daß wir $2^5=32$ Fälle betrachten und im Modell 8 zweidimensionale und damit 5 eindimensionale und die konstante Gesamtzahl N, also insgesamt 14 Marginalverteilungen angepaßt haben. Somit war also impliziert, daß 32-14=18 Effekte Null gesetzt worden sind, und genau dies ist die zu berücksichtigende Zahl der Freiheitsgrade.
Da das Modell ausreichende Anpassung gezeigt hat, ist es sinnvoll, nun den entsprechenden Regressionsansatz zu lösen, um die Stärke der einzelnen Einflüsse quantitativ zu bestimmen. Wir erhalten die auf der folgenden Seite angegebene Lösung. In der Spalte ganz rechts sind die durch die Standardabweichung dividierten Werte dargestellt, die mit den Werten der Standard-Normalverteilung verglichen werden können, um den

l_o	2.9o8	
l^W	-o.o14	- o.243
l^R	o.268	4.682
l^K	-o.734	-12.829
l^G	-o.297	- 5.194
l^S	-o.313	- 5.48o
l^{WR}	-o.217	- 3.792
l^{WK}	-o.33o	- 5.776
l^{WG}	o.187	3.261
l^{WS}	o.175	3.o55
l^{RK}	o.434	7.593
l^{RS}	o.151	2.633
l^{KS}	-o.1o8	- 1.88o
l^{GS}	o.2o1	3.511

Beitrag einzelner Effekte zu testen. Man sieht, daß der Effekt l^{KS} nicht signifikant ist, da der kritische Wert auf dem 5%-Niveau bekanntlich 1.96 beträgt. Wir werden jedoch gleich demonstrieren, daß der funktionsgleiche Test auf dem zweiten Strang des GOODMAN-Ansatzes zu einem abweichenden Resultat führt.

Zuvor jedoch noch ein Wort zu den 'Haupteffekten' bei symmetrischer Betrachtung. Diese Effekte messen in gewisser Weise - vgl. auch noch einmal Abschnitt 7.1.3 - wie schief die eindimensionalen Randverteilungen sind, genauer sind sie ungewichtete geometrische Mittel aus den Randverteilungen der einzelnen Subpopulationen. Damit kann der Fall eintreten, daß der Haupteffekt die Gesamtrandverteilung nicht einmal richtig widerspiegelt. Angesichts der mangelnden Inhaltlichkeit von Koeffizienten im log-linearen bzw. multiplikativen Ansatz kann man diese Koeffizienten getrost außer Acht lassen, also ist auch der sehr kleine standardisierte Wert für l^W nicht sonderlich interessant. Wegen der Hierarchie-Bedingung kann man Effekte niedrigerer Ordnung ohnehin nur dann aus dem Modell entfernen, wenn auch alle darüberliegenden zu vernachlässigen sind. Diesen wesentlichen Unterschied zum GSK-Ansatz sollte

man stets vor Augen haben.
Mit Hilfe der berechneten Effekte können wir das zunächst nur theoretisch postulierte Modell nun als Beschreibung des empirischen Befundes darstellen - da der Anpassungstest ja keine signifikante Abweichung erbracht hatte:

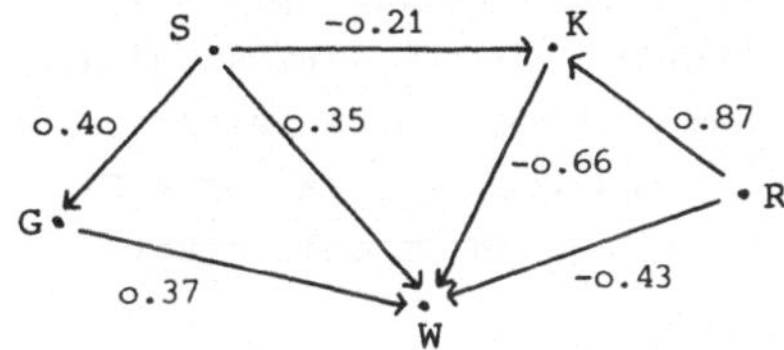

Abb. 7.3. Darstellung des empirischen Befundes im Pfaddiagramm

Das Vorzeichen der Effekte gibt dabei wieder die Richtung des Einflusses an; dies sieht man am schnellsten dadurch ein, daß man sich daran erinnert, daß die log-odds näherungsweise eine lineare Transformation der Anteilswerte sind und also näherungsweise für sie das gleiche gilt wie für die Anteilswerte. Im übrigen kommt diesen Koeffizienten- wie wir in Abschnitt 7.1.3 ausführlicher diskutiert haben - kaum intuitiv faßliche Bedeutung zu. Man kann sie lediglich größenmäßig untereinander vergleichen, und so zum Beispiel feststellen, daß die Religionszugehörigkeit einen größeren Einfluß auf den Kirchgang hat als die Schichtzugehörigkeit, oder daß Schicht und Gewerkschaftsmitgliedschaft in etwa gleich starken Einfluß auf die Wahlentscheidung haben. (Man beachte übrigens, daß diese fünfdimensionale Analyse mit dichotomen Merkmalen hier nicht direkt mit der analogen Analyse in Abschnitt 6 vergleichbar ist, da wir hier eine andere Dichotomisierung des Merkmals Schicht vorgenommen haben.) Wenden wir uns nun noch einmal der Frage der Signifikanz des Effekts von S auf K (asymmetrisch betrachtet) oder des Interaktionseffekts von S und K (symmetrisch betrachtet) zu.
Der in Abschnitt 7.2.3 beschriebene Test innerhalb des zweiten Strangs des GOODMAN-Ansatzes erfordert die Betrachtung eines um genau diesen Effekt SK reduzierten Modells H'.

H': SG, SR, SW, GW, KR, KW und RW sind anzupassen

Für dieses reduzierte Modell ergibt sich CHI^2 zu 28.72 mit 19 Freiheitsgraden und P = o.o71 . Dieses Modell wäre also beim üblichen Signifikanzniveau auch noch als ausreichend angepaßt zu betrachten. Die Differenz der CHI^2-Werte beträgt jedoch 28.72 - 22.87 = 5.85 bei einem Freiheitsgrad. Einer Tabelle der CHI^2-Verteilung (etwa SAHNER, 1971, S.178) entnimmt man, daß der kritische Wert auf dem 5%-Niveau 3.84 beträgt. Somit zeigt die Prüfgröße ein signifikantes Resultat, der Effekt SK darf also hiernach aus einem 'besten' Modell nicht weggelassen werden.

7.3.2. Interpretation des besten Modells als Pfeildiagramm

Man kann den Weg von einem Pfeildiagramm zu einem hierarchischen Modell, in dem alle Merkmale symmetrisch betrachtet werden, auch in umgekehrter Richtung gehen. Sehr oft sieht man sich nämlich zu Beginn der Auswertung einer Studie nicht in der Lage, schon ganz präzise Beziehungsgeflechte zu entwerfen. Dies gilt um so mehr, desto weniger erforscht der betreffende substantielle Bereich ist. Und selbst wenn man ein solches Pfeildiagramm vorab entwirft, mag es sich herausstellen, daß es den empirischen Befund nicht zureichend erfaßt. Niemand wird nun auf die Idee kommen daranzugehen, diesen Fehlschlag zu veröffentlichen - vermutlich würde auch keine Zeitschrift einen derartigen Aufsatz akzeptieren, vielmehr wird man versuchen, festzustellen, wie denn sonst sich die Beziehungen zwischen den untersuchten Variablen darstellen. Und das bedeutet, daß man zunächst mit dem saturierten Modell beginnt und dann versucht, einen Kompromiß zwischen Einfachheit und Detailliertheit in der nun schon mehrfach beschriebenen Weise zu finden; also kurzum versucht, ein 'bestes' Modell zu fixieren. Den Weg zu solch einem besten Modell haben wir schon ausführlich diskutiert, so daß wir annehmen wollen, daß ein solches Modell nun schon vorliegt. Im GOODMAN-Ansatz ist man bis zu dieser Stelle ganz symmetrisch in bezug auf die Merkmale verfahren. Will man nun aber dieses Modell in ein Pfeildiagramm übersetzen, dann muß man auch hier theoretisch geleitete Setzungen treffen. Man muß nämlich festlegen, welche der betrachteten Merkmale als Zielvariable in Betracht kommen. Ist diese Festlegung getroffen, stellt man die zugehörigen asymmetrischen Regressionsansätze auf, die man unter Abstrahierung von der Metrisierung der Zielvariable auch sofort als Strukturgleichungen interpretieren kann und die dann direkt in ein Pfeildiagramm umsetzbar sind. Da in einem solchen Pfeildiagramm Pfeile nur auf Merkmale zulaufen können, die vorher - aus der theoretischen Einsicht des Anwenders - als Zielvariable definiert worden sind, hängt das Aussehen des Pfeildiagramms stark von diesen Setzungen ab. Gehe ich von einem Pfeildiagramm aus, komme ich zu einem eindeutig bestimmten hierarchischen Modell; gehe ich umgekehrt von einem hierarchischen Modell aus, sind mehrere Pfeildiagramme als Darstellung dieses Modells denkbar.

Nehmen wir für den Augenblick an, daß das Beispiel betrachtete hierarchische Modell schon ein bestes ist, daß also alle signifikanten Effekte darin auch berücksichtigt sind, was wir bislang noch nicht überprüft haben; und nehmen wir weiter an, daß auch das Merkmal Schicht von den anderen Merkmalen beeinflußt werden kann - was hier inhaltlich gesehen sicher problematisch ist - dann ergibt sich das in Abb. 7.4 dargestellte Pfeildiagramm.

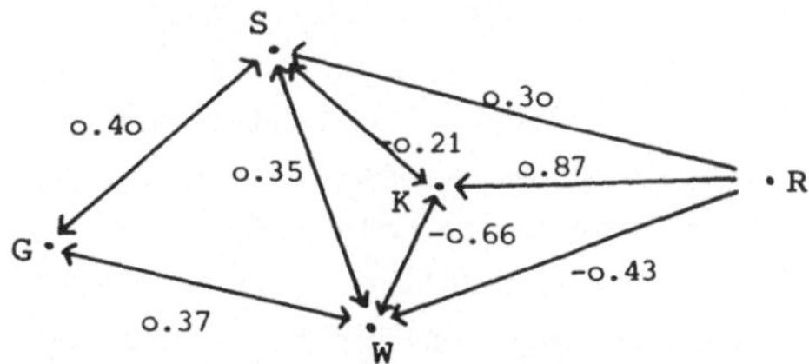

Abb. 7.4. Alternatives Pfeildiagramm unter Modell H

Wie herum ich den Weg auch beschreite, in jedem Fall gehen theoretische Setzungen in die Präsentation des empirischen Befundes mit ein. Angesichts der Übertonung von vorab postulierten Modellen in einer Vielzahl von Lehrbüchern (als Beispiel OPP/SCHMIDT, 1975) mag in der Forschungspraxis mancher der Verlockung erliegen, beim Abschlußbericht zu einem Projekt oder bei einem Aufsatz zunächst mit der Darstellung des postulierten Modells zu beginnen und vorzugeben, daß dieses existent war, bevor auch nur die Daten erhoben worden sind - wer könnte dies nachprüfen. Der Neuling auf dem Gebiet der komplexen Datenanalyse sollte sich durch derartige Praktiken nicht bluffen lassen und getrost versuchen, den Stoff - so gut es nur eben geht - im Detail sich anzueignen.

Wir wollen gestehen, daß auch das Modell, das wir zu Beginn der Erörterungen des GOODMAN-Ansatzes präsentiert haben, nicht unabhängig von der faktischen Datenanalyse entstanden ist, und uns theoretisch ein etwas anderes Modell plausibler erschien. Dennoch ist der Weg vom Pfeildiagramm zum Modell auch ohne Bluffen für die Praxis relevant, nämlich zumindest immer dann, wenn es darum geht, frühere Befunde anhand neuer Daten zu überprüfen. In solchen Fällen kann es dann freilich auch von Interesse sein, daß die neuen Daten das auf Grundlage früherer Untersuchungen explizit gemachte Beziehungsgeflecht nicht mehr stützen.

Zum Abschluß wollen wir noch der Frage nachgehen, ob das oben beschriebene Modell H tatsächlich ein 'bestes' Modell ist. Dazu betrachten wir zunächst den saturierten Ansatz. Dieser zeigt, daß mit Ausnahme von WKR alle höheren Interaktionseffekte nicht signifikant sind, und auch für diesen Effekt beträgt der standardisierte Wert nur -2.o66, liegt also nur knapp über dem kritischen Wert von 1.96 - absolut gesehen. Weiter sind auch im saturierten Modell die beiden Effekte zweiter Ordnung, die im Modell H gleich Null gesetzt sind, also KG und GR, weit vom kritischen Wert entfernt. Demnach bleibt also nur noch zu prüfen, ob das Modell H um den Effekt WKR erweitert werden sollte. Bezeichnen wir das erweiterte Modell mit H'', so läßt sich H'' wie folgt spezifizieren.

H'': WKR, SG, SK, SR, SW und GW sind anzupassen

Damit der Effekt WKR als signifikant anzusehen ist, müßte der CHI^2-Wert für H'' um mindestens 3.84 niedriger sein als der für H , der 22.87 betragen hatte. Somit können wir vorab festlegen, daß WKR genau dann signifikant ist, wenn CHI^2(H'') kleiner ist als 19.

Es erweist sich in der Tat, daß der Effekt WKR einen signifikanten Beitrag liefert; der CHI^2-Wert für das erweiterte Modell H'' beträgt nämlich 18.o.

Somit ist H'' als 'bestes' Modell zu bezeichnen. Mit einer zusätzlichen Konvention können wir auch dieses Modell in ein Pfeildiagramm übersetzen. Betrachten wir nur G, K und W als Zielvariable, so sind zwei der Strukturgleichungen, nämlich die für W und die für K, um einen Term zu erweitern. Die für W um den Interaktionseffekt von K und R , die für K um den Interaktionseffekt von W und R; beide Effekte sind jeweils das Doppelte des symmetrischen Interaktionseffekts dritter Ordnung WKR, der nun zusätzlich im Modell vertreten ist. Diese zusätzliche Einflußquelle müssen wir nun auch im Pfeildiagramm berücksichtigen, und zwar dadurch, daß man neben den 'Knoten' für die Merkmale einen zusätzlichen 'Knoten' für den Interaktionseffekt aufnimmt (vgl. Abb. 7.5). Die Pfadkoeffizienten errechnen sich wie vorher aus dem dazugehörigen modifizierten Regressionsansatz.

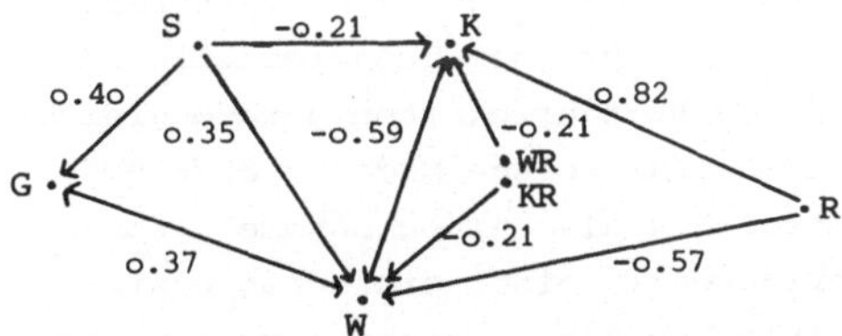

Abb. 7.5. Pfeildiagrammdarstellung für das beste Modell

Durch die Berücksichtigung der Interaktionswirkung wird das Pfeildiagramm unanschaulicher. Hat man nicht nur eine, sondern mehrere Interaktionswirkungen zu berücksichtigen, und sind darüber hinaus noch relativ viele der Merkmale auch als von den anderen beeinflußbar anzusehen, so verliert die Pfeildiagrammdarstellung schnell jeglichen Nutzen, weil das Beziehungsgeflecht dann kaum noch zu überschauen ist.

7.4. Vergleich zwischen log-linearen Modellen im GOODMAN- und im GSK-Ansatz

Wir wollen noch einmal die Gemeinsamkeiten und die Unterschiede bei der Behandlung von log-linearen Modellen in beiden Ansätzen zusammenfassen.
Im GOODMAN-Ansatz werden alle Merkmale zunächst gleichberechtigt betrachtet. Nach Spezifizierung eines bestimmten Modells werden dann die unter diesem Modell zu erwartenden Häufigkeiten nach der Maximum-Likelihood-Methode bestimmt. Die Anpassung des Modells an den empirischen Befund wird durch den Vergleich von theoretisch zu erwartenden und empirischen Werten mit Hilfe einer Prüfgröße CHI^2 bestimmt. Zeigt das Modell ausreichende Anpassung,bestimmt man durch einen modifizierten Regressionsansatz unter Zugrundelegung der ML-Häufigkeiten und Verwendung der OLS-Methode die einzelnen Effekte.
Im GSK-Ansatz muß zunächst eine Zielvariable festgelegt werden. Dann wird mit den sich aus den empirischen Häufigkeiten ergebenden log-odds ein modifizierter Regressionsansatz nach der WLS-Methode gelöst. Die sich aus der Regressionslösung ergebende Quadratsumme ist dann näherungsweise CHI^2-verteilt und erlaubt so einen Test auf die Güte des Gesamtmodells.
Für saturierte Modelle sind die ML-Häufigkeiten gerade gleich den empirischen; weiter stimmen für solche Modelle OLS- und WLS-Lösung überein. Betrachtet man also einen asymmetrischen Ansatz - der im GOODMAN-Verfahren in einer einfachen Beziehung zum zugehörigen symmetrischen Ansatz steht - so erbringen beide Verfahren die gleiche Lösung. (Abgesehen von der unterschiedlichen Behandlung von Nullzellen und daraus resultierenden Abweichungen.) Wie die Beziehung zwischen GOODMAN- und GSK-Lösung für beliebige unsaturierte Modelle im einzelnen beschaffen ist, ist noch wenig untersucht, doch dürften für reale Daten die Abweichungen in der Regel nicht substantiell

bedeutsam sein.
Wesentliche Unterschiede ergeben sich jedoch in Hinblick auf die zulässigen unsaturierten Modelle. Während es im NONMET-Ansatz keine derartigen Beschränkungen gibt, können im GOODMAN-Ansatz nur hierarchische Modelle betrachtet werden. Rein programmtechnisch tritt die weitere Beschränkung hinzu, daß bei Verwendung des ECTA-Programms ohne größeren Aufwand nur mit der +1/-1 Kodierung dichotomer Merkmale gearbeitet werden kann.
Was die Voraussetzungen an die empirischen Daten angeht, so geht in beide Ansätze die Annahme ein, daß die empirischen Häufigkeiten der Multinominalverteilung unterliegen, was für die Praxis in der Regel ohne Probleme als gegeben angenommen werden kann. Die inferenzstatistischen Überlegungen in beiden Ansätzen beruhen auf sogenannter 'large sample theory'; die Verwendung der Inferenzschlüsse ist somit für kleine Stichproben problematisch. Im GSK-Ansatz sollen die einzelnen Subpopulationen in der Regel mindestens 2o-3o Fälle umfassen; beim GOODMAN-Ansatz ist bei der Durchführung der Anpassungstests jeweils zu überprüfen, ob die übliche Faustregel für derartige CHI^2-Tests, daß alle theoretisch zu erwartenden Häufigkeiten größer als fünf sind, nicht verletzt wird. Modelle, bei denen diese Faustregel nicht erfüllt ist, können strenggenommen nicht auf ihre Anpassung an den empirischen Befund überprüft werden. Während also beim GSK-Ansatz anhand der Ausgangs-Kreuztabelle - unabhängig von einem spezifischen Modell - geprüft werden kann, ob die Voraussetzungen für die Inferenzschlüsse erfüllt sind, muß beim GOODMAN-Ansatz strenggenommen diese Prüfung für jedes unsaturierte Modell erneut erfolgen.
Der Vorteil des GOODMAN-Ansatzes bei der Betrachtung log-linearer Modelle besteht also in der Möglichkeit, alle Merkmale symmetrisch zu behandeln (Test von Pfeildiagrammen); der Vorteil des GSK-Ansatzes in seiner weit größeren Flexibilität hinsichtlich der Spezifizierung von Modellen. Darüber hinaus ist das NONMET-Programm weitaus benutzerfreundlicher als das ECTA-

Programm; bietet vor allem die Möglichkeit zu interaktiver Arbeit.

7.5. Hinweise zur Benutzung des ECTA-Programms

Zunächst wollen wir wieder die Bezugsquelle für dieses Programm angeben. ECTA ist von Leo A. GOODMAN und Robert FAY verfaßt worden und wird von ihnen gegen einen Unkostenbeitrag von US $ 25 in Form eines Lochkartensatzes - wahlweise BCD- oder EBCDIC- Kode - abgegeben (Dep. of Statistics, University of Chicago, Chicago, Ill. 6o673, USA). Dieses Programm unterliegt keinen Copyright-Beschränkungen, so daß es auch im internen Austausch beschafft werden kann, zum Beispiel über das ZENTRALARCHIV in Köln oder das ZUMA in Mannheim.
Im Gegensatz zu NONMET gibt es zu ECTA keine interaktive Version, auch sind alle Parameterkarten in ziffermäßiger Kodierung und unter Einhaltung fester Spalten zu erstellen. ECTA bietet also schon hier weitaus weniger Benutzerkomfort als NONMET. Wir geben nun wiederum einen Beispielslauf an, anhand dessen wir dann allgemeiner die Bedeutung der einzelnen Parameterkarten diskutieren.

```
@XQT PF.ECTA
1 2 2 2 2 2
4
AND/CDU R K G S(ARB/AND)
2 8
   5   2o    2    o   44   15   73   1o
   7   31    1    o   35   28   62   19
   7   26    4    4   23   12   68   26
  15   89   14   19   49   77  111   93
6
.5
3    1 1              1 2 3 4 5
3    1 1              1 2   1 3   1 4   1 5   2 3   3 4   4 5
3    1 1              1 2   1 3   1 4   1 5   2 3   4 5   2 5
3    1 1              1 2   1 3   1 4   1 5   2 3   4 5   2 5
o
```

Die erste Anweisung ist der - UNIVAC-spezifische - Aufruf des Programms; diese Karte ist also installationsabhängig.
Dann folgt eine 'Typ 1' Karte, erkenntlich an der '1' in Spalte 2. Typ 1-Karten dienen zur Dimensionierung des Problems, in

Feldern von je zwei Spalten sind dabei jeweils rechtsbündig die Anzahl der Ausprägungen der betrachteten Merkmale anzugeben. In unserem Falle also fünfmal die 2, da wir dichotome Merkmale betrachtet haben.
Als nächstes folgt eine 'Typ 4' Karte, die lediglich eine '4' in Spalte 2 enthält, sonst aber keine Informationen. Sie signalisiert, daß eine Kommentarkarte folgt, die später vom Programm unverändert ausgedruckt wird. Und zwar genau an der Stelle des Programms, wo sie auch gelesen wird. Typ 4-Karten können also an beliebiger Stelle eingestreut werden. Ist das Zeichen in Spalte 1 eine '1', so wird auch die folgende Karte als Kommentarkarte interpretiert. Es ist ratsam, zumindest eine Kommentarkarte am Anfang einzufügen, um die Datenkonstellation zu identifizieren.
Die folgende Typ 2-Karte signalisiert, daß danach Datenkarten folgen, über die die Ausgangs-Häufigkeitsverteilung eingegeben wird. Diese Datenkarten werden standardmäßig im Format 16F5.o erwartet. Durch die Angabe einer '8' in Spalte 4 der Typ 2-Karte haben wir das Eingabeformat für die Häufigkeiten auf 8F5.o verändert. Es folgen die 32 empirischen Häufigkeiten, also nach dem gewählten Eingabeformat gerade vier Datenkarten. Dabei ist zu beachten, daß die Reihenfolge der Variablen sich gegenüber NONMET genau umkehrt. Gebe ich also einen identischen Vektor von Häufigkeiten ein, so wird die Zielvariable zur ersten Variable, der letzte 'Faktor' (unabhängiges Merkmal) zur zweiten Variable usw., schließlich der erste NONMET-Faktor zur letzten Variable. Haben nicht alle Merkmale die gleiche Zahl von Ausprägungen, so ist diese Reihenfolge auch für die Typ 1-Karte unbedingt zu beachten. Anderenfalls werden die Häufigkeit ganz anders vom Programm verarbeitet als dies vom Benutzer intendiert war. Im Ausdruck werden die Variablen vom Programm nur durch fortlaufende Ziffern 1,2,3,... bezeichnet - eine Eingabe von Labels ist nicht möglich, so daß es wichtig ist, sorgfältig zu prüfen, welches konkrete Merkmal durch welche Ziffer repräsentiert wird.
Die folgende Typ 6-Karte ist nur dann notwendig, wenn einige

der Häufigkeiten Null sind. Sollen Effekte berechnet werden - also nicht ausschließlich der zweite Strang betrachtet werden - so sind ähnlich wie beim NONMET-Programm diese Nullen durch einen nichtverschwindenden Wert zu ersetzen. Während diese Ersetzung im NONMET-Programm automatisch vorgenommen wird, muß im ECTA-Programm der Benutzer selbst dafür Sorge tragen. Die entsprechende Zahl, um die alle Häufigkeiten erhöht werden, wird auf der der Typ 6-Karte folgenden Karte angegeben, und zwar innerhalb der ersten zehn Spalten (Dezimalpunkt nicht vergessen).
Als nächstes folgen Typ 3-Karten, mit denen einzelne Modelle spezifiziert werden, und zwar durch die Angabe der anzupassenden Marginalverteilungen. Diese Angaben erfolgen ab Spalte 21; wiederum in Feldern von zwei Spalten rechtsbündig. Zur Trennung einzelner Marginalverteilungen ist dabei jeweils ein Feld freizulassen. Auf der ersten Karte wird das saturierte Modell spezifiziert; '1 2 3 4 5' bedeutet auf unser Beispiel bezogen gerade SGKRW , somit werden alle Marginalverteilungen angepaßt, also kein Effekt vorab gleich Null gesetzt. Damit enthält aber der Regressionsansatz alle denkbaren Interaktionseffekte. Auf der Karte Nr.15 wird das zuvor betrachtete Modell H spezifiziert, auf Karte Nr.14 das Modell H'; man vollziehe dies in Ruhe nach.
Typ 3-Karten enthalten darüber hinaus noch weitere Angaben; die '1' in Spalte 8 bewirkt, daß auch die Regressionsrechnungen durchgeführt werden, also nicht nur der zweite Strang im GOODMAN-Ansatz betrachtet wird. Die '1' in Spalte 6 bewirkt, daß die Tafel der theoretisch zu erwartenden Häufigkeiten nicht ausgedruckt wird. Man kann dadurch den Umfang des Ausdrucks erheblich reduzieren, da das ECTA-Programm recht verschwenderisch mit Papier umgeht. Es ist jedoch dringend anzuraten, zumindest nach Abschluß eines Suchprozesses nach dem 'besten' Modell diese Tafeln ausdrucken zu lassen und daraufhin zu inspizieren, ob nicht vielleicht einige der theoretisch zu erwartenden Häufigkeiten sehr klein (kleiner als 5) sind und dadurch die Gültigkeit der Inferenzüberlegungen gefährdet ist.

Zur Beendigung der Programmausführung folgt eine Typ O-Karte, die lediglich in Spalte 2 eine 'O' enthält. Es mag manchem Leser schon aufgefallen sein, daß bislang eine Typ 5-Karte nicht in Erscheinung getreten ist. Typ 5-Karten werden benötigt, wenn polytome Merkmale betrachtet werden, und man andere als die Standard-Design-Matrix für den Regressionsansatz zugrunde legen will. Die Standard-Design-Matrix ist mit der im NONMET-Programm identisch. In der Regel wird es also nicht notwendig sein, Typ 5-Karten zu benutzen; deshalb sei hierfür auf die Original-Programmbeschreibung verwiesen.
Soweit die Eingabe. Die Druckausgabe ist nach unserer bisherigen Diskussion ohne weitere Erläuterungen verständlich. Erwähnt werden soll lediglich noch einmal, daß die ML-Häufigkeiten in einem Näherungs- (Iterations-) verfahren bestimmt werden, und das Programm Angaben über die Annäherung (Konvergenz) der Näherungswerte ausdruckt, die in der Regel vom sozialwissenschaftlichen Benutzer ignoriert werden können.
Da das ECTA-Programm nicht gerade benutzerfreundlich ist, soll daraufhingewiesen werden, daß vielerorts Modifikationen bzw. funktionsgleiche Programme entstanden sind. Für den deutschsprachigen Raum sei vor allem auf ARMINGER (Linz) verwiesen.

Literaturverzeichnis

Arbeitsgruppe Bielefelder Soziologen, Alltagswissen, Interaktion und gesellschaftliche Wirklichkeit I, II, Reinbek 1973.

Arbeitsgruppe Bielefelder Soziologen, Kommunikative Sozialforschung, München 1976.

Arminger, G., Statistik für Soziologen 3: Faktorenanalyse, Stuttgart 1979.

Bartlett, M.S., Contingency Table Interactions, in: JRSS, Supplement 2, 1935.

Benninghaus, H., Deskriptive Statistik, Stuttgart 1974.

Bhapkar, V.P., A Note on the Equivalence of two test Criteria for Hypotheses in Categorical Data, in: JASA (61), P.228-235, 1966.

Bishop, Y.M.M., Fienberg, S., Holland, P.W., Discrete Multivariate Analysis, Cambridge, Mass., 1975.

Blalock, H.M., Jr., Social Statistics, Second Edition, New York 1972.

Bock, D., Multivariate Statistical Methods in Behavioral Research, New York 1975.

Böltken, F., Auswahlverfahren, Stuttgart 1976.

Coser, L.A., Presendial Address: Two Methods in Search of a Substance, in: ASR (4o), S.691-7oo, 1975.

Cramer, H., Mathematical Methods of Statistics, Princeton 1957.

Draper, N.R. and Smith, H., Applied Regression Analysis, New York 1966.

Esser, H., Klenovits, K. und Zehnpfennig, H., Wissenschaftstheorie 1, Stuttgart 1977.

Fienberg, S., The Analysis of Cross-Classified Categorical Data, Cambridge, Mass., 1977.

Forthofer, R.N. and Koch, G.G., The Analysis for Compounded Functions of Categorical Data, in: Biometrics (29), P.143-157, 1973.

Friedrichs, J., Methoden empirischer Sozialforschung, Reinbek 1973.

Van de Geer, J.P., Introduction to Multivariate Analysis for the Social Sciences, San Francisco 1971.

Gold, D., Statistical Tests and Substantive Significance, in: The American Sociologist (4), P.42-46, 1969.

Goodman, L.A., The Multivariate Analysis of Qualitative Data: Interations Among Multiple Classifications, in: JASA (65), P.226-256, 197o.

Goodman, L.A., The Analysis of Multidimensional Contingency Tables: Stepwise Procedures and Direct Estimation Methods for Building Models for Multiple Classifications, in: Technometrics (13), P.33-61, 1971.

Goodman, L.A., A General Model for the Analysis of Surveys, in: AJS (77), P.1o35-1o85, 1972a.

Goodman, L.A., A Modified Multiple Regression Approach to the Analysis of Dichotomous Variables, in: ASR (37), P.28-46, 1972b.

Goodman, L.A., The Analysis of Multidimensional Contingency Tables when some Variables are posterior to others: a modified path analysis approach, in: Biometrica (6o), P.179-192, 1973a.

Goodman, L.A., Causal Analysis of Data from Panel Studies and Other Kinds of Surveys, in: AJS (78), P.1135-1191, 1973b.

Goodman, L.A., The Relationship between Modified and Usual Multiple Regression, Approaches to the Analysis of Dichotomous Variables, in: Heise, David (Ed), Sociological Methodology 1976, San Francisco, P.83-11o, 1975.

Goodman, L.A., Analyzing Qualitative/Categorical Data: Log-linear Models and Latent Structure Analysis, Cambridge, Mass. 1978.

Grizzle, J.E., Starmer, C.F. and Koch, G., Analysis of Categorical Data by Linear Models, in: Biometrics (25), P.489-5o4, 1969.

Haberman, S.J., The Analysis of Frequency Data, Chicago 1974.

Hagood, M., Statistics for Sociologists, New York 1941.

Harder, Th., Daten und Theorie, München 1975.

Hays, W.L., Statistics for the Social Sciences, London 1973.

Horst, P., Matrix Algebra for Social Scientists, New York 1963.

Hummell, H.J., Probleme der Mehrebenenanalyse, Stuttgart 1972.

Kaase, M., Die Bundestagswahl 1972: Probleme und Analysen, in: PVS (14), 1973.

Kaase, M., Wahlsoziologie heute, (= PVS (18), Heft 2/3) 1977.

Kliemann, W. und Müller, N., Logik und Mathematik für Sozialwissenschaftler I, II, München 1975, 1976.

Krauth, J. und Lienert, G.A., KFA - Die Konfigurationsfrequenzanalyse, Freiburg 1973.

Kreyszig, E., Statistische Methoden und ihre Anwendungen, Göttingen 1975.

Kritzer, H.L., Analyzing Measures of Association Derived from Contingency Tables, in: SMR (5), P.387-418, 1977.

Kritzer, H.L., An Introduction to Multivariate Contingency Table Analysis, in: AJPS (21), 1978.

Kritzer, H.L., Analyzing Contingency Tables by weighted least squares: An alternative to the GOODMAN approach, in: Political Methodology, 1979a.

Kritzer, H.L., Approaches to the Analysis of Complex Contingency Tables: A guide for the Perplexed, in: SMR (7), 1979b.

Kriz, J., Statistik in den Sozialwissenschaften, Reinbek 1973.

Küchler, M., Multivariate Analyse nominalskalierter Daten, in: ZfS (5), P.237-255, 1976.

Küchler, M., Was leistet die empirische Wahlsoziologie - Eine Bestandsaufnahme, in: PVS (18), P.145-168, 1977.

Küchler, M., Alternativen in der Kreuztabellenanalyse, in: ZfS (7), P.347-365, 1978a.

Küchler, M., Zum Zusammenhang von gewöhnlicher Regression mit dichotomen Merkmalen und dem Dichotom-Orthogonalen Analysemodell (Mimeo), 1978b (Oktober).

Küchler, M., How to use SPSS regression procedure in the multivariate analysis of dichotomous data. Vortrag auf der ISSUE-Konferenz '78, Chicago. Erscheint in den 'Proceedings', 1978c.

Lehnen, R.G. and Koch G., A General Linear Approach to the Analysis of Non-Metric Data. Applications for Political Science, in: AJPS (18), P.283-313, 1974.

Lindley, D.V., The Bayesian Analysis of Contingency Tables, in: Annals of Mathematical Statistics (35), P.1622-1643, 1964.

Morrison, D.E. and Henkel, R.E., The Significance Test Controversy - A Reader, London 197o.

Namboodiri, K., Carter, L.F. and Blalock, H.M., Applied Multivariate Analysis and Experimental Designs, New York 1975.

Neyman, J., Contribution to the Theory of the χ^2-Test, in: Proc. Berkeley Symp.Math.Statist.Prob., P.239-273, 1949.

Nie, N.et.al., SPSS -Second Edition, New York 1975.

Opp, K.D. und Schmidt, P., Einführung in die Mehrvariablen-Analyse, Reinbek 1976.

Pappi, F.U., Parteiensystem und Sozialstruktur in der Bundesrepublik, in: PVS (14), 1973.

Pappi, F.U., Sozialstruktur, gesellschaftliche Wertorientierungen und Wahlabsicht, in: PVS (18), P.195-229, 1977.

Rao, R., Linear Statistical Inference and its Applications, New York 1973.

Reynolds, H.T., The Analysis of Cross-Classifications, New York 1977a.

Reynolds, H.T., Some Comments on the Causal Analysis of Surveys with Log-Linear Models, in: AJS (83), P.127-143, 1977b.

Sahner, H., Schließende Statistik, Stuttgart 1971.

Sodeur, W., Empirische Verfahren zur Klassifikation, Stuttgart 1974.

Sonquist, J.A.et.al., Searding for Structure, Ann Arbor (ISR) 1971.

Spenner, K.I., The Internal Stratification of the Working Class: A Reanalysis, in: ASR (4o), P.513-52o, 1975.

Wald, A., Tests of Statistical Hypotheses Concerning General Parameters when the Number of Observations is Large, in: Transactions of the American Math.Soc. (54), 1943.

Weede, E., Hypothesen, Gleichungen und Daten, Kronberg/Ts. 1977.

Weiss, C.H., Evaluierungsforschung, Opladen 1974.

Zimmermann, E., Das Experiment in den Sozialwissenschaften, Stuttgart 1972.

Abkürzungen:

AJPS = American Journal of Political Science
AJS = American Journal of Sociology
ASR = American Sociological Review
JASA = Journal of the American Statistical Association
JRSS = Journal of the Royal Statistical Society
PVS = Politische Vierteljahresschrift
SMR = Sociological Methods & Research
ZfS = Zeitschrift für Soziologie

Sachregister

Studienskripten zur Soziologie

32 K.-W.Grümer, Beobachtung
(Techniken der Datensammlung, Bd. 2)
29o Seiten, DM 15,8o

35 M.Küchler, Multivariate Analyseverfahren
262 Seiten, DM 16,8o

37 E.Zimmermann, Das Experiment
in den Sozialwissenschaften
3o8 Seiten, DM 15,8o

38 F.Böltken, Auswahlverfahren
Eine Einführung für Sozialwissenschaftler
4o7 Seiten, DM 17,8o

39 H.J.Hummell, Probleme der
Mehrebenenanalyse
16o Seiten, DM 1o,8o

41 Th.Harder, Dynamische Modelle
in der empirischen Sozialforschung
12o Seiten, DM 9,8o

42 W.Sodeur, Empirische Verfahren zur
Klassifikation
183 Seiten, DM 1o,8o

44 H.-D.Schneider, Kleingruppenforschung
351 Seiten, DM 16,8o

45 H.J.Helle, Verstehende Soziologie und
Theorie der Symbolischen Interaktion
2o7 Seiten, DM 12,8o

Weitere Bände in Vorbereitung

Preisänderungen vorbehalten